中国地质大学(武汉)"十二五"重点规划教材

地学三维可视化与过程模拟

3D Visualization and Process Simulation for Geosciences

主　编	田宜平	翁正平	何珍文	张志庭
编写组	田宜平	翁正平	何珍文	张志庭
	吴冲龙	刘　刚	毛小平	张夏林
	刘军旗	李　星	徐　凯	孔春芳
	李新川	李章林	綦　广	

内容简介

《地学三维可视化与过程模拟》是编写团队从多年教学科研过程中总结经验编写而成的。本教材不仅总结了国内外同行的研究成果和共识,而且融入了编写团队数十年的研究成果。本教材主要从地质、地理两个方面出发,全面介绍了地学三维可视化的理论、方法和技术手段。在数据模型、三维建模、可视化技术手段、空间可视化分析等方面都综合考虑了地质空间与地理空间的特点,将两者完全统一起来,弥补了目前空间信息可视化的教材没有考虑地质空间特点的不足。针对地质对象的建模不确定性与地质过程模拟的复杂性,本教材在综合介绍地学数据模型和可视化方法的基础上,重点介绍了三维地质体建模和地质过程动态模拟,突出了地质数据可视化的特色和难点。

本教材适用于空间信息与数字技术专业、地理信息系统专业、地学信息工程专业以及地质资源环境与地质工程信息专业的本科生,也可作为其他与地学相关专业本科生和研究生的教学参考书。

图书在版编目(CIP)数据

地学三维可视化与过程模拟/田宜平等主编. —武汉:中国地质大学出版社,2015.5(2022.7.重印)

ISBN 978-7-5625-3644-4

Ⅰ.①地…
Ⅱ.①田…
Ⅲ.①地理信息系统-立体描绘②地理信息系统-过程模拟
Ⅳ.①P208

中国版本图书馆 CIP 数据核字(2015)第 102714 号

地学三维可视化与过程模拟	田宜平 翁正平 何珍文 张志庭	**主编**
责任编辑:王 敏 张 琰	责任校对:张咏梅	

出版发行:中国地质大学出版社(武汉市洪山区鲁磨路388号)　　邮政编码:430074
电　　话:(027)67883511　　传　真:67883580　　E-mail:cbb@cug.edu.cn
经　　销:全国新华书店　　　　　　　　　　　　　　　　http://www.cugp.cug.edu.cn
开　　本:787毫米×1 092毫米 1/16　　　　　　　　　　字数:500千字　印张:19.375
版　　次:2015年5月第1版　　　　　　　　　　　　　　印次:2022年7月第2次印刷
印　　刷:湖北睿智印务有限公司　　　　　　　　　　　　印数:1001—2 000册
ISBN 978-7-5625-3644-4　　　　　　　　　　　　　　　　　　　　　　定价:48.00元

如有印装质量问题请与印刷厂联系调换

前　言

本教材是中国地质大学(武汉)"十二五"重点规划教材。适用于空间信息与数字技术专业、地理信息系统专业、地学信息工程专业以及地质资源环境与地质工程信息专业的本科生,也可作为其他与地学相关专业本科生和研究生的教学参考书。本教材将理论方法与实现技术相结合,既有理论方法的阐述,也有实现技术的详述。建议学时数在48~64学时之间。

现代地学涉及到地质、地理、大气、海洋、生态环境等多个学科,与之对应的信息科学分别是地质信息科学、地理信息科学、大气信息科学、海洋信息科学以及生态环境信息科学等,因此地学三维可视化涉及到的范围非常广泛。本教材主要从地质、地理两个方面出发,全面介绍了地学三维可视化的理论、方法和技术手段。在数据模型、三维建模、可视化技术手段、空间可视化分析等方面都综合考虑了地质空间与地理空间的特点,将两者完全统一起来,弥补了目前空间信息可视化的教材没有考虑地质空间特点的不足。

由于地质体、地质结构和地质过程本身的极端复杂性和不可直见性,导致地质对象特征的不确定性和认知的不确定性。因此,地质对象的建模与地质过程的可视化更复杂。针对此情况,本教材在综合介绍地学数据模型和可视化方法的基础上,重点介绍了三维地质体建模和地质过程动态模拟,融入了地质信息科技研究所团队以及其他院校科研团队多年的科研成果和教学经验,突出了地质数据可视化的特色和难点,是一本为培养计算机专业与地质专业复合型人才量身定做的教材。

本教材在编写过程中力求体现如下特色:①系统性。系统地介绍了包括标量、矢量以及张量等各类地学数据的可视化原理和可视化技术手段;②先进性。所阐述的理论、方法和技术,一部分取自国内外文献、专著和相近教材中的新成果,另一部分取自本教材编者近年来的研究成果;③实用性。教材中所选取的可视化方法和技术都是围绕地学可视化系统经常面对的数据和实际需求进行举例论述的;④实践性。注重理论与实践相结合,注重可视化实现工具OpenGL和Visual C++的学习,将实际的地学三维可视化信息平台QuantyView应用到实习、教学中去,让学生在实际的可视化工具平台上编程,从而实现各种可视化方法。

本教材各章节的收集整理和执笔分工如下:第一章,绪论,田宜平;第二章,地学可视化的理论基础,田宜平;第三章,地学信息的数据模型,田宜平;第四章,三维地质体建模,何珍文;第五章,典型的地学数据及其可视化方法,田宜平;第六章,地学三维可视化分析,翁正平;第七章,地学三维可视化实现工具,翁正平;第八章,地质过程的动态模拟,张志庭。各章节的初稿完成之后,由田宜平进行汇总编纂。需要说明的是,各章的执笔者是在收集团队和他人研究成果的基础上进行编写的。参与编写的人员还有吴冲龙、刘刚、毛小平、张夏林、刘军旗、李星、徐凯、孔春芳、李新川、李章林、綦广等,他们为本教材的编写提供了研究成果和资料。

本教材的编写得到了中国地质大学(武汉)"十二五"教材建设经费资助。在教材编写过程中得到了许多同行专家的关心和支持,同时也得到了地质信息科技研究所团队所有人员的支持与帮助,在此致以衷心的谢意。

因本书内容涉及领域宽广,参考文献众多,为减少篇幅,书后仅列出部分参考文献,在此谨向相关作者表示歉意。由于编者水平有限,书中不当之处在所难免,敬请读者批评指正。

编 者

2014 年 12 月 1 日

目 录

第一章 绪 论 (1)
第一节 地学信息的科学概念及七多特性 (1)
一、地学信息的科学概念 (1)
二、地学数据的七多特性 (5)
第二节 可视化的科学概念与地学数据可视化 (8)
一、可视化的科学概念 (8)
二、地学数据可视化 (11)
三、地学三维可视化与过程模拟的研究框架 (19)
第三节 地学三维可视化与过程模拟的研究内容 (20)
一、地学数据可视化方法分类 (20)
二、地学三维可视化与过程模拟研究的主要步骤与内容 (23)

第二章 地学可视化的理论基础 (27)
第一节 地图可视化理论 (27)
一、Taylor 的现代地图学核心论 (27)
二、MacEachren 的[地图学]³ 空间表达论 (28)
三、DiBiase 的科学探索工具论 (28)
四、龚建华等的认知与交流融合论 (29)
第二节 地图(学)信息传输理论 (29)
一、地图(学)信息传输理论的发展历史 (29)
二、廖克等学者对新的地图(学)信息传输模式的认识 (32)
三、危拥军等的现代地图信息传输功能扩展论 (34)
第三节 空间认知科学理论 (36)
一、空间认知论 (37)
二、地图认知论 (40)
三、视觉认知论 (42)
第四节 数据挖掘和知识发现理论 (45)
一、当前的主要研究内容 (45)
二、概念、过程与步骤 (46)
三、数据挖掘的分类 (47)
四、数据挖掘对可视化的指导作用 (47)
五、空间数据挖掘 (48)

  六、知识发现与可视化融合 (49)
 第五节　地学图解/图谱理论 (51)
  一、传统地学图解/图谱 (51)
  二、现代地学图解/图谱 (53)
  三、地学图解/图谱的模型 (56)
 第六节　虚拟现实理论 (60)
  一、虚拟界概念 (60)
  二、虚拟环境与虚拟地理环境 (62)
  三、分布式地学虚拟环境特征与发展背景 (63)
  四、虚拟现实系统的组成 (66)
  五、立体视觉的生成与获取 (66)
  六、3D显示技术及原理 (69)
  七、虚拟现实交互设备 (76)
  八、虚拟现实系统的分类 (77)
  九、增强现实技术 (79)

第三章　地学信息的数据模型 (83)
 第一节　地学信息的空间数据模型 (83)
  一、空间数据模型基础 (83)
  二、空间数据模型分类 (85)
  三、模型设计方法 (86)
  四、各种模型的优缺点 (103)
 第二节　地学信息的属性数据模型 (107)

第四章　三维地质体建模 (109)
 第一节　三维地质体建模概述 (109)
  一、三维地质建模现状分析 (109)
  二、三维地质体建模难点分析 (110)
 第二节　三维地质建模体系结构 (113)
  一、三维地质建模层次划分 (113)
  二、三维地质建模方法体系 (114)
  三、三维地质建模流程分析 (116)
 第三节　常见的三维地质建模方法 (118)
  一、基于层面数据的三维地质体建模方法 (118)
  二、基于剖面数据的三维地质体建模方法 (126)
  三、基于钻孔数据的三维地质体建模方法 (139)
  四、其他三维地质建模方法 (150)

第五章　典型的地学数据及其可视化方法 (154)
 第一节　数据类型 (154)

一、标量 …… (154)
　　二、矢量 …… (154)
　　三、张量 …… (155)
　第二节　点数据场的可视化 …… (155)
　第三节　标量场数据的可视化 …… (156)
　　一、二维标量数据的可视化 …… (157)
　　二、三维标量数据的可视化 …… (169)
　第四节　矢量场数据的可视化 …… (172)
　　一、矢量场可视化的基本流程 …… (173)
　　二、矢量场可视化方法 …… (174)
　第五节　张量场数据的可视化 …… (178)
　　一、图元法(Glyph) …… (178)
　　二、特征法(Feature-based) …… (179)
　　三、地质应力场张量可视化 …… (181)

第六章　地学三维可视化分析 …… (183)
　第一节　数字地形显示与简化技术 …… (183)
　　一、数字地形的显示与简化 …… (183)
　　二、地形可视性计算 …… (184)
　　三、地形细节分层技术(LOD, Level of Detail) …… (188)
　第二节　地理空间分析可视化技术 …… (197)
　　一、空间量算分析 …… (198)
　　二、空间几何关系分析 …… (199)
　　三、地形及景观分析 …… (200)
　第三节　地质体三维可视化技术 …… (201)
　　一、海量空间数据环境下的三维实体布尔运算 …… (202)
　　二、地上、地下一体化剖切分析方法 …… (213)

第七章　地学三维可视化实现工具 …… (219)
　第一节　OpenGL技术 …… (219)
　　一、OpenGL的函数库和命令格式 …… (219)
　　二、OpenGL的运行机理 …… (220)
　　三、OpenGL的基本程序结构 …… (222)
　　四、Visual C++2010实例程序 …… (223)
　第二节　Direct3D技术 …… (232)
　　一、Direct3D立即模式的层次结构 …… (232)
　　二、对Direct3D接口的访问 …… (232)
　　三、Direct3D设备 …… (233)
　第三节　OpenSceneGraph …… (235)
　　一、OpenSceneGraph的历史和发展 …… (235)

二、OSG 组成模块 (236)
三、OSG 的获取与安装 (238)

第四节　Java3D 技术 (238)
一、Java3D 中的类 (239)
二、Java3D 的场景图结构 (239)
三、Java3D 程序的组织和构建 (239)

第五节　VRML 技术 (241)
一、VRML 文件的基本结构 (242)
二、VRML 的基本功能 (243)
三、VRML 的基本程序结构示例 (244)
四、VRML 的应用 (245)

第六节　QuantyView 地质三维可视化平台 (245)
一、QuantyView 平台简介 (245)
二、QuantyView 逻辑结构 (246)
三、QuantyView 基本功能 (248)
四、QuantyView 二次开发 (253)

第八章　地质过程的动态模拟 (259)

第一节　盆地模拟概述 (259)
一、盆地模拟的任务和性质 (259)
二、盆地模拟及成藏模拟的内容 (260)
三、盆地模拟的发展简史 (261)

第二节　地史模拟 (264)
一、地史模拟的内容 (265)
二、地史模拟的关键技术 (265)

第三节　盆地古地热场与有机质演化模拟 (273)
一、热史模拟内容 (273)
二、热史模拟方法与技术 (273)
三、镜质体反射率 Ro 动态模拟 (275)

第四节　油气生排烃模拟技术 (278)
一、生排烃模拟研究内容 (279)
二、生烃模拟方法与技术 (279)
三、排烃模拟方法与技术 (284)

第五节　运聚模拟 (286)
一、油气人工智能运聚模拟 (286)
二、油气人工智能运聚模拟的方法与技术 (286)

主要参考文献 (291)

第一章 绪 论

第一节 地学信息的科学概念及七多特性

一、地学信息的科学概念

1. 信息与地学信息

当前人类社会已迈入信息时代(Information Era),信息时代的人类社会称为信息社会(Information Society)。在信息社会中,信息、知识和技术将成为社会发展的动力和经济发展的基础。那么什么是信息?信息的概念十分广泛,在许多场合中,人们常把数据、知识与信息等同看待,结果造成概念上的混乱。为了正确地认识地学信息和地质信息系统,也为了更好地进行地学信息的采集、管理、处理和应用,有必要对信息、数据、知识等概念做明确的区分。

数据:是客观事物(包括概念)的数量、时空位置及其相互关系的抽象表示。它可以是单个的符号、数字、字母、文字和词语,也可以是它们以某种形式和规则的集合,如一个数组、一段文字、一句话、一篇文章或一幅图。总之,一切能为人感知的抽象表示都可以是数据。地学信息系统将要存储、管理和处理的数据就是前面所说的地球物理勘探与遥感数据、地球化学勘探数据、野外地质观测数据、室内化验测试数据、地形地物的三角测量数据、综合整理与图件数据等7类。数据是一种逻辑概念,通常需要用物质载体来记录和存储。数据载体有时又称为媒体、媒介或介质。一批数据可以记录在多种媒体上,同样,一种媒体也可以记录多种不同的数据。对地质体、地质现象和地质过程的数量、时空分布及其相互关系的表达越是完整、准确,地矿勘查数据的价值就越高。

信息:是数据的含义或约定,表示事物运动状态和存在方式。信息寓于数据之中,因此,数据也可以理解为信息的载体。就像多波段遥感数据是地貌、植被、水体和某些地质信息的逻辑载体一样,磁带或卫星照片是多波段遥感数据的物质载体。由于数据、信息和媒体三者密不可分,人们常将数据和信息甚至媒体误当作同义词看待。

信息只有表达了数据的真实含义才有价值,但信息是通过对数据的分析和解译来获取的,要表达数据的真实含义,首先要有数据的完整性和准确性作保证。如在某一地区出现的重力异常,可能是岩石圈结构异常特征的反映,也可能是地壳深部结构异常特征的反映,还可能是地壳浅部存在某种矿床的反映。如果我们无法用另外的方法进一步获取数据、分析数据并查清其真实含义,那么我们实际上并没有得到真实的信息。显然,要提高信息的真实性和使用价值,一方面要完善数据的分析、解译、处理技术和信息提取技术,另一方面要完善数据的采集技术,增加数据所含的信息量。

一般来说,数据结构越复杂,所表达的信息量越大。为了便于计算机对信息的存储、管理和处理,可以将数据分解成一组属性及其属性值,即(属性1:值1;属性2:值2;……;属性n:值n)。这种数组形式可以完整地描述一件事情、一个物体、一种现象、一条信息或一个概念(统称为对象)的存在状态和行为方式(统称为属性,如时间、地点、程度等)。如"辽宁省抚顺盆地是早第三纪的断陷盆地,其含煤岩系出露面积60km^2",这一信息可表达为"地点:辽宁省;盆地名称:抚顺盆地;形成时代:早第三纪;盆地性质:断陷盆地;盖层类型:含煤岩系;出露面积:60km^2",也可以表达为表1-1所示的二维数表。

表1-1　辽宁省抚顺盆地信息二维数表

地点	盆地名称	形成时代	盆地性质	盖层类型	出露面积
辽宁省	抚顺盆地	早第三纪	断陷盆地	含煤岩系	60km^2

知识:是信息的集合,是通过多个信息的关联和组合而表达的认识和经验,它来自于人类改造客观世界的实践中。如"断层""上盘下降""下盘上升""正断层""岩浆岩""SiO$_2$含量高于40%""花岗岩"等分别是一些孤立的信息或事实。如果我们用表示因果关系的关联词"如果……则……"把其中两个或两个以上的孤立信息关联起来,就构成了一条知识。如"如果断层的上盘下降而下盘上升,则为正断层";"如果岩浆岩的SiO$_2$含量高于40%,则为花岗岩"。这两条都是地质学知识。

综上所述,数据、信息、知识之间存在着明显的层次关系。如果要分别对它们加以处理,则对应的处理也应当构成这种包含的层次关系(李之棠等,1996;图1-1)——知识(处理)依赖于信息(处理),而信息(处理)依赖于数据(处理)。随着由下往上层次的上升,需要存储和处理的对象越来越多,也越来越复杂。

地学信息又叫地球信息(Geo-information)。陈述彭院士指出:地球信息就是地球系统内部物质流、能量流和人流的运动状态和方式。它包括两部分:一部分是有关物质流、能量流和人流的运动状态,即对于它们在地球空间上所表现出来的区位特征,包括位置、形状和属性特征的描述;另一部分是有关物质流、能量流

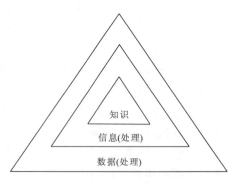

图1-1　信息处理的层次
(据李之棠等,1996,修改)

和人流的运动方式,即对于它们的区位特征在时间上所呈现的运动过程和变化规律的解释。因此,地球信息实质上反映了人类对于地球系统运动规律的认识,它是人类保育地球系统的基础。地球信息所覆盖的空间范围上至电离层,下至莫霍面。地球信息包括地理信息、地质信息、海洋信息、大气信息和生态环境信息等。

地质信息领域里被研究最多的是地矿信息。地矿信息是自然过程和人类在地矿勘查、研究、开发、利用和管理过程中各种状态的客观显示,也是人和自然资源在相互作用的过程中所交换的内容。它们有时表现为物质形态,有时表现为非物质形态,既反映了这些事物在运动中

的各种差异及规律,又反映了这些事物之间的相互作用和相互联系。可以认为,信息在把地质体性质、特征及其形成、分布、演化规律转化为人类意识的过程中,甚至在人类社会与大自然的相互联系、相互作用和协调发展过程中,始终起着中介作用。可靠而且健全的地矿信息,可以消除人类在地矿开发利用方面对自身与自然资源、环境的协调关系和社会可持续发展问题认识的不确定性,导致由人类和自然界所组成的人-地系统的有序性增加,即负熵增加。当然,失真而且残缺的地矿信息,必然增加人类对自身与自然资源、环境的协调关系和社会可持续发展问题认识的不确定性,导致由人类和自然界所组成的人-地系统的有序性减少,即熵增加。

2. 信息科学与地球信息科学

信息科学目前正处于发展的初期,是一门正在迅速成长的年轻学科。对该学科的研究领域、范围、内容和对象的认识,还存在着许多差别。在英文里,信息与情报、资讯是等同的,都用"Information"表示,因此早期美国人把信息科学局限于资料科学或情报科学。

在西欧,信息科学则被简单地理解为计算机科学。这也许是因为信息与计算机的联系太密切了,但严格地说,计算机在信息科学中只是一种信息管理和处理的工具,二者是不能等同的。在前苏联和东欧一些国家,人们倾向于把信息科学当作社会科学的一个分支。这显然也是不妥的,因为一方面,信息科学的源头毕竟是自然科学;另一方面,信息科学已发展成为横跨社会科学、自然科学和技术科学的一门综合性学科。

在我国开展信息科学研究的时间还不长。研究者对信息科学的含义、所属的范畴、研究的内容等方面的认识分歧比较大。目前主要有以下四种看法。

(1) 认为信息科学"包含有信息论、控制论、电子和自动化技术、计算机、仿生学、人工智能等各个方面。信息论和控制论是信息科学的理论基础,电子技术、自动化技术、计算机则提供了信息科学的主要技术手段,而仿生学、人工智能是今后信息科学发展的新天地"(冯秉铨,1985)。这种观点强调信息科学是将控制论、系统论、计算机科学、仿生学、人工智能等全部包容在内的一门庞大的综合性学科。

(2) 认为"信息科学,是以信息为主要研究对象,以信息的运动规律和应用方法为主要研究内容,以计算机为主要研究工具,以扩展人类的信息功能(特别是智力功能)为主要研究目标的一门新兴的、边缘的、横断的综合性科学"(钟义信,1988)。并认为信息科学的自然科学基础主要是数学、物理学和生物学,它的理论主体是信息论、控制论、系统论和人工智能理论,它的技术主体是传感、通信和计算机技术。

(3) 认为"信息科学是研究信息现象及其运动规律和应用方法的科学,它是以'三论'为理论基础,以电子计算机等为主要工具的一门新兴学科"(胡继武,1995)。持此种观点者强调,信息科学涉及与信息有关的一切领域,如计算机科学、仿生学、人工智能等,却并不是包罗万象的科学,而只是吸收了上述学科中与其相关的理论和方法,应用了有关的研究成果,与它们之间并没有完全的包含与被包含关系。持此种观点者还认为,上述学科各有自己的体系,并向各自的纵深方向发展。

(4) 其他一些研究者认为,信息科学是研究信息的产生、获取、变换、传输、存储、显示、识别和利用的科学。这种观点偏重于研究信息是如何产生的,人们怎样才能有效地获取和利用它,实际上把信息科学局限于信息技术的范畴。

以上四种观点,分别从不同的侧面和角度对信息科学的近期发展做了系统总结,对信息科学的内涵和外延都有所揭示。但由于出发点不同，分歧比较明显，有关的争论可能还要继续下去，现在评价谁是谁非还为期过早。本书倾向于采用胡继武的观点。

地球信息科学体系如图 1-2 所示。其中地球空间信息学(Geomatics 或 Geo informatics)是地球信息科学(Geo-information Science)的组成部分，也是地球信息科学各分支学科如"地理信息科学""地质信息科学""大气信息科学""水文信息科学"和"海洋信息科学"的共同基础。地球空间信息学最初是测绘科学和地理学与计算机科学、遥感科学及信息科学相结合的产物，它伴随航空航天遥感、全球定位系统、地理信息系统、计算机、数字传输网络等一系列现代信息技术的发展而发展(李德仁等，1998)。从前述一般信息科学的发展历程看，是数据库和地球空间信息学的诞生促使广义信息论和信息科学步入快速而健全的发展阶段。

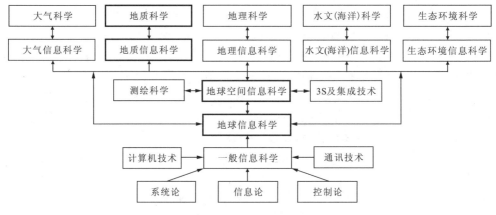

图 1-2 地球信息科学体系
(据吴冲龙等，2005)

伴随着基础地质学、矿产地质学、资源勘查学、工程勘察学、地球物理学、地球化学、地球动力学和数学地质学以及地质学定量化和地矿勘查信息化的发展，伴随着一般信息科学(Information Science)、地球信息科学(Geo-information Science)、地球空间信息科学(Geomatics)和地理信息科学(Geographic Information Science)的兴起，一门崭新的边缘学科——地质信息科学(Geological Information Science)正在形成(吴冲龙等，2005)。

地质信息科学是地质学(包括基础地质学、矿产地质学、环境地质学、工程地质学、数学地质学、地球物理学、地球化学、资源勘查学等)与信息科学(包括地球信息科学、地球空间信息科学及信息系统技术、计算机技术及通信网络技术等)交叉融合的产物。它既是一个独立的分支学科，又紧密地为地质学发展服务，为地质学定量化和地矿工作信息化服务。地质信息科学可能是地球信息科学领域中最复杂的一个分支学科。在地球信息科学的诸多分支学科中，地质信息科学、水文信息科学、海洋信息科学、生态环境信息科学和大气信息科学处于同等地位，具有并列关系(图 1-2)，其研究对象分别是岩石圈、地表、水圈、生物圈和大气圈的信息；而地球空间信息科学是一门横断性的信息科学分支，其研究对象是地球各层圈的空间位置、拓扑关系、空间结构、空间形态及其变化的信息。作为地球信息科学和地球科学的分支学科，地质信息科学理所当然地享受着地球信息科学和地球科学所积累的一切成果，同时也从地球空间信息科学、地理信息科学、水文信息科学等兄弟分支学科的发展中得到启示、借鉴和支持。

总之,地学信息包括地理信息、地质信息、海洋信息、大气信息和生态环境信息等,研究地学数据可视化,要充分研究地球信息科学各学科的特点,根据各学科的特点采取不同模型和可视化方法,在地学信息系统中进行一体化存储、管理、调度和分析。

二、地学数据的七多特性

既然地学数据是地球物质存在和运动形式的描述,地学信息是客观世界地学现象在人脑中的反映,当人观察某一地学对象和现象时,总是将它们置于一定的时间和空间中来描述其特性,获取感兴趣的信息,并用特定的数字、字母和符号等来表达。从科学意义上讲,时间和空间是物质存在的固有性质,而属性是将一种地学实体和其他实体区别开来的标志。所以我们可称地学数据是由地学对象属性、时间和空间三个元素构成的数据元组,可用(x,y,z,t,a)的数字形式来表示。因为空间维是三维的,属性维是多维的,时间维本质上虽是一维的,但可进行多维综合分析,如事件发生时间、数据库时间和数据显示时间等。

除了多维特征外,地学数据还有多源、多类、多尺度、多时态、多主题、海量(多量)等特征。地学数据的多源异构特点尤为突出,数据来源有地质测量、物探、化探、遥感、钻探等多种形式,每种数据的结构不同,又常分布式地存储在各地的点源数据库中。每种数据又经过长期更新、不断积累,构成了多时态的海量数据库,这些数据库按各主题建库,构成了多主题特征。因此在进行地学可视化时,必须要注意到地学数据的如下特点。

1. 精确的三维空间坐标

每个地学实体都具有三维空间坐标,这就需要运用一些特殊的投影方法把它们映射到计算机屏幕上,如大比例尺地图都采用横轴墨卡托投影,陆地卫星专题制图仪(TM)得到的图像是多中心投影的。有些数据经过投影配准后,还必须进行重采样,以与地面控制信息配准。映射后的数据必须具有以下特点。

(1)精度准确:在长度、面积、角度(相互间的位置方向)和体积这些几何要素中,必须有一个绝对精确或近似绝对精确,其余的变形应尽量小。

(2)拓扑关系不变:指几何要素之间的相邻、包含、连通等关系保持不变。

(3)可查询交互:即可查询地学空间实体的地理坐标,以便与计算机所描述的地学空间实体进行交互分析与探索。

2. 数据量大(多量)

遍布全球的地理、地质、气象、海洋、环境、生物等观测网夜以继日地获得巨量信息,还有未来的对地观测计划所获得的数据更是巨量的。地球观测计划(Earth Observing System,EOS)是美国宇航局(NASA)于1998年发射的一组卫星对地球形成的全方位、多平台观测计划。这些卫星每年将发回地球1/3PB(1000万亿字节)的信息。如此巨大的信息量将为可视化技术提供用武之地,但是必须发展快速、可压缩存储与并行计算的可视化算法。

3. 具有多维特点(多维)

地学数据是属性、时间和空间三个元素构成的信息元组,可用(x,y,z,t,a)的数字形式来表示。其中(x,y,z)代表空间维，t代表时间维，a表示对象的属性维（属性不一定只有一个a_1，还可能有$a_2、a_3、\cdots、a_n$等多个属性）。比如地热场数据，除了具备 X、Y、Z 坐标值外，每个位置上都有个温度值，而地热场从古至今又随时间变化而变化，这样，要表达地热场就需要用五维的数据组来表达。其他还有很多这样的例子，不一一列举。

4. 数据来源多样化（多源）

地学数据的来源有多种形式，如卫星遥感、地面测量、物探、化探、钻探、实验等。在进行一个地学专题可视化研究时，往往要用研究对象的多种数据源进行综合分析，因此需要考虑地学数据的多源特点。

5. 数据类型多样化（多类）

地学数据按类型可以分为矢量数据、栅格数据、文字描述数据（属性数据）以及声音影像等多媒体数据。矢量图形数据又可以分为规则格网数据、不规则三角网数据和带有拓扑关系的图形数据。矢量图形数据按信息系统文件格式又可以分为 MapInfo 格式、ArcGIS 格式、QuantyView 格式、MapGIS 格式、AutoCAD 格式、GeoMap 格式、GeoFrame 格式、CoreDraw 格式、Sufer 格式、Microstation 格式、LandMark 格式等。

1）带有拓扑关系的图形数据

矢量形数据是以矢量形式表示的单一地学要素的集合，一般是几何数据，也称空间位置数据。这些地学要素可以是点状要素、线状要素和面状要素，虽多为独立变量，但都与表示对象的属性相联系。对于以上三种不同的地学要素，在二维空间中可分别以点（坐标对：x,y）、线（坐标串或弧拓扑关系）和面（闭合坐标串或多边形拓扑关系）加以描述；并且用点属性表（Point Attribution Table，PAT）、弧段属性表（Arc Attribution Table，AAT）和多边形属性表（Polygon Attribution Table，PAT）分别记录它们的空间位置、长度、面积、内码、用户编码等基本信息。

2）规则格网数据

在这种数据模型中，地学要素的空间位置由格网（Grid）表示，其数量和特性由格网值表示。格网的起点、尺寸以及行列数组成了格网数据模型的定位基础，可以看出格网数据结构映射为计算机图像极为容易。从现代计算机图形学的观点来看，矢量型和格网型数据的本质差别已经很小。但是，在数据的前期处理中，发展高效的矢量-栅格转换算法依然十分重要。

3）不规则三角网数据

这种数据由一系列的"质点"构成，每一质点和与其最近的其他点组成不规则三角网（TIN）。当质点越密时，精度越高。地学研究中的各种观测数据，如气温、降水量等都可以用不规则三角网高效、简捷地表达，而且利用这种数据模型计算面元的法矢量以及面元之间的遮蔽关系非常容易。

4）栅格数据

通常用点阵（位图）数据的形式表示客观实体的分布形态，如有数字式的卫星遥感图像、航空摄影图像、地物照片图像、计算机生成的光栅图像等。数字式的遥感图像因为要与数字地形模型等各种格网数据相叠加分析，由其反演获得的各种参数在表现形式上也是数字图像。因此，图像数据也可以用格网数据结构表达，但必须经过几何校正和重采样，赋予它一定的空间坐标系统。

5) 属性数据(文字描述数据)

空间实体具有复杂的属性是地学数据的特点,属性是几何图形和像素的特征,是地学实体的意义,是可视化对象赖以表达的基础。属性数据是数值数据,主要有表示对象名称、类型、等级、强度等的统计数据。描述性的属性数据只有与空间数据库相联结,它才能具有更丰富的意义,也才能方便地对它们进行视觉化造型。这种联结被称为地理关系模型,它使得空间数据和属性数据共存于一个综合性的数据库中。属性数据与空间数据库的联结是通过用户编码或标识符与指针来实现的。

6) 多媒体数据

多媒体数据起着协助地学分析的作用,它包括物体的数字照片、视频、音频及文本等数据。它们作为特殊的属性存储在数据库中,供查询、显示和输出。

6. 数据具有多尺度特点

多尺度可以分为空间多尺度和时间多尺度。空间多尺度是指不同的比例尺数据或者不同网格精度的格网数据,如1∶1万、1∶10万的全国地图。美国于1995年4月提出了国家数字地理空间数据框架(NDGDF)实施计划,并始建立包括大地测量控制、数字正射影像、数字高程模型、交通、水文、行政单元以及公用地块地籍数据在内的数据框架,标准精度为50m(粗)、10m(中)和1m(细)。美国地质测量局(USGS)在完成了1∶200万全要素地形数据库、1∶10万地形数据库(部分要素)和1∶25万土地利用数据库之后,开始建立全国1∶214万地形数据库、1∶2万4D数据库,其中4D是指DEM(数字高程模型)、DOM(数字正射影像图)、DRG(数字栅格地图)和DLG(数字矢量地图)。Geomatics Canada负责全加拿大国家地形数据库(NTDB),已经完成1∶25万库和南部人口稠密地区的1∶5万库。欧洲大多数国家版图较小,数字地理空间数据生产基础较好。英国陆军测量局从1970年开始从事数字化制图,已正式向社会提供全国范围的1∶5万、1∶25万以及城市地区1∶1250、农村地区1∶2500、山区及荒地1∶10 000的数字化地图。法国地理院从1985年起建立1∶5万全国地形数据库(BDTOPO),x、y精度为215m,z精度为110m。三维格网数据模型也可以按网格大小剖分成精度不一样的多尺度网格模型。比较典型的例子是角点网格三维地质体模型,可以局部加密形成三维多尺度角点网格模型,如图1-3所示。

 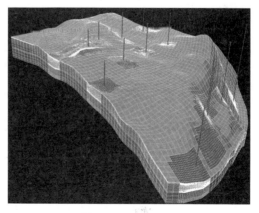

图1-3 角点网格模型和多尺度角点网格模型

时间多尺度是指不同时间长度的数据。如我们对一些属性数据描述可以取一年的步长，也可以取三年的步长，这样就形成了时间多尺度数据。

7. 数据具有多时态、多主题特点

地学数据经过长期更新、不断积累，构成了随时间变化的多时态海量数据库，这些数据库按各主题建库，构成了多主题特征。

8. 区域分布性

区域分布性即地学数据具有空间定位的分布特点。地学数据的产生是分布性的，即由不同地点获取；地学数据的管理是分布性的，即不同来源的数据往往由不同部门管理，而地学分析难以仅依靠一种来源、一个部门的数据解决；区域分布性的数据必须要求分布式计算，这就要求建立相应的地学空间数据库和数据引擎，从而实现地学空间数据的分布式高效快速提取和计算存储运行机制。

第二节 可视化的科学概念与地学数据可视化

一、可视化的科学概念

"可视化"又叫视觉化(Visualization)，就字面意义讲，可理解为将不可见的东西转变成人的视觉可见的东西。但这里所说的"可视化"被科学家赋予了一定的科学含义，成了"科学计算可视化"(Visualization in Scientific Computing)的简称。不仅指计算结果的可视化，还指计算过程的可视化；不仅包括科学计算可视化即数据可视化，还引申为对信息的可视化。

可视化思维是个人通过探索数据的内在关系来揭示新问题、形成新观点，进而产生新的综合、找到新的答案并加以确认；而可视化交流是向公众表达已经形成的结论和观点。可视化思维和可视化交流代表着信息处理的不同阶段半程（图1-4）。虽然这两个阶段所面对的群体不同，处理方式不同，处理、输出对象和内容也不相同，但相互间存在着源和流的密切关系。

对应于数据、信息和知识三个层次的可视化分别是数据可视化、信息可视化和知识可视化。最早出现的可视化概念是科学计算可视化，后发展为数据可视化，随着信息和知识的处理需求，出现了信息可视化和知识可视化研究方向。

1. 科学计算可视化

科学计算可视化这一术语是1987年由美国McCormick等提出的。1986年10月美国自然科学基金会发起组织了一个专家特别会议，会议召集了一批著名的科学家，软件工程师，艺术家，硬、软件制造商来共同讨论科学计算可视化的技术发展与研究战略。专家们一致认为，应该把发展可视化工具(包括适合于图形图像处理技术的硬、软件和视觉界面工具)放在首要的位置。专家会议还建议由自然科学基金会建立一门"科学计算可视化"的交叉学科。自此，科学计算可视化作为一个新名词频繁出现在各类学术刊物文献中，科学计算可视化研究便在

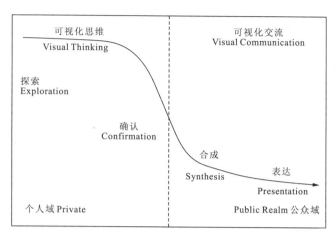

图 1-4 可视化的概念模型

一系列传统和新兴学科中引起重视,如在计算数学、分析化学、物理学、医学、生物学、地学、建筑学、信息学、计算机科学等领域得到广泛应用。

在与会专家提交的报告中,将科学计算可视化定义为"是一种计算方法,它将符号转化成几何图形,便于研究人员观察其模拟和计算……"科学计算可视化包括了图像理解与图像综合。这就是说,可视化是一个工具,用来解译输入到计算机中的图像数据和从复杂的多维数据中生成图像。它主要研究人和计算机怎样协调一致地感受、使用和传输视觉信息。这一定义主要是从计算机科学的角度拟定的,侧重于复杂数据的图形图像处理与表示的计算机技术方面,同时将人和计算机对视觉信息的感知行为作为研究内容(江斌等,1995)。

在此之前,由于图形信息一目了然,几乎所有科学和工程技术领域都利用计算机图形来加强信息的传递和理解,计算机图像处理技术和计算机视觉也成功地用来处理各类医学图像和地面卫星图像,以帮助人们理解和利用这类图像数据。因而也可认为科学计算可视化是一门把计算机图形学与图像处理和计算机视觉综合应用于计算科学的学科。计算科学是指应用计算机从事计算的科学与工程学科。因此也可以直接将科学计算可视化理解为一种同时满足图像理解和综合的工具,即通过研制计算机工具、技术和系统,把实验或数值计算获得的大量抽象数据转换为人的视觉可以直接感受的计算机图形图像,从而可以进行数据关系特征探索和分析,以获取新的理解和知识。所以,科学计算可视化又称科学可视化、计算机可视化或电脑可视化。

科学计算可视化把人脑和电脑这两个强有力的信息处理系统连接在一起,可视化系统的可视交互界面可以让用户快速并有效地观察、查询、探索、理解大容量数据,从而发现数据里面隐藏的对象关系、形态和结构。

2. 数据可视化

数据可视化概念首先来自科学计算可视化,科学家们不仅需要通过图形图像来分析由计算机算出的数据,而且需要了解在计算过程中数据的变化。

随着计算机技术的发展,数据可视化概念已大大扩展,它不仅包括科学计算数据的可视化,而且包括工程数据和测量数据的可视化。现代的数据可视化技术指的是运用计算机图形学和图像处理技术,将数据转换为图形或图像在屏幕上显示出来,并进行交互处理的理论、方法和技术。它涉及到计算机图形学、图像处理、计算机辅助设计、计算机视觉及人机交互技术等多个领域。

3. 信息可视化

科学计算可视化研究的应用领域现象大多具有物理空间特征,其数据来自科学实验或者模型模拟,但近些年来对快速增长的因特网和万维网空间内的海量信息,数字化带来的大量商业信息以及庞大的数据仓库内的信息,在可视化研究领域出现了一个新的分支,即信息可视化。信息可视化是把抽象的、大多不具有物理空间本质特征的信息转化成空间分布形式的图形图像,从而帮助用户理解或者发现其中隐藏的如物本质关系与形态和结构。

信息可视化是指非空间数据的可视化(黄志澄,1999)。随着社会信息化的推进和网络应用的日益广泛,信息源越来越庞大。除了需要对海量数据进行存储、传输、检索及分类等外,更迫切需要了解数据之间的相互关系及发展趋势。实际上,在激增的数据背后隐藏着许多重要的信息,人们希望能够对其进行更高层次的分析,以便更好地利用这些数据。Card et al(1999)将信息可视化定义为:"使用计算机支持的、交互性的视觉表示法,对抽象数据进行表示,以增强认知。"

如图1-5所示,基于60 000封电子邮件存档数据,用不同的线条呈现了地址簿中用户和个体之间的关系。外围的每个圈代表一个人,他们之间的线条代表联系,线条亮度越高代表交流的频率越高。

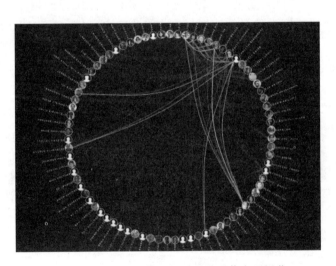

图1-5 用户与个体之间联系关系信息可视化

4. 知识可视化

知识可视化(Knowledge Visualization)(Eppler and Burkard,2004)是在科学计算可视化、数据可视化、信息可视化基础上发展起来的新兴研究领域,应用视觉表征手段,促进群体知识的传播和创新。

一般来讲,知识可视化领域研究的是视觉表征在提高两个或两个以上人之间的知识传播和创新中的作用。这样一来,知识可视化指的是所有可以用来建构和传达复杂知识的图解手段。

除了传达事实信息之外,知识可视化的目标在于传输见解(Insights)、经验(Experiences)、态度(Attitudes)、价值观(Values)、期望(Expectations)、观点(Perspectives)、意见(Opinions)和预测(Predictions)等,并以这种方式帮助他人正确地重构、记忆和应用这些知识。

二、地学数据可视化

地学数据可视化,也就是地球信息科学中的可视化(Visualization in Geoinformatics),可简称为地学可视化。

地学可视化是科学计算可视化与地球科学相结合而形成的概念,是关于地学数据的视觉表达与可视分析。把地学数据转换成可视的图形这一工作,对地学专家而言并不新鲜。测绘学家的地形图测绘与编制,地理学家和地质学家使用的地学图解或图谱,地图学家的专题制图与综合制图等,都是用图形(地图)表达对地学世界现象与规律的认识和理解(陈述彭,1957、1991)。因而我们认为地学数据可视化包括了地图可视化、地理数据可视化、GIS 可视化、地质数据可视化及其他专业应用领域可视化(龚建华等,2000)。

1. 地图可视化

地图可视化(Visualization in Cartography)即地图学中的可视化或地图信息的可视化。地图信息实际上就是地学信息。过去和现在,地图本身一直就是地学信息的载体。过去地学信息被地图学家制成可视的纸质地图,像用图形传输地学信息,因而它本身也是一种可视化产品。陈述彭先生以其多年的地图/地理工作的理论和实践经验积累,从非可视化角度并远早于科学计算可视化提出地学多维图解模式,试图应用地图这个可视化工具来解决特定的地学问题,获取对地学现象新的理解和认知。后来计算机科学技术发展,地图学家把计算机引进地图学,计算机制作地图是先由地图学家把地学信息生成数字地图,然后通过符号化变成可视的屏幕电子地图供用户使用,所以地图数据可视化就是把不可视的数字地图或人脑中形成的心像地图变成可视化电子地图的过程。由于这一新型电子地图的生成过程是由对原始地学信息的图解处理过程得到的,所以又可称其为"地学信息图解"。地图学家 Taylor 在 1994 年指出"可视化是现代地图学的核心"(Taylor,1994),并倡议在 1995 年国际制图学会(ICA)上成立了一个新的专门委员会,在 1996 年 6 月与计算机图形协会(The Association for Computing Machinery's Special Interest Group on Graphics, ACM SIGGRAPH)合作,开始一个名为"Carto - Project"的研究项目,其目的是探索计算机图形学的技术与方法如何更有效地应用在地图学与空间数据分析方面,以促进科学计算可视化与地图可视化的连接和交流。结论普遍认为,地图可视化实质上是视觉交流传输和认知分析两个方面。陈述彭先生 1998 年又在地学信息多维图解和科学计算可视化的基础上提出了"地学信息图谱"的概念(陈述彭,1998)。作者认为,"地学信息图谱"就是现代地学信息图解和地图科学计算可视化的结果、产品或形式,就好像纸质地图是传统地学图解和手工制图的结果、产品或形式一样;或者好像电子地图(含交互交融地图、动态地图、虚拟地图、多媒体地图或超媒体地图等)是现代地学信息图解和计算机多维动态制图的结果、产品或形式一样,即地学信息图谱是一种综合地学信息图解的图形图像可视化表达与分析应用的工具、形式与手段(陈述彭,2001)。

所以,地图可视化是地图/地理学家把可视化引入地图学而形成的概念,它是研究可视化在地图学中的作用、理论和方法的科学。

2. 地理数据可视化

地理数据可视化(Visualization in Geography)是地学可视化中另一个被使用的概念。地理数据可视化是地图/地理学家把可视化引入地理科学而形成的概念,它是研究可视化在地理科学中的作用、理论和方法的科学。

MacEachren(1994)开始时采用地图可视化,但他认为地理可视化要大于地图可视化的研究范围,如遥感图像、图表、摄影影像等现象中的可视化在地图可视化中并不作为重点研究的对象,而是属遥感数字图像处理的遥感地学信息分析计算可视化。所以,目前他倾向于采用地理可视化,认为地理数据可视化包含了所有空间显示工具,而所有空间显示的集合就是现代地图学中所指的可视化。

龚建华等认为,地图学与地理学作为两门经典学科,其研究对象均为地球表层系统中的地理环境,但前者侧重于地理空间信息的地图表达与应用,后者则把地图作为一种重要的研究工具来解决地理问题,而可视化具有的视觉交流传输和视觉认知分析特征,则可作为桥梁把地图学与地理学紧密地联结在一起。所以,虽然地理可视化可认为来自于可视化与地理学的结合,地图可视化来自于可视化与地图学的结合,但是由于可视化具有连接和融合地理学与地图学的特点,自然而然,地图可视化与地理可视化是应属于本质同一的两个概念,只是常规学科领域的划分以及研究团体的不同,导致在研究内容及范围的认识上有所侧重。所以 MacEachren 采用地理可视化,而不倾向于地图可视化的原因,仍然是从地理学与地图学领域的经典研究特征出发,而不是着眼于可视化的新技术特征,从而反映出学科领域划分对问题认识所带来的影响是多么深刻。

GIS 可视化(Visualization in Geographic Information System)是研究地理信息系统中关于可视化的理论、方法和技术的科学(龚建华,2000)。20 世纪 60 年代发展起来的基于计算机的地理信息系统开始形成时,就利用计算机图形软、硬件技术,把地理空间数据的图形显示与分析作为基本的、不可缺少的功能,因而 GIS 可视化的提出要早于科学计算可视化。GIS 可视化早期受限于计算机二维图形软、硬件显示技术的发展,大量的研究放在图形显示的算法上,如画线、颜色设计、选择符号填充、图形打印等。继二维可视化研究后,进一步发展为对地学等值面(如数字高程模型)的三维图形显示技术的研究,它是通过二维到二维的坐标转换、隐藏线与面消除、阴影处理、光照模型等技术,把三维空间数据投影显示在二维屏幕上。由于对地学数据场的表达是二维的,而不是真三维实体空间关系的描述,因此属于 2.5D 可视化。但现实世界是真三维空间的,二维 GIS 无法表达诸如地质体、矿山、海洋、大气等地学真三维数据场,所以从 20 世纪 80 年代末以来,真三维 GIS 及其体可视化成为 GIS 的研究热点。随着全球变化、区域可持续发展、环境科学等的发展,时间维越来越受到重视。而计算机科学的发展,如处理速度加快、处理与存储数据的容量加大、数据库理论的发展等使得动态地处理具有复杂空间关系的大数据量成为可能,从而使得时态 GIS(TGIS)、时空数据模型、图形实时动态显示与反馈等的研究方兴未艾。所以从 GIS 及其可视化的发展看,GIS 可视化着重于技术层次,如数据模型(空间数据模型、时空数据模型)的设计,二维、三维图形的显示,实时动态处理,时空多维动态模拟等,目标是用图形图像呈现地学处理和分析的结果。

3. 地质数据可视化

地质数据可视化包括二维地质图可视化和三维地质模型可视化。二维地质图可视化可以借鉴地图可视化的手段来实现。而三维地质模型可视化是地质三维建模的基础,是地质信息科技领域的重要研究方向。近年来,随着地质矿产工作信息化的不断推进,地质三维建模技术和地质数据三维可视化问题受到越来越多的重视。所谓地质三维建模,就是利用地质数据三维可视化技术进行地质体、地质现象和地质过程的三维数字化抽象、重构和再现。实现地质数据的三维可视化的目的,是便于在更加真实、直观和形象的条件下进行现象分析、模型抽象、实体重构、科学计算、过程再现、知识发现、成果表达、评价决策和工程设计,也就是说不仅仅是为了好看,更主要的是为了好用。因此,地质数据的三维可视化具有科学研究、决策支持、辅助设计等多方面的属性(吴冲龙,2011)。

1)地质数据可视化属性

科学研究应当是地质数据可视化的第一属性。地质数据三维可视化具有科学研究属性的原因在于地质现象和地质过程都不同程度地存在着结构信息不完全、关系信息不完全、参数信息不完全和演化信息不完全的情况。通常,在地质现象、地质过程分析,地质矿产资源评价和开发利用决策时,对于大量的不确定因素,要依靠技术人员或者领导者本身进行定性理解、定量估算和关系描述,并结合时空数据模型和时空分析模型来进行分析、预测、评估和辅助决策。从数学逻辑的角度看,这是一种半结构化或不良结构化甚至非结构化问题。经验表明,数据可视化是描述、表达和理解各种半结构化甚至非结构化问题的关系和模型的最佳方法和手段。这也正是地矿研究与勘查成果总是用图件形式来表达的原因。面对多维的地质时空信息,仅仅有二维图件是不够的,需要实现三维建模与分析。

基于地质数据可视化的科学研究属性,其概念的外延大致包括科学计算可视化(Visualization in Scientific Computing)、可视化分析(Visual Analysis)、可视化表达(Visual Representation)、可视化显示(Visual Display)等几个组成部分。

地质数据三维可视化的第二个属性是空间决策支持。之所以如此,是因为地质调查、工程勘查、矿床资源勘探的数据处理和应用,最终要提交区域地质结构及其演化、工程地质条件和矿产资源可利用性评价成果,为资源的开发利用和重大工程建设提供多方案比较、选优的决策支持,而地质与资源信息普遍具有空间信息特征,其决策支持属于空间决策支持范畴。空间决策支持可视化同样涉及可视化计算、可视化分析、可视化表达、可视化显示等几个部分。由于空间决策支持在国土资源,能源勘查、开发、管理,环境保护和地质灾害防治领域具有显著的地位,空间决策支持可视化自然也就成为地质数据三维可视化的第二个重要属性。这就是说,如何更好地为空间决策支持服务,是地质数据三维可视化研究必须面对的问题。

为了说明这个问题,有必要从 GIS 决策支持可视化研究谈起。李峻曾经从空间决策支持认知过程出发,系统地研究了如何在一个完整的空间认知过程中交互、动态地获取并传递知识的问题。一般来讲,空间决策支持认知过程可表达为数据(Data)→信息(Information)→知识(Knowledge)→智力(Intelligence)。在这个过程中,确定数据(Data)的形态、结构、关联和一致性的操作将数据转变为信息(Information),对信息的科学归纳和对因果关系的探求将信息转变为知识(Knowledge),而当把知识应用于新的思想并对时空关系和未来发展趋势进行有目的的考察时,知识就转变成了智力(Intelligence)。这个从知识到智力的认知过程,实际上与可视化工具概念模型中的认知过程是对应一致的,可以用一个基于决策支持的认知过程的可视化工作流程图来表示(图1-6)。

图1-6 基于决策支持认知过程的可视化工作流程

在地质空间决策支持的认知过程中,不仅要求实现空间数据和分析结果的可视化,还要求实现分析规则、分析过程和决策过程的可视化。这种具有认知、分析作用并完整地面向分析过程和结果的可视化,称为探索可视化(Exploratory Visualization)或分析可视化(Analytical Visualization)。采用可视化的手段来进行数据探索,完成对半结构化或不良结构化问题的关系描述、信息提取、知识合成和智力表达,能够直观而形象地获得针对目标问题的对象认知和解决办法,进而显著地提高空间决策支持的有效性,是空间信息科技的重要发展方向。

随着空间信息技术和空间决策支持的兴起,GIS研究的重点从空间数据管理逐渐向空间数据分析方向转变,常规的空间量算、信息分类、叠加分析、网络分析、缓冲分析、空间变换和内插、空间统计分析等空间分析方法已经不能满足地质信息决策支持的要求,常规的多维、多源数据及其分析结果的显示技术,也不能满足空间决策支持认知过程的可视化需求。人们已经普遍意识到,对复杂空间决策支持问题的解决不是由单一结构化的空间分析或可视化显示独立完成的,而是由多个可视化显示和空间分析模块相互交融,在思维与分析层次上对空间知识进行挖掘、传输与交流的复合过程来完成的。为此,可视化的研究逐步从主要围绕结果的表达与显示、偏重于技术层次的状况向思维与分析层次发展,即向多维动态、交互分析、数据挖掘、信息提取、信息传输、知识发现和智力表达的方向发展,并且聚焦于探索可视化分析(Exploratory Visual Analysis)。空间决策支持认知过程可视化技术随之从空间探索、确认、合成、表达这一过程的两端向中间靠拢,力求实现可视化思维和可视化交流的相互交融,形成一个兼有二者特点的工具。

GIS领域的可视化技术研究进展对于地质空间决策支持认知过程可视化而言,有重要的借鉴作用。这种高级可视化将有效地提高对这种不良结构化或半结构化问题的感知力、洞察力、分析力和描述力,地质信息科技正是在借鉴地理信息科技成果的基础上取得进展的。经过地质信息科技领域广大研究者的共同努力,地质矿产信息系统的可视化技术不仅具备了信息和知识的交流传递作用,还具有很强的动态和交互特性,用户可根据需要自行订制待浏览对象、可视方法和显示形式,并可对整个过程修改编辑,多角度地观察复杂空间对象及其空间关系,直至获得对科学决策的合理支持。简言之,当前空间决策支持认知过程的可视化思维(Visual Thinking)的交互性和可视化交流(Visual Communication)的公众性,已能较好地满足地质矿产勘查开发和工程建设领域空间决策支持的交互、反复和共享的操作要求。

地质数据可视化第三个属性是工程设计。目前我国有一大批在建、待建的大型水利水电工程。这类工程涉及面广,影响因素众多(水文、地形、地质等),且设计和建设周期长,其设计和施工非常复杂,如何借助地质数据可视化提高设计效率和施工管理水平是一个难题。通过大型水利水电工程三维动态可视化设计,可实现施工全过程的仿真建模、仿真计算和仿真成果的可视化分析,为描述和揭示复杂工程施工系统的内部机理和规律提供了理论基础;可实现大型地下厂房在真实地质环境中的交互设计与优化,完成地下硐室群施工过程与围岩稳定耦合的动态仿真模型,提出施工顺序与机械设备配套的多方案优化方法;可以为合理制订施工进度计划、施工动态实时分析、确定施工机械配置和施工支硐布置提供依据。当然地质工程三维可视化设计远远不只在水利水电工程中应用,比如在固体矿床的三维开采设计、油气钻井三维轨迹设计、城市地下空间利用设计、滑坡治理工程设计等。因此地质数据可视化必须要能实现三维环境下的可视化设计。

2)地质空间决策支持认知过程可视化的分类

由于地质工作性质的特殊性,地质信息系统可视化的内容更为丰富,而形式也更为复杂。一般来说,在地理科技领域,人们主要关心诸如地形地貌、地物景观等表面现象;而在地质科技领域,人们最关心的是地下地质结构和成分的空间分布。因此,在地理信息科技领域,人们多关注"面三维"可视化技术的开发和应用;而在地质信息科技领域,人们多关注"体三维"可视化技术的开发和应用。从应用的角度看,地质空间决策支持认知过程可视化可分为表达可视化、分析可视化、过程可视化、设计可视化和决策可视化五类。

表达可视化泛指原始数据和计算成果以图形或图像的形式在屏幕或其他介质上的显示。其内容从图形图像的角度看,大致包括原始数据的符号化显示,一般科学计算结果的饼图、直方图、曲线图、等值线图和曲面图显示、放大、缩小、漫游、闪烁、拖动等,专业分析处理结果的柱状图、剖面图、平面图、三维地形图、三维地质图和表格、文字、数字的显示、放大、缩小、漫游、闪烁、拖动等。从地质科学的角度看,则包括地下复杂结构表达可视化和成分表达可视化两类。表达可视化是地质空间决策支持认知过程可视化的基础,贯穿于其他各类可视化之中。

分析可视化指在可视化环境中进行的各种地质空间决策分析。其内容大致包括各种地质专业的二维或三维空间统计分析、多重分形分析、叠加分析、网格分析、缓冲分析、几何量算、矢量剪切分析等。分析可视化是地质空间决策支持认知过程可视化的核心,其实现需要通过表达可视化来完成。之所以将其单独分出来,主要是强调地质空间问题分析过程的可视化及其分析过程的沉浸感(Impressive)、动态性(Dynamic)和人机交互(Interactive)特征。

过程可视化指在体三维环境中开展各种可视化的地质过程动态模拟,如造山作用动态模拟的可视化、构造变形作用动态模拟的可视化、沉积作用动态模拟的可视化、岩浆(侵入和火山)作用动态模拟的可视化、油气成藏作用动态模拟的可视化、金属矿产形成动态模拟的可视化、各类地质灾害形成作用动态模拟的可视化以及所有这些地质作用的可视化虚拟仿真(虚拟现实)等。过程可视化同样需要通过表达可视化来实现,单独分为一类是因为计算机动态模拟是研究和认识地质过程的重要途径和方式,同时强调其自然过程的可视化重建和再现。

设计可视化指在体三维可视化环境中进行各种地质工程设计,主要包括钻孔(井)设计可视化、矿山地下井巷设计可视化、地质灾害治理工程设计可视化、引水工程设计可视化、水电工程设计可视化、铁路公路隧道设计可视化、地下铁路设计可视化、地下硐室工程设计可视化等。同样,设计可视化也要通过表达可视化这一途径来实现。单独分为一类也是因为地质工程设计本身的重要性以及地质工程设计工作对可视化的需求最为强烈。地质工程设计历来是采用二维可视化方式进行的(即 2D CAD),向三维可视化方式(即 3D CAD)发展是必然的趋势。

决策可视化指在体三维可视化环境中进行矿产资源潜力或工程地质条件评价,进行各类矿产资源开发和地质工程设计的多方案比较选优决策,也包括地质灾害预警、防治、应急预案制定、决策可视化和抗灾救灾的现场应急指挥等。在三维可视化条件下,领导者或决策者可以直观、形象地了解专家的决策认知过程、依据和成果,如同身临其境地考察各个决策方案的合理性,进而作出自己的判断和决策,甚而实施应急指挥。在实现了地质空间决策认知过程各环节可视化的基础上,有必要进一步实现决策可视化。特别是当地质结构和成分复杂而决策者和指挥者又非专业人员时,这种空间决策可视化就显得更为重要了。

目前,上述各种面向过程、具有地质空间认知能力的可视化技术,在国内已经成功地应用于区域地质调查、城市地质调查、工程地质勘查设计、矿产和水文地质勘查、矿山和油田资源开发、矿权管理、储量估算、水利水电工程和地质灾害勘查治理等专业领域的决策支持中,有力地提高了地矿资源的分析、评价、管理和辅助决策水平。地矿勘查和管理人员可以根据实际需要,利用三维可视化技术对指定范围内的地质体和资源量进行统计分析,可以对地质体进行任意方向的矢量化剪切和截取任意形态的剖面图、切面图、栅状图,并且可以在感兴趣的区域内任意地进行刻槽、挖坑和穿洞分析(图 1-7)。利用三维动态显示技术和虚拟现实(Virtual Reality)技术提供的具有沉浸感(Impressive)、构想性(Imagination)、交互性(Interactive)的环境和工具,还可以开展盆地和造山带地质过程分析、工程地质条件和资源可利用性评价,开展盆地构造演化过程、层序地层生成过程、造山带构造演化过程、油气生排运聚散过程和地质灾

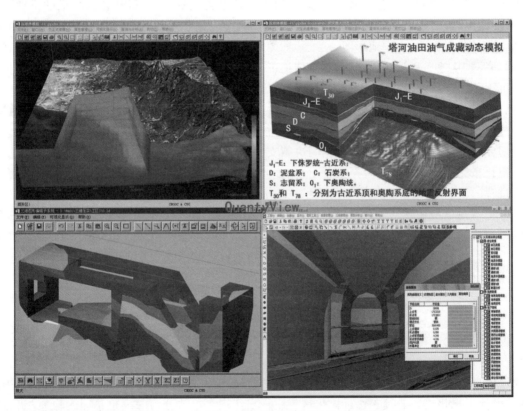

图 1-7 地质体三维可视化建模与挖刻分析实例

害发生、发展、应急过程的三维动态模拟和仿真,并且从任意角度以不同分辨率来浏览模拟或仿真结果(图1-7)。

总之,可视化已经成为目前地质现象和地质过程时空分析、地质矿产资源评价与空间决策支持所不可或缺的技术和手段。鉴于上述"五个可视化"在地质空间决策支持认知过程方面具有重要意义以及其实现具有较高的技术难度,能否真实而又完全地实现"五个可视化"已经成为检验所有三维可视化地质信息系统软件的水平和质量的试金石。

3) 地质数据可视化的关键技术

三维地质建模与分析技术是实现地质数据可视化的基础,其中包括合理的基础三维数据结构、海量三维数据体的存储和快速调度、三维地质体的数字化的快速建模技术、三维数字地质体的局部快速动态更新技术、三维数字地质体的快速任意矢量剪切技术、三维数字地质体的多样化空间分析技术和三维数字地质体的快速动态建模技术。三维地质建模与分析技术是实现上述"五个可视化"的基本保证,也是目前地质数据可视化的关键技术和研究热点所在。

(1) 合理的基础三维数据结构。合理而有效的三维数据结构是实现地质体、地质现象和地质过程的"五个可视化"的核心问题。目前在地质空间采用的三维数据结构模型一般分为几何对象模型、属性对象模型和拓扑关系模型。这三个模型分属三个不同的层次和方面:几何模型用于描述地质体的形态和空间展布;属性模型用于存储、管理地质实体的定性或定量的描述信息;拓扑关系模型则主要用于描述两个和两个以上地质实体之间的关系以及单个复杂地质实体内部的各个子实体之间的拓扑关系。属性模型和几何模型之间是可以相互转换的。当对属性模型进行可视化时,其实质就是属性模型向几何模型的转换;当对几何模型进行查询统计时,其实质就是几何模型向属性模型的转换。地质体本身是一个整体,其描述模型的划分只是人为的结果,这种划分在很大程度上限制了三维地质体模型的动态重构与局部快速更新。能否用一个统一的数据结构模型来表达和管理真实的三维地质体数据,是需要进一步解决的重大关键技术问题之一。近年来,国内许多研究者都曾经对地质体的三维数据结构模型做过一些深入的探讨。

(2) 海量三维数据体的存储和快速调度技术。海量三维地质体数据的存储和快速调度是实现地质体、地质现象和地质过程的"五个可视化"的基础。为了实现分析、设计和决策可视化,地质信息系统必须能展现和管理非均质和非参数化的实体,单个地质体的几何数据量往往是地表普通建筑物的几何数据量的几十倍乃至几十万倍,外加相关的属性数据和拓扑关系数据,对于大范围的海量三维地质体数据,其数据量已远远超出现有常规GIS的三维空间数据管理和处理能力。多线程动态调度方法、自适应的三维空间数据多级缓存方法、基于可视化计算与调度任务关联信息的预调度机制以及多级三维空间索引技术的提出,或许能够推进海量三维地质体数据有效存储和管理问题的解决。

(3) 三维地质体的快速建模技术。三维地质体的快速建模技术是三维地质信息系统大规模推广应用的前提条件。三维地质体的建模速度决定了三维地质信息系统的实用性能。最理想的情况是软件系统能够实现足够复杂地质体和地质过程的全自动建模,但迄今为止并未完全实现。为了提高三维地质信息系统的实用性,必须对三维地质体的快速建模方法进行研究,主要包括研究如何提供方便快捷的交互建模工具、研究限定条件下三维地质体模型的自动或半自动建模问题等关键技术问题。

(4) 三维数字地质体的局部快速动态更新技术。三维数字地质体的局部快速动态更新技术是目前地质空间建模研究的热点与难点问题之一。地质空间建模按照技术层次分为五个阶段,即模型可视化阶段、模型度量阶段、模型分析阶段、模型更新阶段和时态建模阶段。前三个阶段属于静态建模,后两个阶段属于动态建模。三维静态建模方法与动态建模方法的本质区别在于建立的三维地质模型是否可以进行模型的快速更新与重构,地质体、地质现象和地质过程的勘探研究都是一个渐进的过程,这就要求三维地质体模型的建模也是一个增量建模的完善过程,能实现三维地质模型的局部快速动态更新。基于钻孔的连续地层序列匹配、基于非共面剖面拓扑推理和基于凸包剪切、限定散点集剖分的动态重构算法是该领域近期的新研究成果。该方法对于研究区域地质背景有假定前提,还不能适应任意复杂的地质环境。显然,要妥善地解决这个问题,还需要进一步加强对三维数据结构及其相关三维实体重构方法等关键技术的研究和开发。

(5) 三维数字地质体的快速矢量剪切技术。在建立了三维数字地质体模型的基础上,可进行各种挖刻和剪切分析,进而可统计开挖量或分析地质结构,为地质条件研究、地下工程建设、采矿生产安排提供分析、设计工具。根据所采用的空间数据模型,矢量剪切分析有体剪切技术、空间分区二叉树技术、面剪切技术等。它包括规则的空间线、面、体等之间的矢量剪切,也包括不规则的空间线、面、体等之间的矢量剪切。如复杂的地表面与工程实体之间的矢量剪切分析、复杂的地质体与工程实体之间的矢量剪切分析。对于具有三维复杂结构的大规模数字地质体矢量剪切分析,可采用三维空间索引、多级缓存技术和基于 BSP(Binary Space Partition,空间二分树)的快速面片裁剪算法,对三维索引边界进行并行快速布尔运算判定,再通过后台裁剪运算快速重构裁剪后的三维空间实体关系,并提高其准确性、可靠性和效率。

(6) 三维数字地质体的多样化空间分析技术。基于三维数字地质体的真三维空间分析功能,既是地质数据三维可视化软件区别于二维软件和计算机图形学的主要特征之一,也是评价一个三维地质矿产信息系统功能的主要指标之一。三维空间分析涉及到大量空间数据的运算和复杂空间关系的判断,如何保证针对异构的三维数字地质体空间分析的准确性、效率和可靠性,适应地矿勘查工作的多主题要求,是地质信息技术的共性难点问题。目前,建立有效的、多样的空间分析方法模型,为地质矿产信息系统提供更多、更强大的功能,已成为当前地质信息科学领域研究和应用中十分重要的任务。三维数字地质体的空间分析技术通过分析三维地质矿产信息系统空间分析的基本内容,抽象出三维空间分析的原子分析算法,如三维相交检测、布尔运算、点集区域查询等,具有普适性、多样化的特征。它既包括通用的三维空间分析技术,如叠置分析、缓冲区分析、三维网络分析、三维查询与度量分析、三维表面分析、三维几何分析、统计分析等,又在此基础上针对地质矿产信息工作典型的领域开展诸如地质体剖面分析、刻槽挖洞分析、栅栏图分析、管线分析、流域分析、水淹分析、地下工程模拟开挖分析、矿产储量分析、构造体平衡分析、地层沉降正反演分析等。利用面向地质矿产信息的多样化的三维数字地质体空间分析功能,可以分析地质体内部的特征和属性,为了解和掌握地质体的组成、结构、稳定性、活动规律和运动机制提供途径。

(7) 三维数字地质体的快速动态建模技术。基于剖面资料建立的三维数字地质体模型不能动态重建的问题,长期以来一直困扰着该领域的专家学者。从 20 世纪 90 年代末期开始,人们已经能够通过单纯的剖分算法来实现空间实体或者规则空间实体模型的动态构模,但复杂地质体模型是通过大量的人工交互作业建立的,其中包含过多地质知识和人工智能推理过程,单纯的剖分算法难以实现其动态重建。

人们对三维地质体动态建模方法的研究,经历了从纯粹的空间构模数据结构与算法研究转变为建模过程中的地质知识表达、推理与应用研究的过程。人们先后提出了基于表面模型(Subsurface Model)的时空约束规则及其诊断问题,探讨了空间与时态推理在地质建模中的应用可能;基于地质语义的概念,对地质一致性(Geological Consistency)问题进行了探讨;讨论了地质解释过程中的人工智能推理算法,提出了不确定性下的地质推理分析并将其应用于地下水体重构研究,研究了基于用例推理的地质构造建模方法和基于 SEM(Shared Earth Model)、面模型的油气盆地模型知识驱动重建方法。

显然,这些研究成果为基于剖面的地质体动态建模的实现提供了新的思路和途径,在一定程度上推进了空间推理在地质体动态建模中的应用研究。

目前,在三维地质建模方面已经出现了一些比较完善的三维地质建模软件,国外的如 GOCAD、MVS、MicroStation、Surpac 等,国内的如 QuantyView(原名 GeoView)、GeoMo3D、Titan 3DM 等。这些软件都提供了通过钻孔(井)、剖面、平面资料进行三维地质建模和分析的工具。这些软件实现了多种数据三维综合建模、显示和分析,但目前的主要建模方式仍然是静态交互的。

总之,实现地质数据三维可视化,不仅仅是为了好看更是为了好用。一个优秀的地质数据三维可视化软件,应当能够实现"表达可视化、分析可视化、过程可视化、设计可视化和决策可视化"五个方面的功能。此外,还需要具备真三维图形数据和属性数据一体化管理和编辑功能,所生成的三维数字地质结构和数字地质体可以支持空间数据和属性数据的双重可视化查询;要支持采用钻孔、平硐、槽探、竖井、勘探剖面图、构造平面图等进行三维地质结构和地质体混合建模,还要提供各种专业化工具,支持 DLL 库、控件、组件等多种二次开发方式。地质数据三维可视化技术的发展十分迅速,其未来趋势是实现地上、地下、地理、地质数据一体化三维可视化采集、存储、管理、处理和集成应用以及地质建模和数据更新的快速化、高效化、动态化。复杂地质结构的表达和快速动态建模方法与技术,仍将是未来一段时间的研究重点,知识驱动、数据挖掘、本体论思路、方法的引进和应用,可能是解决这些问题的有效途径。

4. 其他专业应用领域可视化

从应用方面看,不同的地学专业领域,地学现象与数据呈现出很大的不同,如海洋现象是时空四维的,并且随时在时空结构上发生变化;而城市与区域系统则更多的是人文景观,即表现为多维动态,并且该空间是人类非常熟悉的(由于人类不能钻进地下或地块以及不能在海洋、大气中自由行走,所以对地质、海洋和大气的时空感知及认知比较艰难和陌生)。根据实践与理论方法之间的相互关系,专业应用领域地学现象的可视化对地学可视化深入发展并得以持续的应用与演化将有着重要的意义(龚建华,2000)。

三、地学三维可视化与过程模拟的研究框架

我们在综合了前人关于可视化研究内容的基础上提出了如图 1-8 所示的地学可视化的研究框架。我们认为,地学可视化应包括传统的地图可视化、地理数据可视化、地质数据可视化及其他专业应用领域的可视化,如海洋可视化、大气可视化、社会经济可视化等。因此,地学可视化可以借鉴地图可视化和 GIS 可视化两方面目前成熟的理论和技术研究成果,发展统一

的地学三维可视化软件平台,该平台不仅能支持各种地学信息的表达可视化、分析可视化、过程可视化、设计可视化和决策可视化,而且能根据不同的专业领域选择不同的模型来订制专业可视化系统。其中地图可视化的研究包括信息表达交流传输模型和地理视觉认知分析模型的构建以及在上述模型指导下的虚拟地图、动态地图、交互交融地图、超地图的设计、制作和应用。GIS可视化的研究包括地表空间三维、时空多维数据内插加密,地理数据可视化模型设计,三维与多维数据显示与分析,矢量与张量和不确定数据显示与分析,人文与经济数据可视化,实时动态交互处理,时空多维动态模,并行技术,基于网络和万维网地学可视化,虚拟现实技术,多用户合作可视化等。

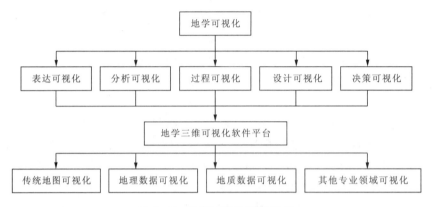

图1-8 地学可视化研究框架

而地质数据可视化不仅要包含部分地理数据可视化所研究的内容,更重要的是研究在连续铺盖三维地质体介质环境下的地质信息采集、表达、存储调度、三维推理建模、海量体数据的分析,更进一步地完成资源的统计与预测、工程三维设计等内容。在数据模型、海量存储调度、真三维分析、地质背景知识和地质过程模拟等方面提出了更高的要求。

第三节 地学三维可视化与过程模拟的研究内容

一、地学数据可视化方法分类

地学数据可视化方法按数据类型分为点数据场的可视化、标量场数据的可视化、矢量场数据的可视化、张量场数据的可视化及其他相关数据的可视化(王建华,2002)。

1. 点数据场的可视化

点数据场的可视化实际上是对所描述地学对象相应定义域中的点或点集,借助于某种模型将N维空间中的点集投影到二维平面上。

在实际应用中,较多的是有关一维、二维和三维空间点数据场的可视化。显然,一维点数据的可视化是最简单的,通常可以直接在一维坐标轴上标注。二维点的可视化则可以采用某种数学模型,将二维点的两个值投影转绘到二维平面上,成为二维平面直角系中的一个点(x,y)或有序点集(x_i,y_i)。对于三维点的可视化,也可采用某种投影方法将三维点的三个坐标值转换到三维图形空间的三个坐标轴上,用三维立体模型的方法显示其立体空间分布,即(x_i,y_i,z_i);或者将第三维深度信息用不同的灰度(或色彩)或光照度表示在二维平面上,生成假三维立体图;利用三维动画技术,还可以选择不同的视点,生成一系列的三维立体图,并通过旋转控制操作将系列三维立体图连成一个整体,实现空间对象不同角度的显示。

对于四维或更高维点数据场可视化,通常可以采用 Andrews 提出的曲线分解模型进行处理。该方法的基本原理是将 $N(N \geqslant 4)$ 维空间的 N 个分量值 $(F_1, F_2, F_3, \cdots, F_n)$ 用一个函数 $f(t)$ 表示:

$$f(t) = (F_1/\sqrt{2}) + F_2\sin(t) + F_3\cos(t) + F_4\sin(2t) + F_5\cos(2t) \qquad (1-1)$$

将 $f(t)$ 函数在 $[-\pi, +\pi]$ 范围内的曲线绘制在二维平面上,也就是将 N 维点用一条形状相似的曲线来表示,通过比较一组曲线来确定 N 维点数据集中所含的不同信息。

当然,也可以利用三维仿真技术实现对第四维时间信息的表示。

在地球空间信息科学中,点数据场是一种比较常见而且非常重要的数据。除了各类控制点之外,还有各种实地观测数据和各种类型的采样数据,它们都是空间离散数据,是地学数据可视化处理的重要内容。

2. 标量场数据的可视化

标量场数据的可视化是目前地学空间数据可视化中研究和应用最多的可视化方法。在某些应用技术,尤其是图形图像显示技术中,都是基于标量场数据的可视化方法来实现的。

显然,最简单的是一维标量场数据可视化,它可用插值函数 $F(x)$ 来表示,其可视化的基本方法是:在二维平面坐标内,根据采样点的值来构造插值函数 $F(x)$,再根据 $F(x)$ 生成采样点之间的线段。为了实现较好的可视化效果,插值函数的选择非常重要。一般来说,插值函数的选择应该能保留原始数据集中的隐含属性,比如单调性、正态性等。在地学空间信息中常用的插值函数是三次样条插值函数。如果采样数据本身的精度较低,则可根据最小二乘法原理和方法构造插值函数。

空间数据处理中的二维标量场数据通常包括两大类,即平面格网点数据和不规则的散乱点数据。为了实现二维标量场数据的可视化,关键是拟构相应的插值函数。

对于平面格网点数据,可以采用双线性插值函数,其基本形式如下:

$$F(x,y) = a_1 + a_2 x + a_3 y + a_4 xy \qquad (1-2)$$

在具体实施过程中,为了得到较好的效果,可采用双三次插值函数,其基本形式如下:

$$F(x,y) = \sum_{i=0}^{3} \sum_{j=0}^{3} a_{ij} x^i y^j, 0 \leqslant x, y \leqslant 1 \qquad (1-3)$$

双三次插值函数的特点是一阶导数连续,二阶导数存在。在空间数据处理中,常用的双三次插值函数是 Bezier 函数。

对于不规则的散乱点数据,可以先将其划分为若干三角形格网或六角形格网等,然后再对三角形格网或六角形格网上的点数据采用双线性插值函数或双三次插值函数进行处理。空间数据处理中的 DEM 数据是不规则散乱点数据场处理较典型的应用实例。

值得一提的是,二维量场数据的等值线内插是空间数据处理中二维标量场数据可视化应用最广泛的技术,如地形等高线、地磁等磁力线或等降雨量线等。有关这方面的算法和实现技术在计算机图形学教材中都有介绍,这里不再赘述。

三维标量场数据的可视化则采用曲面构造法来实现,其基本原则是:将函数值 $F(x_i,y_i)$ 作为空间第三维数据,利用某种曲面模型对空间点集 $\{[x_i,y_i,F(x_i,y_i)]\}$ 拟构一张逼近曲面,将该空间曲面投影到平面上,并通过消隐、纹理或明暗处理及旋转变换等来实现第三维属性的显示,甚至可以采用动画技术实现第三维属性的连续显示。有关这方面的算法和实现技术可以参考计算机图形学的有关著作。

3. 矢量场数据的可视化

矢量是一种既有大小又有方向的量纲,因此矢量场数据的可视化与标量场数据有所不同,它应该将矢量的大小和方向都同时显示出来。在地学空间信息处理中,矢量场数据的可视化通常有两种基本技术:一种是将矢量按一定的方向进行分组,获得 N 个组的分量值,然后借助于标量场数据的可视化技术显示每一分量的分布,比如气象研究中的风向频率分布、地质构造中的节理分布等;另一种方法就是直接对矢量的大小和方向同时进行显示。

根据空间数据处理的特点和可视化的基本技术,矢量场数据的几何图形表示方法通常包括点场数据表示、线场数据表示和面场数据表示三种。

点场数据表示是最直接的方法,通常是对采样点上的每一点数据的大小和方向采用能表示大小和方向的图形方式给予表示,如箭头、有向线段等。

线场数据表示是地学空间数据可视化中用得较多的一种方法,通常包括数据场线和质点轨迹线两种。数据场线是某一时刻 t 连接各点矢量的一条有向曲线,如大气环流线、电磁场中的磁力线等。质点轨迹指某一质点经过该矢量场是一条轨迹,如计算流体动力学(CFD)中的质点运动轨迹等,计算流体动力学就是求流体偏微分方程,即 Navier-Strokes 方程的数值解,这些方程是航空动力学、汽车设计、气象预报和海洋动力学等应用研究的核心技术,也是流体力学的基础。

空间面场数据实际上是一条非场曲线经过矢量场的运动轨迹,面场比线场更容易表达矢量场内部的矢量分布。面场的拟构主要有两种方法:一种是采用线场连接生成面场;另一种是对矢量场进行拓扑结构的分解,通过拟构矢量场内部的几种拓扑结构分布模型来表达整个面场的总体分布。

4. 张量场数据的可视化

张量场主要应用在流体动力学和有限元分析中。三维空间的一个二阶张量可以表示为一个 3×3 矩阵,因此,一个张量场是由二维或三维场中一系列类似的矩阵组成。

不同维度与阶数的张量为具体的可视化操作带来了巨大的挑战。在科学数据可视化的常见情况下,三维二阶对称张量数据是我们需要进行可视化操作的对象,比如流体微团的变形率张量、流体面元的应力张量等。三维二阶张量包含九个分量,这九个分量的可视化必须建立在统一表现的基础上,才得以显示出整个张量在空间点的数据结构甚至是物理意义,而不像标量场可视化那样,仅仅关注每个空间点的单一数据。在我们所讨论的张量可视化的方法和实例中,三维二阶对称张量都是我们主要的、理想的研究对象。

张量数据可视化的方法主要可以分为以下几类:图元类(Glyph)、特征类(Feature-based)、艺术类(Art-based)、体绘制类(Volume-rendered)以及形变类(Deformation)。

5. 其他数据的可视化

除上述几种主要的数据可视化技术和方法外，通常用到的还有图像数据处理技术、动画技术和交互技术。

图像数据处理主要用于高密度点的标量场数据分布，如CT、地表形态数据等，其相关技术包括图像增强、图像特征提取和图像分割等。

图像增强主要是为了加强和突出图像的特征而采取的一种图像数据处理技术。常用的方法有直接对像素进行的点操作、对像素周围区域进行的局部区域操作及假彩色计算操作技术。点操作包括灰度变换法、直方图修正法和局部统计法。局部区域操作主要是图像的平滑和锐化，如中值滤波、低通滤波和高通滤波等。假彩色计算是将灰度映射到彩色空间上，以突出数据的分布特点。

特征抽取技术主要包括采用灰度振幅的空间特征抽取，采用梯度法的边界识别，采用边界跟踪的边界提取以及采用几何表示的形状识别等。分割技术主要包括阈值、种子填充、模板匹配及其他边界算子。

动画技术对于表示随时间变化的物理场非常有效，其基本原理是通过一个图像数据序列来显示连续的物理场变化，常用的技术是关键帧方法。动画技术最理想的情况是希望在用户控制下，实时地生成和显示动画序列。动画技术作为一种表达第四维信息的技术，不仅可以用来表达时间的变化，也可以用来表示其他参数的变化。

交互技术在可视化中占据着非常重要的地位。许多数据的特点只有通过交互才能感知到。交互技术包括与数据的交互、与图形的交互和与可视化参数的交互。与数据的交互包括数据集的交互分割、断面的选取、数据范围的选择设置等技术。与图形数据的交互包括传统图形学中的交互，如平移、放大、旋转等交互操作和光源、视点投影面、表面属性及明暗处理等技术。与可视化数据的交互包括与显示技术的交互，如选择或组合合适的显示技术。与参数的交互，如在质点跟踪时可与质点数、步长、质点分布方式等参数进行交互以及在显示标量数据分布时与调色板进行的交互。其他数据交互技术还有立体图绘制。立体图能真实地再现三维空间中的数据场分布，它让观察者感知到三维空间的存在，对于突出表达三维物体对象的分布特性有明显的效果。

二、地学三维可视化与过程模拟研究的主要步骤与内容

1. 地学三维可视化与过程模拟研究的主要步骤

1) 地学数据预处理

数据预处理就是对地学数据进行以下（但不限于）几个方面的处理，以满足可视化图形图像生成的需要，即：①数据格式及其标准化处理；②数据变换处理，如投影变换处理、几何变换处理、坐标变换处理及线性变换处理等；③数据压缩处理；④图像处理，包括图像分割与边沿检测、图像增强、图像提取、图像滤波、图像平滑等处理。

2）地学数据构模

数据构模主要是针对不同的数据处理对象、不同用户的需求或系统设计目标，选择或设计不同的数学模型或算法，对预处理的结果进行可视化，如生成二维、三维或四维时空数据以及表面重构或面向物体的重构，其技术核心主要是数据模型、建模方法以及三维可视化渲染表达。

3）地学图形图像的生成

即利用计算机图形图像学技术将各种地学数据生成直观、易读的计算机地学图形图像，也包括图像的明暗、阴影和纹理映射处理等。

4）地学图形图像的输出及过程模拟

即将可视化处理生成的地学数据按用户要求显示在计算机屏幕上，形成二维、三维、四维的直观化地学图形图像，再现各种地学过程的三维模拟。或者将生成的可视化图形图像直接打印出来，也可以转换为其他相关系统可读的可视化数据文件。

2. 地学三维可视化与过程模拟研究的主要内容与任务

地学三维可视化研究的主要内容在基础地学空间信息方面目前概括起来大致如下（陈军，2002）。

1）地学数据模型、地学建模以及空间分析的理论研究

要进行某地区的地学数据可视化研究，就必须要有该地区的动态地学空间的框架数据，目前世界各国尚不具备。为了做好动态地学空间框架数据的构建工作，需要深化对地学空间现象（实体）多维、动态特性的认识，研究动态空间现象（实体）的描述和表达方法，发展动态空间数据模型。拟解决的关键问题如下。

(1) 地学空间信息的多维、动态机理研究，如：①实体运动状态和运动方式的发生与施效机理研究；②多维和动态特性的分类描述；③事件对时空目标作用机理研究等。

(2) 动态空间关系理论研究，如：①三维、时空、模糊、层次等空间关系的语义研究；②形式化的描述模型与表达方法研究；③基于空间关系的认知、推理和存取研究。

(3) 动态空间数据模型及建模方法研究，如：①三维空间实体及其时空变化的时空对象模型研究；②集主体、事件、状态为一体的时空数据模型研究；③多尺度空间数据模型研究；④基于全球坐标的球面层次数据模型研究；⑤海量空间数据的集成管理模式研究等。

2）地质过程的动态模拟

地质与成矿过程的动态模拟是近年来最为活跃的地学信息技术之一，这方面的内容难度较高。地质（包括成矿）过程计算机模拟也称为地质过程数学模拟，它是近20年来在计算机地质应用领域迅速发展的一种仿真技术。地质过程所涉及的空间之大、时间之长、影响因素之多、相互作用之复杂，是难以用实物的物理模拟方法和化学模拟方法来再现的。这个问题长期以来困惑着地质学家，既阻碍了人类深入、全面地认识各种地质过程，也阻碍了地质科学的定量化进程。自从计算机技术引进地学领域后，发达国家的地质学家们就开始了地质过程的计算机模拟研究并迅速地取得了进展。

地质过程计算机模拟的一般方法是：首先通过地质研究来建立对象的地质过程和地质特征的概念模型，再选择适当的数学模型来描述其中的主要过程，然后让计算机按一定的时序和法则来执行数值运算和逻辑推理（Harbaugh et al, 1980）。所采用的数学模型可以是准确的数学函数表达式，也可以是概率性的、经验性的甚至逻辑启发性的关系表达式，地质过程数学模

拟随之可分为静态确定型（如构造应力场模拟）、动态确定型（如地下水动力学模拟）、动态随机型（如某些沉积作用模拟）和动态混合型（确定＋随机，如油气成藏动力学模拟）和人工智能型。其中动态模型可以看作一系列静态型的有序组合，而确定性模型可以看作随机模型的特例。这些模型通过演绎和推理，可以随着输入数据的增加而提高仿真程度，又可以按离散的时间增量前进而实现动态效果，还可以及时地将结果同实际数据进行对比，不断地修改模型以适应实际情况。当所归纳的地质过程在计算机内持续的时间足够"长"，便可以产生与实际地质过程相似的数字化"结果"。地质工作者可以将这种从研究对象中抽取的概念模型及其相应的数学模型看作实验工具，通过改变各种条件和参数来观察它的反应，从而定量地揭示各种地质事件中主要影响因素的相互关系以及变化趋势和可能结果，达到理解和掌握地质过程的规律性和特殊性，进而实现工程地质条件和矿产资源的预测、评价以及地质灾害的预报目的。

从国外情况看，计算机模拟最早是从与地下水有关的研究开始的。美、日、法、英等国在十几年前就已经广泛地应用计算机模拟来解决地下水资源管理问题，进行储量评价和预测。然而，计算机模拟在近年来发展得最为迅猛的领域要算石油天然气勘查领域，也就是人们常说的盆地模拟（Basin Simulation）。盆地模拟从研究盆地的构造演化、沉积演化和地热演化入手，分析岩层分散有机质的降解和烃类的生成、排放、运移、聚集过程的影响因素及控制条件，建立其概念模型和数学模型；然后利用计算机再现这一过程，达到预测、评价盆地和富集带油气潜力的目的。由于这一方法在预测盆地油气潜力、提高勘探命中率、降低投资风险方面有显著效果，从 20 世纪 80 年代初期以来得到广泛的重视。从技术方法看，目前已经从一维的单井模拟经过二维联井剖面模拟，发展到三维区块或盆地整体模拟，并且正在向四维的时空动态模拟发展；从模拟内容看，已经从单一的油气资源量模拟，发展成为盆地地质过程的综合模拟和油气富集区带的油气成藏动力学模拟，并且向以确定钻探靶区为目的的油气勘查目标模拟发展。到目前为止，国际上已经开发应用的盆地模拟软件有近百个，其中比较有名的有德国尤利希公司、法国石油研究院、美国南卡大学和英国 Bp 石油公司研制的二维盆地模拟系统。石油地质领域内另一种较为成功的过程模拟，是旨在定量地描述油气藏特征及其变化的三维油藏模拟。其理论基础和技术方法是建立在现今地下水动力学和密集的钻孔资料基础之上的，由于该项模拟的对象是层位较浅且相对均匀连续的多孔介质，模拟内容是伴随当前采油作业而发生的油气动态变化，因而比盆地模拟和油气成藏动力学模拟显得成熟和可靠。

与此同时，在地学各个领域，各种地质作用计算机模拟的研究也在蓬勃地开展着，大至板块相互作用、造山运动、造盆运动、古气候演化和古生物演化的模拟，小至岩层褶皱作用、断裂作用、成矿作用、地质灾害的酝酿、水库和渠道的渗漏和淤填、坝基和边坡稳定性等的模拟都取得了显著进展。多媒体和虚拟现实技术的采用使地质过程数学模拟有了良好的声像表现形式。1989 年，美国能源部曾利用 Cray-1 巨型机完成了几百秒钟的火山喷发过程模拟，十分逼真、生动，使人如同身临其境，可以深化人们的科学认识。

我国这方面的工作刚起步不久，但在地下水资源、盆地模拟，地球化学动力学模拟，地下热流体动力学模拟和海底喷流成矿模拟等方面已取得初步成果。中国地质大学（武汉）的成矿动力学模拟系统（於崇文等，1998）、沿海地区的地下海水入侵模拟系统（陈崇希，1996）以及北京石油规划设计院和海洋石油研究中心分别开发的大型二维盆地模拟系统（石广仁，1994；王伟元等，1995），具有较高的水平和实用性。

鉴于地质体与资源形成演化过程的复杂性，地质过程计算机模拟的发展方向是：加强研究对象的实际地质过程分析,提高概念模型的相似性;注重地质作用过程各影响因素的相互作用分析,尤其注意揭示其中的反馈控制关系;考虑实际地质过程的非线性特征和地质体的分形特征,开展非线性动力学和分形模拟研究;与数据库及 GIS 密切结合,充分利用地矿勘查中所获取的庞大空间和属性信息;与人工智能模拟相结合,吸取专家的知识与经验,体现勘查人员的分析思路与方法;与三维动态图示技术结合,将动力学模拟与非动力学模拟结合起来,向整体的三维化、动态化发展。最近,中国地质大学(武汉)与中国海洋石油总公司联合开发的"油气成藏动力学模拟评价系统"将动力学模拟与非动力学模拟结合起来,以非动力学模拟再造油气生排运聚散过程的三维物质空间;将经典动力学模拟与系统动力学模拟结合起来,以系统动力学模拟反映子系统之间的反馈控制关系和整体的非线性过程;将数值模拟与人工智能模拟结合起来,以人工智能模拟体现地质学家的思想、方法、知识与经验,解决局部过程的非线性问题,并且采用各种镶嵌、套合技术和图示技术,初步实现了油气成藏动力学过程的三维动态和可视化模拟(吴冲龙等,2001)。

本书以在石油地质勘探领域中较为成熟的盆地模拟和油气成藏模拟为例,介绍地质成矿过程的动态模拟的方法原理。

3)开展地学空间框架数据的建设工程

为了满足国家信息化、国家安全、经济建设、社会发展和人民生活对基础地学信息资源不断增长的需求,今后将从二维地学空间框架数据向多维、动态地学空间框架数据发展,逐步地向用户提供真三维、多时态、高精度的基础地学空间数据资源。为此,应根据应用需求进行三维框架数据、全球空间数据库系统、无显示拓扑的框架数据、移动服务框架数据等的技术设计和前期实验,制定技术规范;同时,组织研究多比例尺数据协同更新、多尺度框架数据集成、历史数据保存和时态数据组织、海量空间数据管理等方面的问题。

4)开拓地学空间框架数据的应用领域

为了发挥动态地学空间框架数据的作用,应针对国家宏观管理、重大战略、重大工程和人民生活的实际需要,研究和发展各类应用系统和典型应用模式,包括面向政府的专题空间决策支持系统和面向公众的网上服务系统。为此,需要进一步发展多维数据的时空统计和内插分析方法与模型、时空数据的实时动态显示方法等。

思考题

1. 简述数据、信息与知识之间的联系与区别。
2. 什么是地质信息科学?地质信息科学在信息科学中的地位如何?地质信息科学与地质科学的联系是什么?
3. 科学计算可视化、数据可视化、信息可视化与知识可视化的研究内容是什么?
4. 地质数据可视化的属性特征有哪些?地质数据可视化分哪几类?

第二章 地学可视化的理论基础

地学可视化是将存储于计算机中的多维地学数据通过各种模型计算和模拟处理与交互探索分析,以不同的观察角度动态地显示,用不同的方法(如不同图形、图像、颜色、符号等)表达结果以及地学现象随时间演变的过程。由于地学可视化的动态性,地学现象的表达在时间维上展开。所以,传统的静态信息表达形式、理论和方法在动态时不再完全适合。

根据目前的研究程度和认识水平,我们认为地学可视化的理论体系有:地图可视化理论、地图(学)信息传输理论、空间认知科学理论、数据挖掘和知识发现理论、地学图解/图谱理论和虚拟现实理论等(王英杰,2003)。

第一节 地图可视化理论

在地学可视化理论上,由于新技术条件的支持,科学计算可视化概念的引入,地图可视化理论迅速发展,并且对传统的地图认知理论、地图(学)信息传输理论等均有重要的拓展。许多国外地图学家与制图专家对地图可视化理论作了深入的研究。我们认为这可以作为地学可视化的基本理论。这个理论的主要观念如下。

一、Taylor的现代地图学核心论

Taylor认为可视化是现代地图学的核心,有可能导致地图学与地理学新的综合。他用一个包括认知分析、交流传输和标准化的三角形图表达现代地图学的概念基础(Taylor,1994;图2-1)。在三角形图中,具有交互和动态特征的可视化位于图的中心。标准化作为现代地图学的一个要素,指的是计算机技术应用到地图制作时应符合地图标准专业规则。新的计算机技术包括计算机图形图像学、信息高速公路、多媒体技术、虚拟现实技术等都是可视化的技术基础。可视化包含信息传输交流与认知分析两方面,并认为交流传输虽然仍是主要的,但非视觉交流传输,如声音、触觉等交流传输方式也不可忽视。地图可视化和多媒体技术将对传统的地图学交

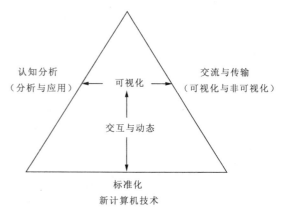

图2-1 现代地图学的概念基础
(据Taylor,1994)

流传输理论模型产生重要的影响。地图可视化的认知涉及人的空间模式识别和图形形象思维的能力,而地图可视化中的认知分析则被认为是比交流传输更加具有意义的因素,因为原先的地图学家总被认为是地图设计专家,而较少涉及地图的使用和地学分析。

二、MacEachren 的[地图学]³ 空间表达论

MacEachren 则设计了一个立方体,即[地图学]³,表达地图应用空间以及可视化和交流传输在立方体空间中不同的位置和作用(MacEachren,1994)(图 2-2)。MacEachren 强调可视化与交流传输处于不同的地位,发挥不同的作用并且交流传输具有表达已知、面对大众、人与地图相互作用较低的特点;而可视化则具有呈现未知、面对个人、人与地图相互作用较高的特点。

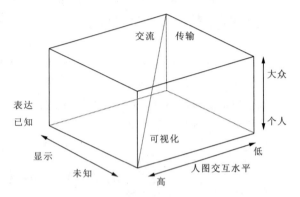

图 2-2 [地图学]³:地图应用的空间表达
(据 MacEachren,1994)

三、DiBiase 的科学探索工具论

DiBiase 针对科学计算可视化、数据探索分析以及地理科学的应用,提出了地理可视化的作用框架,强调了地理研究过程中地图的作用,它包括数据探索,假设形成并确证,综合合成,到最后的结果表达与呈现(DiBiase,1990)(图 2-3)。DiBiase 认为,可视化在研究过程的早期侧重于个人特征的视觉思维,后期侧重于研究结果的公众交流与传输,而这个特征会重新建立地图学和地理学的联系。因为在过去 30 年中,地图学家把大部分精力放在视觉交流传输上,而地理学家(特别是地理制图学家)在 20 世纪的前 50 年就把研究的重点放在视觉思维与视觉分析上。

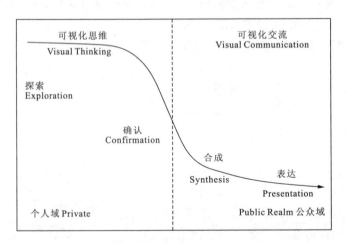

图 2-3 DiBiase 把可视化描述为科学探索的一个工具

四、龚建华等的认知与交流融合论

从上述三位著名的地图学家关于地图可视化的讨论可知,可视化对现代地图学的发展有着极其重要的作用,虽然对其理解还有一定的分歧。Taylor 强调了计算机技术基础支持下的地图可视化并认为可视化包括交流传输与认知分析两方面。MacEachren 则强调交流与可视化在地图学中的应用,而不是地图的技术制作,并把可视化与交流作为并列的两个要素。DiBiase 则强调了地理研究过程中地图的作用。

龚建华等认为,在地学可视化的过程中,信息交流传输以及认知分析的界限并不需要很清楚地划分。事实上,它们一直融合在一起并共同作用,对现代地图学的理论和方法产生影响(龚建华等,2000)。

所以我们认为,地图可视化理论可作为地学信息可视化的基本理论来对待。

第二节 地图(学)信息传输理论

地图如同语言和文字一样是人类社会信息交流的基础,是记录和传输自然界、社会和文化信息的位置以及空间特征分布的重要手段。地图作为一种空间信息的载体和传输工具,是人类长期实践活动的结果,伴随着人类历史的进步和发展,尤其是计算机和科学计算可视化技术的引入和发展,使地图学发生了根本的变化,不仅改变了传统地图生产工艺,其表达方式也由二维静态形式向多维动态方向发展,使现代地图学家有能力表达多维动态地学现象,因此有必要在新的技术条件下重新认识地图作为空间信息传输工具的概念体系。

传统地图学主要是以视觉传输的形式实现其功能的,但又与其他视觉传输形式如美术等有着重要的差别,地图学家在坐标体系、地图投影、比例尺和方位等方面进行了大量研究,所以地图学有自己独特而严密的数学基础。地图不是对客观世界的完整再现,而是地图学家对地学现象进行深刻理解、综合分析以及抽象等一系列复杂科学思维和创造的结果,地图学家在这一创造过程中采用专门设计和事先规定的符号来反映地物现象和地理过程,并表示其位置、质量和数量特征,因而地图实际上是对客观世界形象的、综合的、符号化的可视化表达。当然也是地学信息传输的基础。研究地图信息传输也就是研究地学信息传输。所以,地图信息传输理论应是地学信息可视化的基础理论之一。

一、地图(学)信息传输理论的发展历史

长期以来,人们普遍认为地图的主要目的和功能是向读者传输地学空间信息。然而地图的信息传输机制却一直没有得到重视。1952 年,Robinson 在《The Look of Maps》一书中倡导"科学地研究地图",地图学家才开始进一步研究如何在地图上正确表达地学信息。信息论是地图学家对地图信息传输进行系统解释所首先采用的方法。信息论是以 Shannon 和 Weaver (1949)的通信数学模型为基础发展起来的,通信的数学模型用来寻找一些最有效的机制来保证发送信息通过信道与接受信息准确匹配。Shannon 和 Weaver 认为通信的基本问题是把发

信端的信息在接受端准确地再现。他们借鉴热力学熵来研究信息,认为消息处理中不确定性越大信息量越多,也就是说消息中的不确定性降低越多,接受的信息量越大。

地图的本质是地图学家和地图用户之间的一种通信,即地学信息传输。这一通信形式主要以点、线、面等各种地图符号为媒介进行信息传输。地图学家以信息论中的数学模型为基础对地图信息传输模型进行了大量的研究。根据信息论的观点,早期的地图信息传输论认为地图创作者是地学信息的发送者,地图用户是接受者,地图创作者并不知道地图用户的感受。虽然地图信息传输的基础模型不断扩展,如引入噪声,把地图变为信道、提供反馈等,并不能圆满解释人们之间有意义的地图信息传输问题(图2-4)。

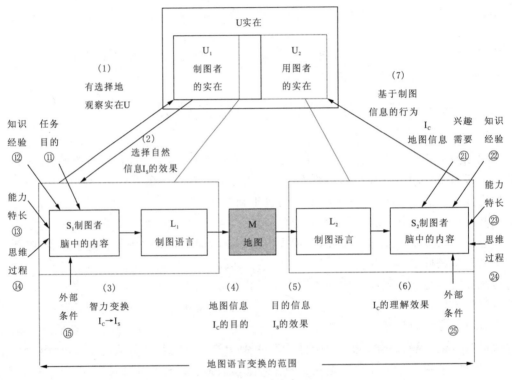

图2-4 地图信息传输模型
(据Kolacny,1969)

图中代号说明:

(1)有选择地观察实在U:制图者按照某种目的观察实在U,他必须具有一定的专门知识和技能,既可直接观察地理环境,又可通过地图和其他资料进行观察。

(2)选择自然信息I_s的效果:即实在U对制图者产生一种信息效应U_1,组成制图者脑中的信息含量(S_1),此种信息仍是多维的信息模型。

(3)知识转换(即智力变换)$I_c \rightarrow I_s$:制图者脑中的多维理性模型转换成二维的制图信息,在此过程中运用制图语言(L)的概念。

(4)制图信息I_c的具体化(即物化,地图信息I_c的目的):制图者将理性的制图信息用地图符号表示出来,产生地图(M)。

(5) 恢复制图信息 I_c 的效果（即目的信息的效果）：即地图对使用者产生信息效应 U_2。使用者阅读地图，将地图符号（L）转换成为他对实在 U 的理解 U_2。

(6) 对制图信息 I_c 理解的效果：即在使用者脑中建立实在的多维模型，形成地图使用者脑中的信息含量（S_2）。

(7) 基于制图信息的行为：地图使用者用制图信息 I_c 丰富了他的知识，形成地图用户的现实世界 U_2，他既能立刻转化为自己的实际行动，又可在脑中保存此种知识为今后使用，体现了知识的力量。

以上(1)～(4)代表地图的制作阶段，(5)～(7)代表地图的使用阶段。

把信息论引入地图学中不久，精神物理学、行为学和认知科学等方法也被用来研究地图信息传输。精神物理学假定人类对感官刺激的敏感性是恒定的，而区分不同刺激水平的能力与实际刺激强度的功率函数有关。精神物理学在地图学中的应用主要集中在照明程度、符号尺寸及符号形状选择等方面；行为学研究则采用人类信息处理模型（Human Information Processing Models，简称 HIP 模型）来研究地图信息传输，假定人的行为与计算机的信息处理方式相同，即包括输入、输出和黑箱（信息处理过程不可见），寻找与给定刺激输入相一致的输出行为在驱动这一研究的进一步发展。由于在地图条件刺激和地图用户反应之间没有明显和有意义的对应关系，所以地图理论学家不久便对精神物理学和行为学失去了信心，人们的注意力转入了心理学概念中一些认知方法的应用。典型的认知理论包括反应时间、任务完成时间、准确性和错误率等人类信息处理基础研究方面。拓展制图 HIP 模型的研究主要集中在地图阅读、保持力和人类思维记忆等方面，研究这些方面对于理解地图应用具有重要意义。

20 世纪 60 年代符号语言学和语言学在地图信息传输研究中起到了重要的作用。符号语言学和语言学家响应 Robinson 号召并运用自己的专业技术来研究地图信息传输（图 2-4），但自然语言与地图语言有明显的差别，自然语言是一维线性、序列化的，而地图语言是多维、多层次的。尽管面临这一困难，1970 年 Dacey 平静地认为所有的传输都是语言，语言则必定包含一定的、可以被理解的规则和语法。地图学家在这方面做了大量的研究，1967 年法国地图学家 Bertin 提出了七个视觉变量，即位置、形状、尺寸、色彩（亮度或灰度等级）、纹理（图案）、密度（值）和方向，后来又有许多地图学家在地图基本构成和工作原理上进行了大量的后续研究，为地图设计和视觉信息的传输做出了重要贡献。

20 世纪 80 年代后，实证主义者认识到不同的任务、环境和用户经验对现实世界的需求是不同的，对现实世界具有不同的观察角度，因此寻求一种可以满足一切要求的地图（即最佳地图）是极不现实的，所以地图学家转为从不同角度来研究地图信息传输。随着认识的改变，一些可以多角度再现地理现象的工具出现了，如 CTS、CIS 等。更具重要意义的是科学可视化概念和工具的发展及引入，地图学家可以采用动画、多媒体与模拟现实等技术来表达多维、动态的地学现象，人们可以从不同的角度并通过一定的手段（交互）来观察和控制这些再现的地学现象。因此，人们需要在新的地图制图和用户环境下研究地图的信息传输问题，重新认识地图制图者与地图用户之间的关系以及地图与用户之间的关系，认知心理学、符号语言学可以在这里得到更深入的研究和应用。

二、廖克等学者对新的地图(学)信息传输模式的认识

地图作为人类社会中信息、知识的传输工具,已有 2000 多年的历史。自 1969 年捷克地图学家柯拉斯尼(Kolacny)提出地图传输观点以来,以地图传输系统理论为核心的地图学理论取得了令人瞩目的发展,为地图学的发展奠定了坚实的理论基础。目前,国内外大多数学者都认为地图传输系统理论是现代地图学最基础的理论,也是地图学的核心问题(王家耀,2000)。地图学的根本问题就是传输地理空间信息,制图过程就是传输地理空间信息的过程,即地理空间信息在地图上表现和转变的过程(廖克,1985),如图 2-5 所示。

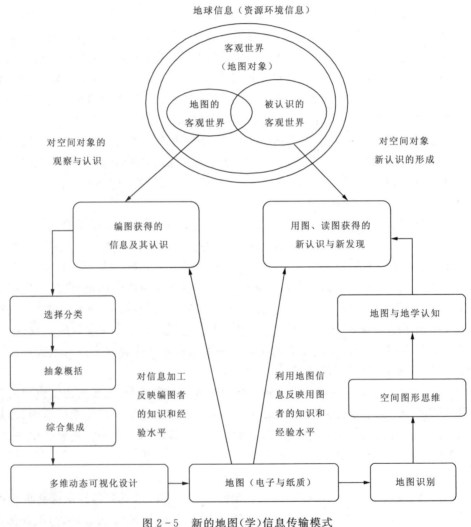

图 2-5 新的地图(学)信息传输模式
(据廖克等,2001)

新地图(学)信息传输理论认为,地图是地理空间信息存储和传输的工具,地图提供了复杂的地理空间环境信息,人们通过地图可以对地球空间的自然和社会经济现象进行认识和控制。

地图作为信息传递的工具，其最大的优点是具有直观性，能及时、正确地反映空间事物、现象及其过程的分布结构与它们之间的相互联系。地图从制作到使用，从客观存在到人的认识，在时间上形成了一个以信息传递为特征的系统，而地图则是这个传递系统中的重要载体、工具、信道或通道。

地图作为信息的载体，意味着编制地图者把地球空间的环境资源信息经过取舍、概括并采用一定的符号系统反映在纸质和电子媒体上，转换成读者易于接受和理解的地图信息。地图使用者根据自己的知识背景与读图能力，经过形象或抽象思维，重现制图者经过抽象的地学空间信息，地图使用者所获得的信息可能比制图者抽象的信息更丰富或者更深刻，这与地图使用者的知识背景和读图能力有关。在此基础上完成地图信息传输初级阶段的任务，但这还没有终结，它是一个不断循环且逐渐提高的过程(廖克，2001)。这就是新的地图(学)空间信息传输模式。廖克等在分析上述地图信息传递模型后，对其指导地图设计和编制以及对指导地图可视化具有重要的实践意义提出了如下认识。

1. 强调地图信息对使用者的作用，充分考虑信息传递的效果

若所传递的信息不是用图者所需要的或不易从地图上提取，就会造成信息传递的失败或效率不高。所以，在地图设计和编制时，应把注意力放在用图者的部分，按用图者的要求决定地图的主题、内容和形式。为使地图信息传递达到最佳效果，以满足各方面用户对地学空间信息的要求，必须大力发展地图的品种和种类。如为满足城市经济建设的需要，在编制城市地图中，除设计和编制交通、旅游方面的地图外，还可更多地编制各种专题地图，如环境保护图、历史沿革图等。同时，积极研究和设计多种类型的工作用图、预测预报图和教学用图以便在更多的行业中使用地图。地图不仅用于军事、经济、科技和文化教育等部门，也是行政部门科学管理的有效工具。地图发行的数量和品种反映着一个国家的科学文化水平和经济发展水平。我们要充分利用地图传递信息的优点，向更多的部门和广大人民群众提供各种各样的地图作品。

在电子媒质的地图上，地图主题要突出，形式应灵活多样并充分利用多媒体和动态显示技术，以最大限度地调动读图者的各种信息获取感官系统，使信息的传输效率达到最大。

2. 强调表达地图编制者对地学环境信息的认识

地图设计的目的是要强调表达地图编制者对地学环境信息的认识。因此，地图编制者要从自然和社会经济科学，特别是从地理学方面来深入分析，研究制图对象，制作出正确、客观地反映地理环境信息的地图，以满足用图者的现实要求和潜在的需要并尽可能地增加地图的信息总量。在地图信息传递的过程中，地图编制者对地学空间事项与过程的理解是通过符号、颜色、文字，在电子媒体中还有动画、音频、视频等多媒体来表达的，同时通过视觉识别符号，经过思维来认识地图，并把图形转换成对所表达事物的地学空间概念。一幅地图只有正确反映了对地学环境信息的认识后，加上一些表达的技术条件才能起到较好的传递作用。如在设计和编制地貌图时，制图者通过观察到的各类地貌现象或是从各种图形资料(如各种影像照片、地形图、地质图、土地利用图等)获得的地表形态的概念，运用有关的专业知识，对其获得的地面高程、坡度、坡向、地质构造、岩石性质、土地利用现状等信息，通过思维对这些信息设计一定的图形符号来表示各类地貌的空间分布特征和规律。因此，所编地貌图的质量取决于制图者对地貌现象的认识程度和表达这些现象时对有关信息的理解、组织、表达与显示。

3. 注重科学性与艺术性的统一与协调

地图作品是科学与艺术的统一,地图是一种有审美价值的科学作品,其功用与美观的关系十分密切。地图信息传递效率的提高与用图者是否掌握了视觉感受地图信息的规律有关,用图者只有在一种美的视觉环境里才会更快地获得地图信息,没有美感的地图会使用图者产生一种厌恶的情绪(郭庆胜,2006)。

地学空间环境、地图编制者、地图作品、用图者这几个独立的事物构成了一个相互联系的整体,组成了一个系统。地学空间环境信息的传递在这个系统内进行。制图者要制作一幅传输效果较好的地图作品,就应对这个系统的各个部分进行深入地研究。以往,在我们的制图实践中,侧重在制图产品的规格化和地图的完美性方面,绝大部分研究集中在制图的方法技术上。把地图局限在技术层次,削弱了它与自然科学和社会科学的联系。现在应该加强应用地图传输理论来研究地图的本质和制图、用图的规律,并用其指导我们的地图设计和编制实践,使我们的地图作品更科学、更丰富并富于美感,以适应将来发展的需要,更高效地传递地学空间环境信息。

三、危拥军等的现代地图信息传输功能扩展论

危拥军等根据现代地图的发展变化,进一步提出地图信息传输功能在数字环境下的扩展。他认为这表现在如下六个方面(危拥军等,2000)。

1. 成果表现形式:由多用户单一产品向单一用户多样化产品扩展

传统的地图制作其最终的成果就是一张图,而且是纸质地图,图上表示了尽可能多的信息,甚至对这些信息进行了综合取舍。但显而易见的弊端就是用户往往不是对所有的信息感兴趣,以至于图上用户想要得到的信息不够详细,而不想要的信息却多得干扰用户对图上有用信息的获取。在地理信息系统下的数字地图就可针对不同用户快速制作各种相应的专题地图,如交通部门的用户可为其提供交通图,水利部门的用户可为其提供水利图等。近年来兴起的电子地图,在计算机技术支持下显示出其独特的优越性,与传统技术相比,对地学现象可视化表达在内容和形式上都有扩展。过去纸质地图只能展现地学现象的状态信息,而电子地图还可以跟踪描述过程性信息。这一可视化技术工具、技术手段的改变势必影响到地图设计原则、方法与理论的更新。不仅如此,地理信息系统还可为其进行辅助决策。目前在地球信息科学理论的指导下,地图的应用领域正在进一步拓展,真正实现上天入地以至整个宇宙空间。

2. 信息传输方式:由静态向动态扩展

所谓动态传输是指信息载体在传输过程中实现了由静态、交互到动态传输的演变。在很早的时候,我们还满足于CAD程序,满足于点、线、面等源于解析几何和更高深的数学知识的矢量图形,随着计算机硬件技术如CPU、内存、视频等速度大幅度提高,动画技术和影像压缩技术日臻完善,在地理信息系统中,由于时间维的引入而使地图具有动态性,有助于现代地图提高解译力,增强传输效果,增加传输的信息量。

3. 信息表现范围：由二维向三维、四维和多维扩展

传统的地图局限于二维空间，计算机的引入开始还只是把手工制作地图由计算机代替，随着计算机软、硬件的迅速发展，人们不满足于仅仅用计算机来模仿传统地图，而是在地理信息系统研究不断深入的情况下，开始了三维、四维 GIS 的研制与开发，表现范围大幅增加。早在若干年前，当时的计算机处理速度还比较慢，内存只有几兆，硬盘只有几十兆，处理海量数据的地理信息系统的实现是不敢想象的。在 GIS 分析中，通常采用 2D 或 2.5D 来表示 3D 现象，3D 数据的处理通常是将 Z 值当作一个属性常数，如 DEM 数据。这种 2D 或 2.5D 数据结构难以真正表达 3D 空间数据及随时间变化的空间数据。如一些重要的地质构造（如断层处）在同一固定位置会有不同的高程值，因而不能由 2D 或 2.5D 表示，而真 3D 结构则能真正地表示这种地质构造。矿山、地质以及气象、环境、地球物理、水文等众多的应用领域都需要 3D 地学信息平台来支持人们大量的 3D 操作。近些年来，计算机的发展使显示和描述物体的 3D 几何特征和属性特征成为可能，因此真 3D 数据结构成为目前地学信息系统与可视化研究中的一个热点。

4. 信息接收方式：由被动向主动扩展

从传统地图来看，不仅是它的信息有限，而且地图上的信息是被动地表达出来，制图者为了表达作者的意图，把一些目标用醒目的颜色标示，但其受到印刷颜色数、版面等各种各样的限制，所起的作用也是有限的。现在的电子地图有各式各样的表现方法，利用多媒体技术，图像、动画、声音、文字等一起用，大大增强了表现力，"主动"地体现作者的意图。它的主动性还体现在现代地图具有交互性，数据可以被灵活地检索，地图与其他图形表示形式可以交互地被改变，地理信息系统的空间决策功能就是传统地图由被动到主动的最直接的应用。

5. 信息传输手段：由常规制图技术向各种新技术应用扩展

提到传统制图技术，马上想到的是曲线笔、小笔尖之类的绘图工具。制图技术人员一直潜心于制图方法的改革，实施诸如连编带绘、刻图、撕膜等工艺过程以缩短地图制作的周期。但是，这些都不能彻底解决地图编印过程中的症结，只有在地图领域里引进了计算机制图技术，这种状况才能得到根本的改变。现在，从地图的编绘到印刷版的制作，从数据的输入到图形的输出，基本上摆脱了手工操作，全部由计算机来完成，不仅成图速度快，而且修改、更新方便。现在的地图电子出版系统使地图可以直接制版，地图生产的周期将大为缩短。以前做完一幅地图后，再出新图时，一切工作又得从头来做，现在只要从数据库中提取数据，经修改、更新后用制图软件即可很快出版新的地图。当今越来越多的高级可视化技术如三维（立体）可视化、三维以上的多维可视化、动画和虚拟现实被应用到地球科学中，传统地图设计常把寻求单一优化表示作为地图设计的重要原则，即对同一组数据集合，只有一种制图者认为最佳的图形化方案，而且受地图负载量限制，图形与抽象的形式应尽量简洁。而数字地图从媒体形式上包括图形、文字等多种媒体形式，地图可以连接各种附加信息，加强了地图的直观性，加深了对地图（数据）的理解和应用。

6. 信息传输途径：由视觉向视觉、听觉、触觉等多种感觉形式扩展

传统的地图传输信息的途径无非视觉，而现在的地图是由声、图、像、文、动画组合在一起的电子地图。如对等高线的理解形成心像地图的能力因人而异，而一幅 3D 显示的立体地图阅读起来就相当方便，何况虚拟现实的研制与开发，更使人能"身临其境"。总之，现代地图刺激视觉、听觉、触觉等多种感觉表达方式，信息传输效果大为提高。

伴随着现代计算机技术，尤其是计算机图形技术和图像处理技术的发展，地图已不再是单纯的纸质地图，而主要是面向数字化制图环境，这已经对现代地图学形成巨大冲击。传统上认为地图学只是关于地图的科学或者地图只是信息表示的观念正在逐渐被摒弃，代之的是一种集动态性、交互性和超媒体结构等特征于一体的地图可视化工具。未来的多维动态电子地图必将缩短制图人员和地图用户之间的距离，促使制图人员向应用领域渗透，促进地图应用的研究。

第三节 空间认知科学理论

认知（Cognition）是人类认识了解自身生活环境所经历的各个过程的总称，包括感受、发现、察觉、识别、想象、判断、记忆、学习等，可以说认知就是信息获取、存储、转换与分析利用的过程。认知科学（Cognitive Science）产生于 20 世纪 70 年代末，是一门由计算机科学、哲学、心理学、语言学、人类学和神经科学等交叉形成的关于心智、智能、思维和知识及其描述和应用的学科。它主要研究智能和认知行为的原理及其对认知的理解，探索心智的表达和计算能力及其在人脑中的结构、功能和表示。认知科学研究的目的就是说明和解释人在完成认识活动时是如何进行信息加工处理的。

按照认知科学的观点，人类对周围环境现象或对象的认知主要来自于感觉、知觉、注意、表象、记忆、思维、语言、心智等方式，并将人类的认知模型归为感知系统、记忆系统、控制系统和应用系统四个主要方面。了解并遵循认知心理学的原理是进行时空地学可视化系统设计的基础。我们必须了解用户的认知心理，了解人的感觉器官是如何接受地学空间信息的，分析人脑是怎样理解和处理地学空间信息的以及学习记忆有哪些过程，人又是如何推理的等等，才能使地学可视化系统的设计更具用户友好性，从而满足用户需求。所以说空间认知科学理论也是地学可视化的基础理论之一。

为了描述时空复杂信息的认知原理，下面给出一个时空复杂信息认知的概念模型（图 2-6）。模型中探讨并确定了时空认知研究的各个阶段（Connie Blok，1999）。

首先是基于认知的信息输入阶段，通过视觉和感知相结合并与内部知识结构（框架）进行匹配，感知性地组织输入信息；其次是认知—探测阶段（Seeing-That），这是一个潜意识（自底向上）反应（一种可视化描述），通常正常的反应结合概念化（自上向下的）过程；第三是推理—确认阶段（其中以现有知识和经验作指导），集成的过程可能会导致对探测阶段获得含义的完全接受或部分改进。

视觉和感知，不仅有助于模式认知，而且对感应输入和推理模式进行归类，从而导致新框架体系的开发。尽管这里以顺序的方式进行描述，但信息的处理过程至少有一部分是平行的或周期性循环的(MacEachren and Pinker,1995)。

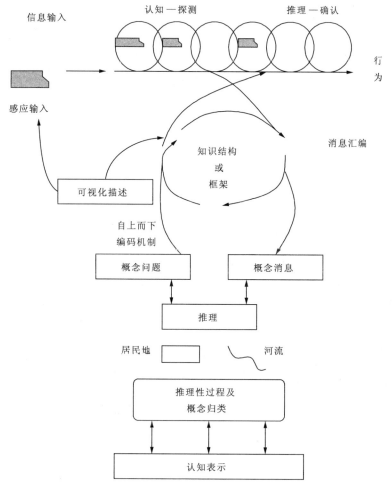

图 2-6 时空复杂信息认知的概念模型
(据 Connie Blok,1999)

一、空间认知论

空间认知论(Spatial Cognition)是认知科学的一个重要研究领域,主要研究人类空间感知和空间思维信息处理的过程。人类对空间现象或对象的感知是一个复杂的过程,为了揭示空间现象或对象的本质和规律,以便人类更好地认识世界和改造世界,空间信息的传输必须借助于某种规则的、直观的可视化形式或符号,这些符号既便于人脑记忆、辨别和分析,又能被计算机识别、存储、转换和输出。这样,一方面奠定了认知科学的理论基础;另一方面实际上也建立起认知科学与空间信息表达(地图表达和模拟计算的可视化表达)的某种必然联系。

1. 空间认知的符号模型

西蒙和纽厄尔在人类思维可以还原为一种符号操作思想的启发下,提出了物理符号系统的假设。在认知科学中,人们从物理符号系统的基本假设出发,认为符号是任何人都能识别的模式,这就是说符号并不仅限于语言文字或其他各种各样的代码和记号,任何一种视觉的、听觉的、其他人类感官或思维能加以鉴别的模式都可归结为符号这个范畴。人们识别了一个符号即识别了一个模式,就是说通过对该模式所包含的关系和结构的感知而理解该模式所代表的意义。

由于符号是信息的载体,认知科学把智能系统看作是信息加工系统,人类对空间客体的认知实质上是一种符号操作系统。这表明符号系统具有对符号进行输入、输出、控制、重建、修改、赋值等功能,而且通过一系列这样的操作,将符号转化为行为,进而建立起符号系统与客体环境之间的联系,这就是符号认知模型的实质。

2. 空间认知的形象思维与模式识别

思维是认知过程中的重要环节,而形象思维是空间认知的核心,是人类产生创造性思想的源泉。形象思维又称直观思维,主要采用典型化的方式进行概括,并用形象材料来进行思维,所以有人说形象是形象思维的细胞。形象思维具有形象性、概括性、创造性和运动性等特性。地图可视化的一个重要手段就是尽量使用形象化的符号来反映空间信息及其规律以增加读图者或地图使用者的认知效果。

模式识别是典型的形象思维,它是对图像、文字、声音、物体等进行模式信息处理,对它们进行分类、描述、分析与理解的过程。数字地图图像(包括地图注记)、数字影像等的分析与理解是涉及 GIS 中地图数据自动采集和利用遥感信息快速更新地学数据的关键技术,是模式识别领域的重要研究问题,以图像理解为例,其一般概念如图 2-7 所示。

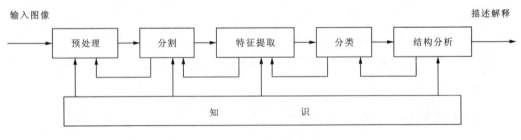

图 2-7 图像理解系统

(据王家耀,2000)

3. 空间认知系统与地理信息系统的认知比较

将人的空间认知系统与地理信息系统加以比较(图 2-8),可以看出两者的工作原理是一样的,都是信息加工系统,即输入信息、进行编码、存储记忆、做出决策、输出结果。这就是地理环境信息流在人大脑中的处理过程被地理信息系统所模拟和复制的原因,当然它们也有很多区别。智能地理信息系统实际上是空间认识能力与认知过程的仿真。

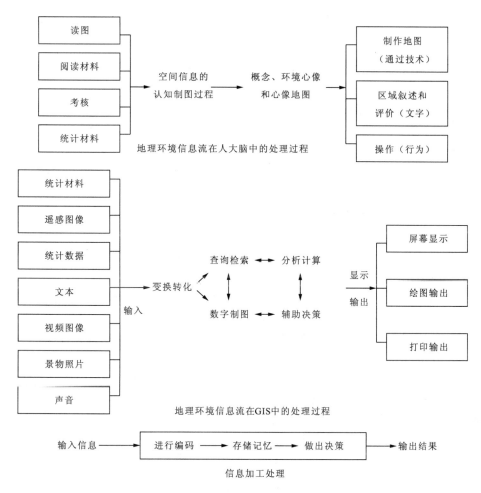

图 2-8 空间认知与地理信息系统的认知比较
（据王家耀，2000，修改）

认知的目的在于解决问题，即找到问题的解决方案。认知操作也称求解，包括常规问题求解（现存的过程）和创造性问题的求解（新的过程）。

辅助决策是 GIS 的根本任务，辅助决策的过程就是求解过程，即认知操作过程。根据认知科学原理深入研究问题求解过程的理论和方法，对 GIS 辅助决策功能的实现具有重要的理论意义。

4. 空间认知对地学信息可视化研究的作用

由于符号加工系统是认知科学的理论基础，因此，从这个意义上来说，认知科学可以看作是认知客观环境并对其进行描述和表达的科学。也就是说人类对客观环境除了感知、识别、分析、思维等认知行为外，还必须对其进行直观、形象地表达，以便更好地利用和传输地学信息，这就将认知科学与地学可视化有机地联系起来了。

将认知科学的原理和方法引入地学可视化研究,主要有以下几个方面的意义。

(1)深刻揭示地学可视化的基本原理来自于人类对空间客体的认知模型和过程,这就为提高地学可视化的效率提供了理论依据。

(2)表明地学可视化既是人类认知空间环境结果的表达形式,又是人类再认知空间环境的依据,这一信息加工机制为地学可视化提供了技术和方法依据。

(3)深刻揭示出地学可视化是人类对空间客体现象认知、思维和符号加工的过程,这就为地学可视化的应用创造了良好的条件。

二、地图认知论

地图学中的认知研究在20世纪80年代末兴起。现在地图学家不仅把计算机作为制图工具,也作为一种信息传输的媒介;计算机技术的应用不仅为地图阅读者提供了一种交互的信息获取环境,而且能够表达多维动态的地学现象,对于促进人们的视觉思维极为有利。由于计算机图形技术和图像处理技术的发展,已可以将一些科学想象、自然景观和十分抽象的观念图形化,从而可以在动态、时空变化、多维可交互的条件下探索地图的视觉效果和提高地图信息的传输效率。

20世纪90年代初,地图学家高俊教授等学者就提出将认知科学引入地图学,并在"地图的空间认知与认知地图学"一文中阐述了心像地图(Mental Map)和认知制图(Cognitive Mapping)的概念。他认为,心像地图指的是人通过多种手段获取地学空间信息后,在头脑中形成的关于认知环境(空间)的"抽象代替物"(Abstract Analog);认知制图是指在人脑中,将环境中的事物与现象的空间位置、相互关系和性质的信息进行获取、编码、存储、提取、译码等一系列变换的过程(高俊,1991)。近来高俊院士又说:将认知科学方法引入地图学,也是当前进入计算机时代的要求。如果我们不能从思维的角度来解释人的大脑的制图行为(如制图综合、地图设计、视觉效果的创新),我们就无法指导计算机去自动地设计与制作地图。在测绘技术与工程领域,目前"自动化"最大的难点都是这方面的问题,如地图设计、自动综合、自动识别、自动图像匹配等。这是一个十分富有诱惑力的可探索领域(高俊,2002)。

1. 地图认知模型

关于地图的认知模型,我们需要分清两类不同性质的认知模型:一类是地图编制和设计者的认知模型;另一类是地图使用者的认知模型。

(1)制图者的认知模型:强调对所表达事物和现象的认知以及对表达内容的表现形式的认知(图2-9)。在制图者的空间认知过程中,人并不是被动地接收和存储空间信息,而是主动地挑选、过滤、组织空间信息,将到达人眼的无序刺激阵列组织排列成有序的空间信息,进而在空间信息的深加工中发现前人未知的隐含信息。制图者认知的目的是指导制图者选取最主要的制图内容与最适合的表现形式,从而能高效地传输空间信息。

(2)地图使用者的认知模型:在已有地图的基础上,结合读图者自身的空间知识与背景,完成对地图对象的认知,从而间接达到认知客观世界的目的。地图使用者空间认知的特点是感知图上明确的信息也挖掘潜在的信息;不仅仅是察觉、辨别和识别信息,更主要的是解译信息。在此过程中,认知者的知识、经验是至关重要的,因为认知者对客观世界的认识深度、知识结构及以前的工作经历直接影响认知者对空间信息的感知速度、认识和概括的全面程度。因此,从信息源(包括现有地图、遥感影像、实地考察记录、文字描述、专题数据库等)中得到的对空间环境的认识,或在头脑中形成的关于真实世界的"意境地图",绝不可能是信息源的完全复制或原地图(或图像)的真实记录(图 2-10)。

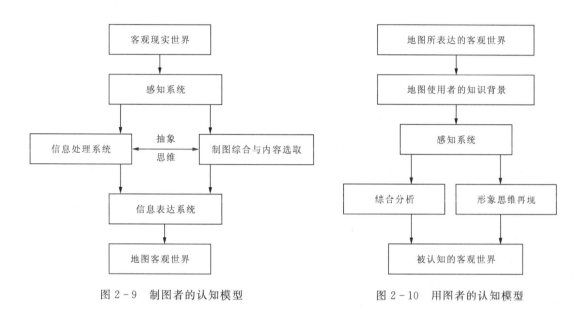

图 2-9　制图者的认知模型　　　　　图 2-10　用图者的认知模型

地图可视化可以看作是地图传输的逻辑拓展(Peterson,1994),除了不断引进飞速发展的计算机技术外,地图学家仍在不断思考地图的功能和目的。随着地图可视化的形成和发展,计算机在地图学中的作用由过去的辅助制图工具转变为一种高效的地图传输媒介,地图信息传输功能被空前扩展,地图学家具备先进的条件,重新对现代地图的思维进行处理,尤其是对动态地图显示进行探索。人们如同置身于现实世界中一样,可以置身于计算机环境中对空间信息进行获取,而且还具备了对模拟地学现象的交互控制和观察能力,所以认知在时空多维动态地图可视化中的指导作用得到日益重视。

2. 地图认知在地图可视化中的指导作用

(1)指导选取地图信息:无论是传统的纸质地图,还是现代的电子地图或网络地图(含数字地图),它们最主要的功能是传递相关的地图信息。因此,一幅地图的信息选取十分重要,直接关系到地图的信息传输效率以及广大用户的欢迎程度。认知和空间认知从人类的心理出发,强调各种刺激对人类注意力的吸引程度。所以,在选取地图信息时,应最大限度地选取那些最吸引读者的,同时又最能反映相关主题内容的信息,这是在制作纸质地图或数字式地图时应遵循的一个基本原则。

(2)指导地图载负量设计:一方面人们认知记忆中的前两个阶段,即图标记忆中短期记忆的能力是有限的,尤其是在短期记忆中每次处理的项目只有 7 ± 2 个,因此在地图表达中应尽量将表达的维数限制在 7 ± 2 个,如果偏多,人们可能要花更多的时间来研究地图所表达的内容。另一方面现代地图可视化是基于计算机的,因此在十分有限的计算机屏幕上,如何计算好屏幕地图的负载量是一个十分关键的问题。

(3)指导可视化界面设计：人类的活动具有一定的动机性和主动性,这是可视化系统为用户提供功能强大的交互机制和工具的基础,它可以促进空间信息的传输,但要注意专家用户和初学者的经验与能力上的差别。在进行地图可视化界面设计时,既要考虑不同用户的差别,同时也应尽可能地使界面更加友好和更具交互性。在这里就应十分注意界面的设计认知问题,即一方面界面结构不应过于复杂,同时又要将最主要的主题表现出来;另一方面界面图标的设计应尽可能形象生动,便于理解,同时又要考虑标准化问题,以利于推广和应用。

(4)将制图与读图统一于现代地图可视化之中：如前所述,地图编制者与地图使用者的认知模型是不同的。地图编制者在认知过程中,抽象思维是主要的;而地图使用者的认知,则强调形象思维的重要性。基于计算机技术的现代地图可视化具有形象思维和抽象思维的二重特性,这就将二者高度地统一起来了。地图编制者一定要充分利用计算机的多重、多维表达技术来达到将空间信息和空间过程实现可视化的目的。

三、视觉认知论

在人与计算机进行交互时,视觉是用户使用的主要感官。人的视觉系统能完成许多复杂的信息处理功能。视觉问题是一个复杂的问题,对视觉的研究需要探索这样一些问题：视觉系统如何获得图像丰富的信息,如何进行压缩编码,又如何在大脑中表示这些信息,最后又如何做出决策和行为。视觉运动处理研究表明人脑有运动处理的特长,并可通过训练来增强(Peterson,1994)。因此人们对动态现象的理解较容易,对静态现象的理解则相对困难。所以视觉运动处理研究对时空地学可视化具有非常重要的意义。

1. 人脑对信息的处理(认知)模型

认知心理学运用信息加工的观点来研究认知活动,其研究范围主要包括知觉、注意、表象、学习、记忆、思维和语言等心理过程。一种认知心理学理论认为人脑对信息处理由感官记录(Sense Record)、短期记忆(Short Time Memory)、长期记忆(Long Time Memory)三个记忆存储组成。在视觉信息处理中,这三种记忆存储被称为图标记忆(Iconic Memory)、短期视觉记忆(STVM)和长期视觉记忆(LTVM)。

人类视觉信息处理是从图标记忆开始的,信息存储在感官中大约有500ms,足够感官用来进行初始识别。图标记忆是视网膜上的一种自然图像,视网膜具有无限制的能力并且不受模式复杂性的影响。把信息从图标记忆阶段转到STVM需要使用注意力,也就是人类辨别特殊信息排除其他信息的能力,这种能力以LTVM中存储的信息为基础。LTVM信息被用来猜测所看到的是什么,这种猜测可以控制注意力的过程。确切地说,视觉感知以模式识别为基础,视觉模式识别把图标记忆中的信息与LTVM中的信息相匹配。目前主要有三个模式识别模型：模板匹配、特征检测和符号描述。STVM被称为视觉缓冲区,可以被图标记忆或LTVM激活,经过"排演"的信息不被延迟地送到LTVM中。LTVM被称为长期仓库,其中的信息是不会被丢失的,所谓"遗忘"只不过是信息检索出了问题。

认知是一个信息获取、选择和存储的复杂过程。这一过程可以用图2-11的模型来表达。人们周围环境中的信息通过人的不同感觉器官来获取和选择,这些信息主要由声音、语言等听觉信息和图形图画等视觉信息构成。选择后的信息被送到短期记忆中,短期记忆由控制机制、声音语言存储器和视觉信息存储器构成。短期记忆的容量是有限的,一般只能同时处理 7±2 个项目,如果信息没有被增加或没有被重复,这些信息在几秒钟之后被控制机制消除;经过重复和促进的信息则被送到长期记忆中,声音语言信息创建一个文本基础,视觉信息则创建一个类似图画的基础,两种信息的处理过程形成一个双编码系统。两种编码后的信息随后被集成为思维模型或称为心像模型。思维模型能够处理各种信息之间的关系,它的形成与个人记忆中的现有知识和联系点(Contact Point)有关,现有知识和联系点越多,思维模型则越容易被集成到长期记忆中去,现有知识可以促进思维模型的形成,长期记忆中的信息也通过思维模型来促进。

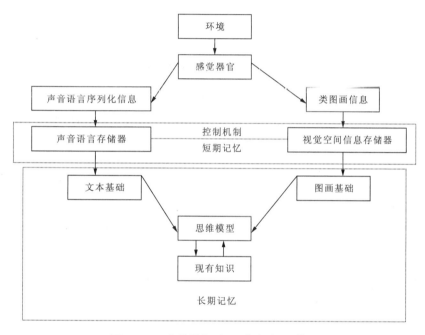

图 2-11 人的认知过程(信息处理)模型
(据 Hasebrook,1995)

值得一提也很有意义的是,明显的证据说明位置信息在 LTVM 中是不需要注意力和意识的,虽然我们可能有意识地来了解这种信息,但却不可能有目的地把这些信息送到记忆中去。

2. 人类信息处理的计算模型

在过去的 20 多年中,构造人类信息处理的计算模型是认知心理学的一个重要领域,大量研究被集中在视觉感知的人类神经模型上。这种模型有神经模糊性特点,可以提供一种机制来模拟视觉信息处理的并行算法,很多心理学家提出了自己的理论,Marr 理论是其中一个比较有特色的理论。

Marr(1982)认为感知是以"世界是真实的"假定为基础的,这些假定具体包括"表面是光滑的",视觉系统不是从经验中发现的,而是生来就有的。观察 Marr 理论的一个重要部分是从视网膜上的图像信息中构造大量不同的再现(Representation)。第一个再现阶段称为"最初框架",主要获取视网膜图像的二维结构;第二个阶段称为"2.5D 框架",描述平面是如何导向的;最后一个阶段称为"3D 模型",用以构建空间目标的三维形状。在这一理论的基础上,Marr and Nishihara(1988)提出了目标识别理论,认为目标及其组成部分可以由无特点的圆锥体或柱体构成,其各自的长度及轴的排列可用于目标识别,从视网膜上获得圆锥体或圆柱体的外观与不同目标种类相匹配,根据目标组成部分的数目和排列来区分所观察的目标。

3. 表象研究

表象(Mental Image)由记忆表象和想象表象构成。心理学将表象和知觉联系在一起,把已经存储(记忆中)的知觉信息的再现称为记忆表象,将经过加工改造而形成的新的形象称为想象表象。为了充分揭示表象的特殊性和机制,心理学家考察了有关"心理旋转"和"心理扫描"等具体的表象研究。

(1)表象的"心理旋转"实验:20 世纪 70 年代,Shepard 及其同事开展了"心理旋转"的研究。将计算机生成的三维图形对(图 2-12)呈现给被试者,被试者的任务是判定两个图形是否相同。图形对有三种情况,一是两个图形相同而方位不同,其中一个相对于另一个在平面(纸张)上转动了一定角度[图 2-12(a)],称为平面对;第二种情况是图形相同,但其中一个相对于另一个在与纸张垂直的平面上转动一定角度,即在三维空间中作了转动,称为立体对[图 2-12(b)];第三种情况是两个不同的图形,它们是镜像对称的[图 2-12(c)]。实验结果表明,无论是平面对还是立体对,如果两个图形的形状和方位都相同,被试者只需要 1s 就能看出两者是相同的;当其中一个图形转动一个角度形成方位差,反应时间增加,并且与方位差成正比。因此,Shepard 等指出,"心理旋转"的速率是相对稳定的,每秒 53°;同时表象不仅可以表征图形的二维特征,也可以表征物体的三维结构,证明了"心理旋转"的渐进性和空间性。

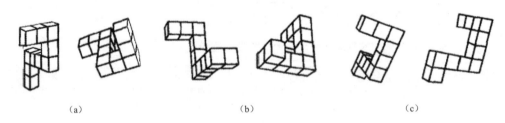

图 2-12 表象的"心理旋转"实验

(据 Shepard 等,1978)

(2)表象的"心理扫描"实验:Kosslyn 及其同事也在 20 世纪 70 年代初对表象进行了"心理扫描"的实验研究,认为视觉表象中的客体同样有大小、方位等的空间特性,是可以被"心理扫描"到的。他们要求被试者构成一个视觉表象并加以审视,以确定其中的客体及其空间特性,记录所需的时间。实验表明视觉表象是类似图画的,表象包含空间信息、表象的各部分描述所表征的客体的对应部分、所表象的客体各部分间的空间联系保留在表象的相应部分的空间联系中;评定其主观表象较小的客体要难于评定其主观表象较大的客体,小的客体总不如大的客体容易观察清楚。

(3)表象在人类认知中的重要作用:①表象与知觉的机能等价不仅会导致表象对知觉的干涉,而且会出现表象对知觉的促进;②图像信息在表象系统中储藏和加工,对于联想学习和记忆具有重要的作用；③人在解决某些问题时，主要依赖于视觉表象操作和表象过程，有助于科学家、艺术家、机械设计师等的创造性的思维活动，而听觉表象对于音乐家具有重要的意义。

4. 视觉认知与信息技术

视觉认知心理学随着认知心理学的兴起而迅速发展起来，它以人的视觉信息处理过程为研究对象。广义信息理论和符号逻辑学是视觉认知心理学的两个理论基础。信息技术的发展为视觉认知心理学的发展提供了坚实的研究与应用手段。从概率统计论到泛函分析，从计算机分布系统到软件工程，从逻辑推理到专家系统，所有新兴的信息技术为视觉认知心理学的研究提供了技术手段。视觉心理学的研究着重以模拟人复杂的视觉行为为出发点，有机地将知觉、注意、记忆、学习、表象、思维、概念形成、问题求解、语言、情绪、个性差异等行为联系起来。视觉认知心理学主要研究内容为影像中拓扑性质、形状轮廓、三维物体和运动物体及其内在规律和行为过程的视觉化认知规律。

在传统的地图制作方法的低层视觉认知和以模拟左脑逻辑思维为主的视觉认知心理模型基础上，加强模拟眼睛视网膜成像系统和右脑大规模神经元并行地解决复杂而模糊视觉问题的生理机制，达到形象思维的能力，这样就形成比较完整的视觉认知思维和想象功能，在最大程度上使人的复杂而模糊的视觉行为和计算机技术的强大计算功能融合起来，使人的视觉认知达到快速、精确、知识无遗忘等境界。

第四节 数据挖掘和知识发现理论

随着时空地学数据量的增大、数据源的增多、各种数据类型的增加以及数据变量间的相互关系越加复杂，以致难以从视觉角度进行分析，而将数据挖掘、知识发现等理论和技术应用于地学可视化，可以利用可视化工具发现各种未知的规律和模式并获取数据间的关系，为解释历史现象、预测未来以及决策支持等方面提供依据。这样，既可以发掘大量地学数据的潜在利用价值，又为时空地学可视化系统走向智能化奠定了基础。因此，数据挖掘和知识发现成为地学可视化的专业应用基础理论之一。

一、当前的主要研究内容

主要研究内容包括：①开发地学空间数据挖掘的可视化方法，从而可以利用可视化方法在大量时空数据集中发现未知模式和关系；②集成可视化工具和计算工具、加强知识构建过程中的人机合作；③探讨各种技术，如计算工具、系统、数据结构、界面设计等集成的问题。

这些研究内容具体体现在以下四个方面：①开发支持数据库和可视化集成的计算体系结构；②探讨支持实时交互所需的数据库功能；③确定基本数据结构在知识构建过程中的作用；④开发将发现对象转换为常规数据模型的机制。

二、概念、过程与步骤

1. 基本概念

知识发现(Knowledge Discovery,简称 KD)是一个从数据中提取出有效的、新颖的、潜在有用的并能最终被人理解的模式的非平凡过程。这里的模式就是我们所说的知识。数据挖掘(Data Mining,简称 DM)提取的知识一般表现为概念、规则、规律等形式。知识发现是指从数据库中发现知识(Knowledge Discovery and Database,简称 KDD)的整个过程,而数据挖掘只是整个过程中的一个步骤(这从下述过程中可以看出)。因为数据挖掘是知识发现整个过程中最重要的步骤,所以人们通常将知识发现和数据挖掘作为同义词使用而不加区分。

数据挖掘是一门交叉学科,涉及到诸如机器学习、模式识别、统计学、数据库、联机分析、模糊逻辑、人工神经网络、不确定推理、数据可视化等学科。特别是它可以被看成是数据库理论和机器学习的交叉科学。数据挖掘的核心概念是人工智能领域中的机器学习。

2. 过程

数据挖掘的主要过程如图 2-13 所示。

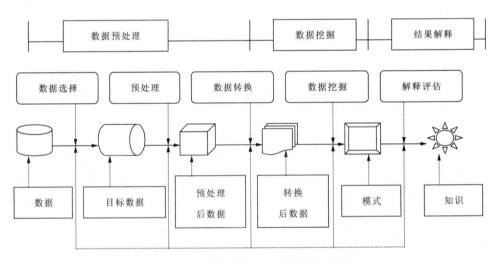

图 2-13　数据挖掘和知识发现的过程

(据 Usama,1996)

3. 步骤

知识发现的步骤:①用户调查,确定研究目标和用户需求;②创建目标数据集:选择一个数据集中在变量或者数据样本的子集上,接着进行的数据挖掘就是在此生成的数据集上进行的;③数据的净化和预处理:包括一些基本操作如排除噪声,为模型做必要的信息收集,对噪声进行说明,确定对丢失数据的处理策略等;④数据简化和投影:找出能实现数据挖掘目的、有用的特征,用减少维数或变化的方法减少变量的有效数目,或者寻找变量的等价表示;⑤根据数据挖掘的目的确定适当的数据挖掘方法,如综合、分类、回归、聚类等;⑥选择数据挖掘的算法:根据所要挖掘的模式类型选择适当的数据挖掘算法;⑦进行数据挖掘:挖掘出用户感兴趣的模式,包括分类规则或决策树、回归、聚类等;⑧解释所发现的模式(可能会回到上面①~⑦的任何一步重来),并对所挖掘的模式进行可视化;⑨知识整理及应用:把挖掘出来的知识整理并应用到用户的系统中。

对以上数据挖掘与知识发现的全过程的几个步骤可以进一步归纳为三大部分:①~④称为数据挖掘预处理,主要进行数据挖掘前的准备工作;⑤~⑦进行具体的数据挖掘;⑧、⑨则称作数据挖掘后处理,主要包括结果表达和解释。文献中大多数的研究主要集中在数据挖掘算法的研究应用上,但其他的工作仍具有同样的重要性。KDD 可能包括上述步骤中的任何两个步骤的多次反复。在后处理的检验和应用中,若发现不合适则应对前面步骤进行修改,直至得到较满意的结果为止。

三、数据挖掘的分类

1. 按挖掘的数据库分类

不同的数据库其数据的描述、组织和存储方式都不相同,一般可以分为关系数据库、事务数据库、面向对象数据库、空间数据库、时间数据库、多媒体数据库、主动数据库、Internet 信息库等。数据挖掘可以按所挖掘的数据库的不同而划分为不同的种类,其中从关系数据库中挖掘知识,是使用最为广泛的一种,也是最为成熟的一类数据挖掘技术。

2. 按挖掘出的知识分类

一般情况下,数据挖掘可以挖掘出的知识包括关联规则、特征规则、分类规则、聚类规则、序列模式、数据综合和概括、总结规则、趋势分析、偏差分析、模式分析等。

3. 按挖掘使用的技术方法分类

数据挖掘可以用到的技术方法很多,主要包括统计分析方法、遗传算法、粗集方法、决策树方法、人工神经网络方法、模糊逻辑方法、规则归纳方法、聚类分析和模式识别方法、最近邻技术方法、可视化技术方法等。

四、数据挖掘对可视化的指导作用

尽管数据挖掘技术最初主要应用于非空间数据领域,但目前它在地学空间数据及时空数据处理中逐渐深入的应用已被广泛地证实,而且出现了一些专门针对时态数据、空间数据和时空数据的数据挖掘方法技术。数据挖掘(DM)和知识发现技术(KDD)应用于时空地学可视化的主要研究问题可概述为以下几个方面。

(1)地学空间数据库的知识构建过程包括哪些特殊的任务,为此,哪些可视化方法更为适合。

(2)不同的可视化方法将如何影响逻辑推理。

(3) 人机交互技术对知识构建的作用。

(4) 探讨针对具体应用的可视化编码和可视化隐喻。

(5) 自动推理在地学数据的自动可视化浏览中的作用。

(6) 在视频创建中机器使用的直接或间接的假设,如何与观测者交流以及如何应用于知识构建过程中。

(7) 不同数据集的出现与否,怎样影响可视化数据挖掘,寻找最优的数据及其关系的组织方法。

(8) 在哪些情况下,数据挖掘过程必须要考虑数据的空间特性、时间特性以及其他属性。

(9) 可视化探测技术如何利用新的信息可视化技术。

五、空间数据挖掘

1. 空间数据挖掘概念

随着数据库技术的不断发展和数据库管理系统的广泛应用,数据库中存储的数据量急剧增大,在大量数据的背后隐藏着很多具有决策意义的信息。但是,现今数据库的大多数应用仍然停留在查询、检索阶段,数据库中隐藏的丰富知识远远没有得到充分的发掘和利用,数据库的急剧增长和人们对数据库处理和理解的困难形成了强烈的反差。数据挖掘和知识发现(Data Mining and Knowledge Discovery,简称 DMKD)技术,就是在这种背景下应运而生的。数据控制与知识发现是指从大量的、不完全的、有噪声的、模糊的、随机的实际应用数据中提取隐含的、未知的、潜在的、有用的信息的过程。

空间数据库(数据仓库)中的空间数据除了其显式信息外,还具有丰富的隐含信息,如数字高程模型的 Grid 或 TIN 模型中除了载荷高程信息外,还隐含了地质岩性与构造方面的信息;植物的种类是显式信息,但其中还隐含了气候的水平地带性和垂直地带性的信息,等等。这些隐含的信息只有通过数据挖掘才能显示出来。空间数据挖掘(Spatial Data Mining,简称 SDM),或称从空间数据库中发现知识,作为数据挖掘的一个新的研究分支,是指从空间数据库中提取隐含的、用户感兴趣的空间和非空间的模式和普遍特征的过程。由于 SDM 的对象主要是空间数据库,而空间数据库中不仅存储了空间事物或对象的几何数据、属性数据,而且存储了空间事物或对象之间的图形空间关系,因此其处理方法有别于一般的数据挖掘。SDM 是在没有明确假设的前提下去挖掘信息、发现知识,挖掘出的知识应具有事先未知、有效和实用三个特征。

2. 空间数据挖掘的研究框架

国外 Koperski 等(1998)在 Mathens 等研究的基础上,提出了空间数据的挖掘模型,如图 2-14 所示。利用空间、非空间的等级概念、数据库方面的领域知识,用户能够控制知识发现中的每一步。经由空间索引和查询优化,数据被挖掘者获取并被聚焦模块进行数据的抽取和提炼,决定哪些数据和知识发现的目标相关,能够保证理想的结果。模式和规则的提取由模式抽取模块完成,结果的分析和评价由评估模块实现,用以去除冗余的知识,知识最后交于用户进行分析和评价。

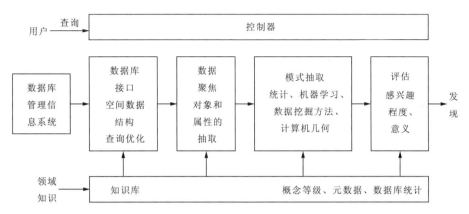

图 2-14　空间数据挖掘模型

(据 Koperski,1998)

对比总结前人研究,周成虎等(2002)提出概念性 SDM 框架,如图 2-15 所示。SDM 的基础是具有空间位置属性的空间数据库,这是它区别于其他 DM 工作之根本;提出的挖掘问题(任务)首先要经过数据库技术、领域相关的知识/规则进行信息提取(类似于图 2-14 的数据聚焦),形成与问题相关的信息库;在其基础上利用各种 SDM 方法进行挖掘,这是一个解决问题的过程,问题的答案可以是空间规律/知识、空间结构、时间过程等。我们强调,到此并不是 SDM 的终结,必须通过领域专家的分析验证、机理推求,形成一套知识/思想库,供空间决策使用。

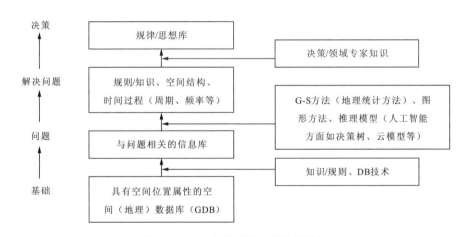

图 2-15　空间数据挖掘概念性框架

六、知识发现与可视化融合

1. 融合的概念模式

事实上,地学可视化和 KDD 技术是相互融合的,尽管可视化技术常被用于 KDD 的解释评价阶段的辅助工具,这里,我们更加关心地学可视化和KDD技术的深入集成,需要从概念层、操作层和实现层来考虑。

(1)概念层。概念层上,地学可视化和KDD的共同目的是使知识的构建能发展科技、提高效益、合理利用资源环境等。所涉及的关键问题有:哪些时空数据有待于可视化和被挖掘(如环境、社会经济、离散/连续的空间变化);期望得到的结果是怎样的(如关系的假设、未来状态的预测);有哪些类型的获取知识的用户(如领域专家、决策分析者)。这些问题都关系到在操作层上地学可视化-KDD集成的约束。

(2)操作层。操作层要确定合适的集成方法,实现概念层的目的。我们认为要充分发挥专家和计算机的各自所长,地学可视化和KDD的集成技术的优秀是至关重要的。表2-1所示描述了地学可视化和KDD的集成技术。

(3)实现层。在实现层,要确定选择满足操作层目的特定工具和基于这些工具的算法,以及能实现这些算法的软、硬件环境。

表2-1 地学可视化与数据发现和数据挖掘技术(KDD)的集成表

		KDD操作		
		概念层次和结构提取	归类提取和分类	现象提取
地学可视化操作	特征识别	帮助分析员关心出现的特征和模式并建立概念模型	分析对象的同异并进行归类	自然现象的分析与归类标准匹配
	特征匹配	分析不同特性在概念层上的关联,建立适当的多维结构	进行类的对比以确定与分类相关的关键属性,确定相似类	进行现象的比较以派生描述关系间的规则
	特征解释	针对某专题的专业知识与内部概念结构/层次的关联	与现实世界中物理参数相关的归类的解释	通过对现象及其行为的抽象特性的开发,有助于理解现实现象

2. 研究面临的困难

研究数据挖掘(DM)和知识发现技术(KDD)在时空地学可视化系统中的应用,面临的困难主要体现在以下三方面。

(1)在可视化分析方法中,如何清晰准确地集成多维地学数据的空间维和时间维。

(2)如何表示地学知识,特别是如何在基于计算的模型中包含地学知识丰富的概念结构。

(3)如何在可视化环境中集成地学含义的进一步完善。

3. 在可视化系统中的应用

对于KDD理论技术在时空地学可视化系统中的应用,我们认为地学可视化系统的核心是数据模型的建立,知识发现和数据挖掘等相关技术将有力加强探测引擎,有助于地学可视化，所以需要建立领域间的交叉研究。我们相信地学数据的知识发现、数据挖掘、相关查询及地学计算等将成为地学可视化的必备功能。

第五节 地学图解/图谱理论

陈述彭先生以其多年的地图/地理工作的理论和实践经验积累，从非可视化角度，并远早于GIS可视化和科学计算可视化的出现，提出了地学多维图解模式，试图应用"图（地图）"这一信息工具为主要手段来解决待定的地学问题，获取对地学现象进一步或新的理解和认知，建立新的地学知识（陈述彭，1963）。1998年陈先生又提出了地学信息图谱的概念。地学多维图解与地学信息图谱概念提出后，其基本思想、内涵、特征等得到了深入的研究和讨论，尤其在与地学可视化的相互关系比较、与知识发现/数据挖掘技术的相互融合中，地学图解/图谱的理论与方法也逐步建立与完善了起来（龚建华等，2000；陈述彭，2001）。所以，我们认为这可以作为地学信息可视化的应用基础理论之一来加以对待和深入研究，现将基本观点予以融合、归纳、介绍如下。

一、传统地学图解/图谱

"图解"一词使用非常广泛。据《新华字典》的定义，图解是"画图或列表解释事物"之意。在西方英语国家中，"图解"相对应的词是 Diagram 或者 Interpretation of Pictures。据"朗文当代英语词典"，Diagram 是指"a plan or figure drawn to explain a machine, idea, etc.; drawing which show how something works rather than what it actually looked like"（Longman，1987）。上述一段话的意思是指用一幅图说明一台机器、一个想法等；同时也指用绘图来表示某事物的运行机制，而不是指看起来像什么。传统手工图解常通过运用线划、箭头等抽象图形符号，画出某事物的各个部分及其相互关系，或者事物的工作机理，以表达对事物现象与规律的理解。所以，图解是对事物存在或发展机制的一种图形或者空间抽象解析，并且抽象可具有不同的阶段或层次。

"图谱"一词也有很广泛的应用。据《现代汉语小词典》中的定义，对"图谱"一词的解释是"系统地编辑起来的、根据实物描绘或摄制的图"。这里至少有两层含义：①图谱是根据实物的抽象描绘出来的图，或者是根据实物摄制加工出来的图；②图谱是系统地编辑起来的图，也就是说它不只是一幅图，是由经过系统编辑的一系列图组成的，如动物图谱、植物图谱等。"地学图谱"中的"图"是指山川水系、城镇地名、疆域界限等地学知识图（包括图解图、图形图、图像图、过程图等），这里的"谱"是指地学知识的谱系，指地学知识图中隐含的各种规律和知识表达。反映时间上的历史演变过程，如疆域的历史沿革、城镇地名的变迁、海陆升降、河流改道等地学发展规律。"地学图谱"一词则是图谱中的地学空间与时间动态变化的统一描述，是在时间演化过程中系统同时表达时空差异的一系列地学知识图。地学图谱与地图集、系列图等地图图形还有一定的区别，很重要的一点是地学图谱反映的是共性，即概括了所有个体特例后抽象出的一般共同特征，而地图集、系列图则建立在地物相似原理的基础上，反映的是某一特定区域地球科学现象的质量、数量和结构特征。

图解与图谱的关系和区别就好像我们常说的"制图"与"地图"的关系与区别一样,前者是动作,是行为;后者是结果,是形式。有时不加区分,可等同混用。

在地学研究领域,地理/地质科学家很早就应用图解分析,即制图的方法来解释地学问题。Davis(1850—1934)曾用图解揭示地貌演化的基本模式,简述地貌旋回学说;Lobeck 编著的《立体图解》一书中,简明地介绍了图解的手工作业方法,并选辑了当时许多著名的地学图解作品。另外,美国地质调查局(USGS)有关科罗拉多大峡谷、阿巴拉契亚山脉和东海岸发育的图解(Lobeck,1941),瑞士学者关于阿尔卑斯山地构造与冰川的演化,《丹麦地图集》描绘冰缘地貌和海岸发育的图解(Schon,1949)等除了科学意义外,同时也是杰出的艺术品。陈述彭先生在1954年完成了桂林七星岩喀斯特山块及洞穴发育的图解和沁路高原黄土剖面与地貌类型图解(陈述彭,1957)。自然地理学者张治勋教授1990年出版了《中国自然地理图解》一书,用124幅图解略图和简要文字对中国区域自然地理课程教学内容进行了图解(张治勋,1990)。图2-16是龙门山地震断裂带图解图(吴冲龙,2008)。

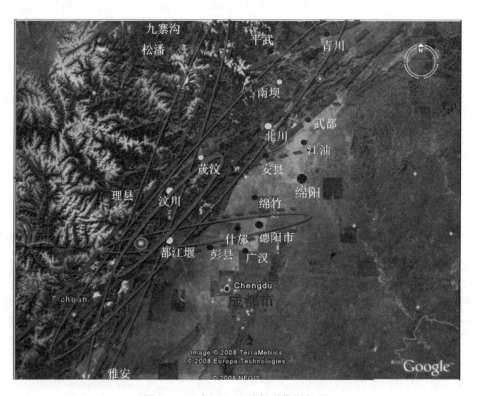

图2-16　龙门山地震断裂带图解图

地学领域的图解/图谱没有明确专门的定义,也没有建立相应深入完整的理论,仅是作为一种重要的方法和表达形式被广泛使用。从传统地学图解/图谱的应用和实践看,地学图解/图谱可理解为用图来描述和解释地学专家经个人或研究小组野外调查、室内实验、数据分析、模式建立、绘图等研究工作后得到的关于某地学问题的认识,以及得到的相应的地学规律特征(龚建华等,2000)。

二、现代地学图解/图谱

1. 现代地学图解/图谱的概念

在地学领域,空间分布的图形/地图既可以作为存储媒介表达事物、现象或规律,用于交流,又可以作为思维工具,思考和解决地学问题。这样,"图解"或"图谱"既可以理解为用静态方式的存储交流图解"图"来解释地学事物形态与机理,又可以理解为用动态不定方式的思维工具"图"(即人脑的图形意象)来解答地学问题并发现地学事物的特殊形态和发展运行机制(龚建华等,2000)。

传统地学研究文献(图集)中的关于某地学现象规律的图解/图谱,都是代表了某一层次的空间抽象,属于地学专家经过"个人"的研究与分析后形成的某种认识。

但是,地学专家是如何获取这种认知,如何绘出图解图或图谱的呢?这个地学专家认知和新知识建立的过程,传统的图解/图谱并不研究,即并不涉及人的认知活动,仅强调图的交流和解释特征。实际上,在长期的地学研究和实践中,应用思维工具"图"解答地学问题的"图解"或"图谱"方法,经常被使用(陈述彭,1998、2001;周成虎等,1998;鲁学军等,1999)。所以,我们认为基于传统地学图解/图谱概念发展起来的现代地学图解/地学信息图谱应包含新的内涵,它应把图既作为思维工具,又作为交流工具;既要研究图解图的认知获取过程,又要把图解/图谱的不同阶段与不同层次的空间抽象结果连接起来,作为一个过程,从而研究从无到有的不同层次的空间抽象图解/图谱的生成演进规律。

现代地学图解/图谱中不同阶段(或层次)的空间抽象图解图/图谱,都是对地学问题的一种认知,一种知识,我们把它命名为知识图或信息图谱。这样,现代地学图解/图谱就可理解为研究知识图/信息图谱从无到有,从原始、粗糙、片断、矛盾、模糊到系统、完整、清晰、完备的知识发现完善过程。这个过程同时也体现了人的视觉认知和认知活动过程。而传统图解/图谱可理解为仅是一种静态的知识图/图谱,而不涉及知识图/图谱的动态生成演进过程(龚建华等,2000)。

2. 地学知识图解图/图谱的类型

表达地学知识的图解图即知识图/图谱,常见的有三种类型:逻辑概念命题图/图谱,模拟/数字"图形图像"图/图谱和发展变化过程图/信息图谱(龚建华等,2000)。

(1)逻辑概念命题图/图谱:也可称为语义网络图/图谱,是表示关于某一地学现象、过程中的地学对象(概念、类别、属性、行为等)及其相互关系的知识,它由一组相互关联的节点(Node)及链接(Link)组成。节点表示涉及某一地学现象、过程中的地学因素;链接用于连接表达相互关联的节点(地学因素)。比如图2-17是用于野火模拟构模的概念命题图。该图描述了与火灾发生和扩散有关的主要因素:火、燃料、地形、天气和降雨,以及它们之间的相互关系。降雨是与天气有关的对火行为有很大影响的因素,所以需要重点考虑。每个主要因素又由许多因子组成,如地形包括坡向、坡度和高程因子;天气包括风、雨量、湿度、温度和阳光等。因素和因子可以拥有属性说明,如坡度是以百分比表示,风有速度和方向等。图2-17的网络图同时也表达了火灾发生和扩散中的动力机制和因果关系。如降雨、天气和坡向影响燃料因

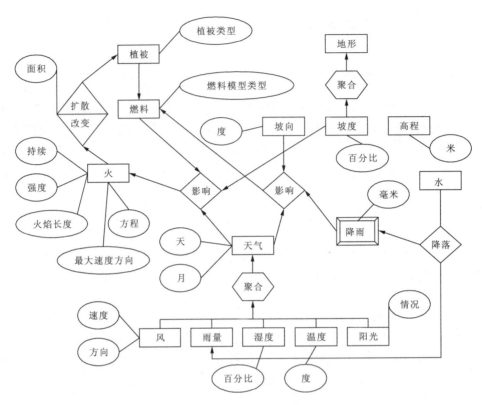

图 2-17 用于火灾模拟的概念命题知识图

素、天气、坡度和燃料影响火的行为等。

(2)模拟/数字"图形图像"图/图谱：是用图形图像表达关于某一地学现象的空间关系知识图解/图谱。比如图 2-18 表示武汉市喻家山地区地质构造和沿 AB 线段数字地质图切剖面图。该知识图是基于遥感雷达图像的分析，结合其他相关的地质构造岩性图，通过图解后获取的。该知识图可作为进一步研究该地区地质构造和滑坡稳定性分析的基础。

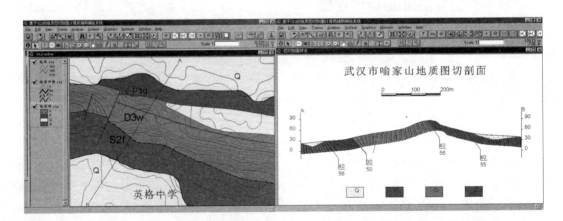

图 2-18 武汉市喻家山地区地质构造和图切地质剖面图

（3）发展变化过程图/信息图谱：是用一系列图表达关于某一地学现象随时间动态演化的知识图/信息图谱。"图解"或"图谱"中的"图"，是一种特殊的知识图，与一般所说的图形、图像或地图，如航空相片、卫星图像、地形图、地貌图、原始地学数据的复制性空间图形图像（即只是数据表达方式发生变化，不具有任何的空间抽象机理）等并不相同。前者是表示地学专家经实践与思考后获取的地学知识，后者仅是地理环境系统的一个模拟、近似信息表达模型，或者是未经概念抽象、逻辑推理、构模分析的原始信息表达模型。为了方便，我们把后一种图形、图像或地图称为信息图而把前一种图称为知识图或者图谱（一系列知识图就构成信息图谱）。随着遥感、遥测、地理信息系统的发展，知识图、图谱或信息图谱将成为地学研究中越来越重要的研究热点，于是，如何从信息图获取知识图/信息图谱，就成为现代地学图解/地学信息图谱研究所面临的重要课题。

传统地学图解或地学图谱研究过程中，由于信息高技术的缺乏，信息图的作用地位很低。大量的地学专家都是通过长期的野外调查，数据测量与采集，室内和野外试验，再经个人大脑的分析与整理（即图解）获取知识图/图谱。所以，传统地学图解要有"解读"实地地理环境（大自然）的经验和能力，而现代地学图解要具有"解读"信息图或信息图谱的经验和方法。

概括地说，现代地学图解/地学信息图谱是表示以信息图或信息图谱为基础，以"图"为思维工具，求解新知识图或新信息图谱的过程。表2-2从目标、表现形式、知识图获取基础与手段、知识获取的认知思维模式，以及人与信息图、知识图的相互作用程度五方面概括了传统地学图解/图谱与现代地学图解/信息图谱的相互关系特征。

表2-2 传统地学图解/图谱与现代地学图解/信息图谱相互关系比较

（据龚建华修改）

项目	传统地学图解/图谱	现代地学图解/信息图谱
目标	以图为交流方式，解释地学现象与规律，强调研究结果	以图为思维工具，求解地学规律，强调新知识获取的研究过程
表现形式	仅有最终的图解图/图谱（求解结果）	知识从无到有的建立过程，即从知识图1→知识图2→知识图n的动态演化过程
知识图/图谱获取基础与手段	以野外现实地理环境实践为主，包括测量、实验、手工绘图等；信息综合集成弱	以信息图和计算机地学信息系统为主；可进行多种信息的融合集成
知识获取的认知思维模式	个人私有的、模糊的、不确定的，难以程序化，认知思维模式较难传播	个人加知识库，多专家的集聚智慧，规则化、公开化
人与信息图、知识图的相互作用程度	程度弱，无交互性，观察角度少	程度强，交互性强，观察角度多

三、地学图解/图谱的模型

根据前文所述,地学可视化和地学图解/图谱都是研究地学知识的可视探析,都是以发现新知识为宗旨,那么,这两者的关系是什么?它们的求解认知过程又有何种区别和联系呢?

本节首先论述地学可视化与地学图解/图谱的相互关系,然后,在讨论 Marr 的视觉信息处理模型、Pinker 的图形理解认知模型以及 MacEachren 的特征 ID 模型基础上,提出可用于知识探析计算机软件系统设计的地学图解/图谱模型(龚建华,2000)。

1. 地学可视化与地学图解/图谱的相互关系

根据前文所述,地学可视化在用于解决地学问题时,为专家提供了一个不受限制的多样化操作空间,通过穷尽法,展示关于某地学问题(地学数据)的可以被视觉感受的图形图像,而这些图形图像表现了多样化,各种可能的空间分布或者变量之间的可能关系,地学专家在与不同选择、不同侧重、不同变化的图形图像的高效信息交互中,探求新的形态特征或新的多变量之间的关系(陈述彭,1997)。所以,地学数据可视化本身并不能发现或建立新知识,只是提供一个开放环境,一个有效的基于"图"的信息交流通道,让地学专家自由地、创造性地与数据打交道,而知识发现则是由地学专家完成的。这样,地学可视化的研究,主要是如何建立有效的信息图与人的视觉之间的信息交流和交互,有利于知识的发现;而背后更深一步的心智知识分析过程与特征发现,一般作为黑箱处理,很少探析。

与从信息图考虑的地学可视化不一样,地学图解/图谱直接从地学专家角度考虑,它是运用"图"为思维工具,建立、修整和完善知识图的过程。实际上,地学图解/图谱是把地学专家的内在模糊、动态不定的心智意象图逐渐外化的过程,是关于外在可感知的知识图与内在不可见的心智意象图的相互作用过程。

所以,地学图解/图谱着重研究的是地学专家的地学认知意象及其知识表达。但是,根据前面所述,现代地学图解/地学信息图谱是以信息图和图谱为基础的,而信息图的信息传输交流水平会影响知识图/信息图谱与心智意象图/信息图谱的相互作用,所以现代地学图解/地学信息图谱与地学可视化又是密切相关的。

因此,地学可视化和地学图解/图谱的相互关系可以理解为前者是从底层向上的过程,后者是从顶层向下的过程,前者是关于信息图与视觉系统的相互关系,后者是关于地学认知意象的知识表达,两者的紧密结合将会有效地提高地学知识的可视探析与发现效率(图 2-19)。

2. 地学图解/图谱的认知模型结构

人是如何看图、读图,视觉系统和大脑是如何识别和理解图形目标的?Marr、Pinker、MacEachren 等分别从计算机视觉、认知心理学、(地图)符号认知角度对此作了较深入的研究,并提出各自相应的视觉信息处理模型。Marr 提出一个过程表象序列,用以描述从视觉图像到物体形状识别的视觉信息处理过程。他的表象序列包括"原始要素图(Primal Sketch)""2.5D 要素图(2.5D Sketch)"和"三维模型表象(3D Model Representation)"。原始要素图是使视网膜图像(Retinal Image)中的光强变化以及该光强变化中的几何和组织等信息显示出来,它处理的基本元素包括斑点、边界线段等。2.5D 要素图是一个较前一阶段更高一级的视觉信息处

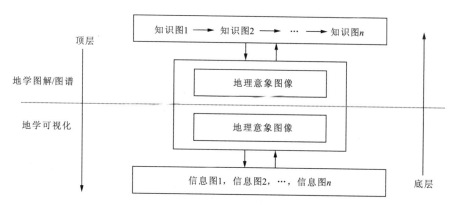

图 2-19 地学可视化与地学图解/图谱的相互关系
（据龚建华等,1999 修改）

理结果,它表达以观察者为中心的坐标系中的可见表面的特征,如表面朝向、离观察者的距离（深度）以及其中表现出的不连续性等。三维模型表象则描述以物体为中心的三维结构形状和组织(Marr,1982；Kraak,1994)。

Marr 的视觉模型是从计算角度给出的,其中的信息处理阶段划分明确清晰。Pinker 认为,Marr 的研究工作的意义在于表明了在视觉感知认知过程中存在着不同的阶段,并相对应于不同的信息处理方式和表达(Pinker,1996)。Pinker 依据 Marr 对视觉中的前认知(Precognition)和认知的区分,定义了视觉阵列(Visual Array)和视觉描述(Visual Description)。视觉阵列类似于 Marr 理论模型中的原始要素图和 2.5D 要素图;视觉描述是表示视觉阵列中信息的结构化表达。Pinker 认为,对某一特定的视觉阵列的表达有多种可能的方式,他提出了四个因素来解释从某一特定视觉阵列产生某种（而不是其他）视觉描述方式的原因。这四个因素分别是必要属性（空间位置和时间）(Indispensable Attributes)、选择性注意力(Selective Attention)、大小(Magnitude)以及采用的坐标系。同时,根据从视觉阵列变换到视觉描述的不同机理方式,Pinker 又区分了缺省型视觉描述(Default Visual Description)和精细型视觉描述(Elaborated Visual Description)。缺省型视觉描述是基于从下向上的前认知过程产生的,由于短期视觉存储（或记忆）的约束,其描述一般不会很大,人只能无意识地感觉或注意到该种描述;精细型视觉描述是基于缺省型视觉描述,并通过从上往下认知过程而产生。在描述了视觉阵列和视觉描述以及相互关系以后,Pinker 又定义了图形意象(Graphic Schemata)来解释从视觉描述到概念信号(Conceptual Message)以及概念问题(Conceptual Question)与询问相关的知识表达与获取机制。他认为图形意象是某一专业领域知识的记忆表达,它由包括"槽"(Slots)或参数形式的描述组成。在上述概念的基础上,Pinker 提出了图形理解的视觉信息处理模型（图 2-20）。该模型包括了从下往上的前认知过程与从上往下的认知过程,并通过这两个过程的循环反馈结合,建立对图形的总体理解。

MacEachren 在 1990 年从科学计算可视化、科学可视化对地图学的影响、科学创新等研究角度,提出了地图可视化的模式发现模型;在 1995 年结合 Pinker 的图形理解视觉信息认知模型以及对空间与地理认知意象及类型理论的研究,对模式发现模型进行了扩展和完善并改名为基于地图可视化的特征 ID(Identification)模型,如图 2-21(MacEachren,1995；Connie

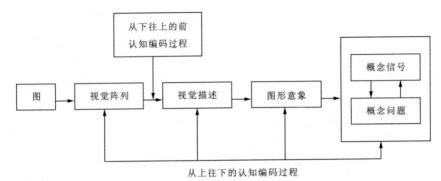

图 2-20　图形理解的视觉信息处理模型
（龚建华据 Pinker 修改）

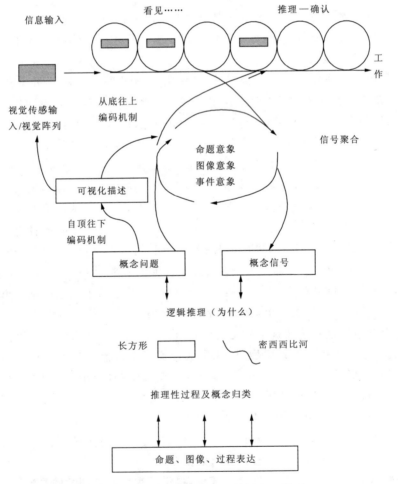

图 2-21　基于地图可视化的特征 ID 模型
（MacEachren and Pinker,1995）

Blok,1999)所示。特征 ID 模型是一个基于地图可视化的知识(特征)发现认知模型。它描述了这样一个认知过程:首先视觉感应输入(视觉阵列)经从底往上编码过程完成视觉描述,即看见什么。然后,通过形成与发展命题意象、图像意象(某种临时不定的知识)或事件意象,视觉描述就会变换到概念信号。概念信号与长期记忆中的命题、图像及过程知识表达,经询问、推理、概念分类等作用后,进行匹配与解释,如发现不完善或模糊不确定,就会进入到概念问题阶段。概念问题,不仅会作用于命题意象、图像意象或事件意象,对概念信号形成产生影响;而且通过从顶往下的编码过程,对视觉描述及视觉输入也产生影响。

Marr、Pinker 和 MacEachren 对人的视觉感知和认知的研究,为建立基于计算机图形/地图的知识探析/图谱模拟模型提供了基础。

图 2-22 是龚建华等从计算机软件系统设计与建立角度,根据 Pinker 的图形理解认知模型以及 MacEachren 的特征 ID 模型以及前面论述的地学可视化与地学图解/图谱的相互关系和数据挖掘原理与技术,建立的用于地学可视知识探析的地学图解/图谱模型。

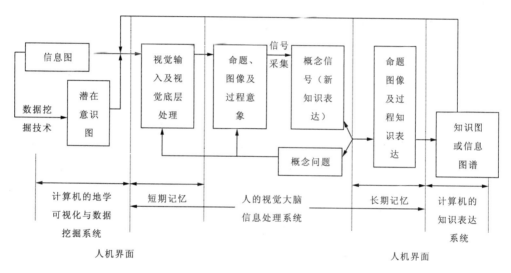

图 2-22　地学图解/图谱模型结构
(据龚建华等,1999 修改)

在该模型中,人的视觉大脑信息处理认知模型基本采用了 Pinker 和 MacEachren 的视觉认知和特征发现的认知理论,但把视觉输入(视觉阵列)与视觉描述两个阶段合并成视觉输入及视觉底层处理阶段,由于这一阶段是属于短期记忆,它的处理容量有限,所以信息图(或潜在知识图)的信息形态结构、容量必须要仔细设计,从而有益于短期记忆的高效处理。命题、图像与过程知识表达是属于长期记忆,它产生知识图/信息图谱,并在与知识图/信息图谱的相互作用过程中,与知识图/信息图谱一起发展完善。

该图解/图谱模型包括计算机系统和人的视觉大脑系统。计算机系统包括地学可视化,数据挖掘和知识表达系统。信息图由地学可视化处理和产生,潜在知识图是通过数据挖掘系统对信息图的计算处理分析,并把结果由地学可视化系统显示后形成的。知识图/信息图谱,是由地学专家(或智能代理人 Agent)完成的,存储于知识表达系统中的知识库。从信息图,或经数据挖掘技术处理后的潜在知识图,经人的视觉大脑系统处理后,形成计算机可表达的知识图/信息图谱,该知识图/信息图谱又会与信息图、潜在知识图一起,再次输入到人的视觉大脑系统接受处理分析,然后形成另一改进的知识图/信息图谱。经过这样多次的循环反馈后,最终探析出新的空间形态或变量关系,即新的知识图/信息图谱。

在该图解/图谱模型中,人的视觉大脑系统是无法设计与控制的,但根据其短期记忆以及长期记忆的特征,在计算机系统中,可仔细设计与短期记忆特征相适应的信息图和潜在知识图,与长期记忆相对应的知识图/信息图谱的表达。

第六节 虚拟现实理论

虚拟现实(Virtual Reality,简称 VR)、虚拟社群(社区)(Virtual Community)、赛博空间(Cyber Space)、数字城市(Digital City)等都与"虚拟"一词相关。什么是虚拟和虚拟世界?虚拟世界的本质是什么?如何理解虚拟世界和现实世界的相互关系?下面将从本体论探讨虚拟世界的本质,并揭示虚拟化过程及其虚拟世界的特征(龚建华等,2000)。将其作为地学可视化的应用基础理论之一来加以研究就是因为虚拟世界的可视化是未来可视化技术研究的重要组成部分,对人类的生存环境将起到不可估量的重要作用。

一、虚拟界概念

"虚拟"的英文词是"Virtual",IBM 计算机公司在 20 世纪 60 年代后期就开始应用该词,以表示处理器或机器之间的非物理连接(Strate et al,1996)。"虚拟内存(Virtual Memory)"是计算机界应用最早的与"虚拟"有关的概念,它是指计算机硬盘上的某部分空间,可以当作计算机内存使用,实际物理上内存并不存在。此后,"虚拟"一词逐渐被广泛用于计算机领域,如虚拟现实、虚拟空间、分布式虚拟环境和虚拟社群(社区)等。

虚拟现实技术对于理解虚拟的本质具有根本性的意义。著名的虚拟现实技术系统CAVE的命名,就与古希腊著名哲学家柏拉图的洞穴(CAVE)哲学故事有关(Cave,2000)。该故事是关于洞穴人、光、感知、幻觉、影子世界和物质本质世界的形而上学讨论。

1. 虚拟现实的概念

对于虚拟现实的概念,根据不同的角度,有不同的理解和定义。

从计算机技术视角,虚拟现实一般可被理解为包括软件、硬件(头盔、数据手套、三维鼠标、立体眼镜、数据库等)和参与者共同组成的一个人机环境系统。在该环境系统中,参与者可以多感觉地(视觉、听觉、力觉、触觉等)与计算机产生的三维世界进行交互作用,如可以在该三维世界场景中漫游、创建或移动虚拟物体等,其感觉和体验就像在现实物理世界一样(Burdea and Coiffet,1994)。这种抽象的或虚拟的实在,再结合 VR 的物理基础(实在,即电子、电场和电波,可译为"电象")就构成了一种"虚拟场景",也可称为"虚拟境象"。从文学艺术的视角看,"象"指个别的物象与事象;"境"指一定的生活场景,也可以说由单个象或若干象构成的场录。这样,一种"境象"就可以是客观存在的外部世界,大至整体的宏观世界、小至细胞的微观世界这样一种真实的客观存在。所以,上述的计算机"虚拟场景"可被译为"虚拟境象"。

VR的中文翻译仍采用已广泛流行的"虚拟现实",它可以理解成一种计算机软、硬件技术系统,也可以理解成运用信息技术、基于现实世界的一些素材、片段和原型等虚拟、虚造的一种现实,或理解为根据物理世界真实模拟并可延伸和超越该物理世界的另外一种"现实"。

2. 虚拟界的概念

通过上述对VR的定义讨论以及结合中国文化背景下的VR中文翻译、理解和探讨,我们认为三维虚拟世界及该世界中人的感觉、意识和行为是理解VR及其虚拟本质的重要基础。运用VR技术产生的包括人与虚拟物体相互作用的三维世界,是实在的一种展开和表现,是真实存在的、现实的,它与构成该虚拟世界的数据、交互传感设备、计算机和网络等一起组成一个复杂的人机信息环境。如果这个信息环境含有海量的数据、复杂的三维景观和相互交流交互的众多用户,那么这就会是一个与外部物质现实世界极不相同的另一世界、另一宇宙,我们把它称为虚拟世界即虚拟界,或称虚拟空间。虚拟界包括实境和虚境两个展面。实境,表示现实的、占有物理空间的事物实体或符号,在现实世界上一般具有可见、有形、可触摸的特性;虚境,表示在实境的基础上,依据人的感知、想象而产生的三维虚拟世界。数据、图形、通信和传感设备、计算机、网络等都是客观的实在,在现实世界中占有物理空间,是产生三维虚拟世界的物质基础,属于实境层面。三维虚拟世界存在于人的感觉、大脑想象中,是与人主体直接相关,人必须亲自参与和体验,才能感知该世界。人若脱离计算机和网络等设备,在现实物质世界是无法察觉到虚拟三维空间的。三维虚拟世界属于虚境层面。实境层面是虚拟界存在与发展的基础,是联系现实世界的一扇门;虚境层面的三维虚拟世界是虚拟界的核心。

3. 在线虚拟现实

随着因特网和万维网的快速发展,虚拟现实的概念和技术也逐渐演化,拥有新的内涵和特征。目前,基于因特网和万维网,出现了许多的文本交流社群,三维在线社区和分布式三维虚拟环境,它们可称为在线虚拟现实(Online Virtual Reality)。文本交流社群是人与人通过主题文本、(二维)图形或超媒体等交流形成的联想空间及人与人交互后形成的虚拟社会世界;而三维在线社区和分布式三维虚拟环境(也可称为在线三维虚拟现实),是表示人与三维图形境象作用后形成的三维虚拟世界及人与人在该虚拟世界中交互后形成的复杂虚拟社会世界,它是以三维图形境象为虚拟空间和场所,人在该虚拟世界中可以进行三维空间探索,并可与其他在线用户交谈、交互,这种在线三维虚拟现实并不一定需要头盔、立体眼镜、数据手套以及高性能的计算和图形处理软、硬件设备,它把人与人之间的信息交流、社会互动作为重点。

虚拟界概念,是从虚拟现实技术发展而形成的,但把因特网、万维网上的虚拟世界考虑在内,它应包含所有基于文本、二维图形或三维图形境象的在线虚拟现实。具体来说,虚拟界的实境层面应包括因特网、内部网、计算机、通信和传感设备、数据、图形等实体或符号;虚境层面则应包括基于文本、图形、图像、视频图像等媒介,通过交互、感知、认知、行为和想象在人脑中形成的虚拟世界以及在虚拟世界中主体与主体相互交流、交互形成的虚拟社会世界。由于在线三维虚拟现实是与现实世界一样,同样以三维空间为存在和发展的基础与框架,加上基于文本、二维图形的在线虚拟现实可以镶嵌于在线三维虚拟现实中,因此,随着计算机计算和三维图形显示技术、网络通信技术的发展以及传统虚拟现实技术和因特网技术的融合,虚拟企业、虚拟银行、虚拟学校、虚拟医院等信息主体都可包括在虚拟界之内。

4. 虚拟空间与赛博空间的差别

虚拟界(虚拟空间,Virtual Space)概念与赛博空间(Cyber Space)概念是有差别的。赛博空间这个词由 Gibson 在 1984 年出版的科幻小说《精神漫游者(Neuromancer)》中首次定义和使用(Gibson,1984),表示全球计算机网络世界,该网络世界连接了世界上所有的人、机器和信息资源,而人在该网络世界的虚拟空间中可以活动或漫游。赛博空间是目前使用极其广泛、涵义模糊、包罗万象的一个概念,它几乎包括所有与信息和通信技术有关的网络空间和虚拟空间,如虚拟现实、万维网、超媒体网络、因特网、内部网等。而本书建立的虚拟界概念,把人与人、人与图形相互作用后的在线虚拟现实作为其定义的核心。所以,与赛博空间概念相比,虚拟界概念有较明确的定义,所包括的内容范围要狭窄得多,更具有针对性。

5. 现实界与混合现实

与虚拟界相对应,本书把可看、可感、可触摸、具有三维空间延展性的现实特质世界称为现实界。现实界与虚拟界是相互交叉的,它们之间有一个过渡带,从技术软、硬件基础来看,这个过渡带是虚拟界的实境层面;从实际应用看,这个过渡带又可以是虚拟世界和现实世界合成的混合现实,这时,人既在虚拟界又在现实界。

混合现实(Mixed Reality)是虚拟现实技术研究领域的一个重要方向,它同时考虑计算机图形构模的虚拟世界和丰富多彩的现实世界,以及它们两者之间的无缝合成。混合现实包括增强现实(Augmented Reality)和增强虚拟(Augmented Virtuality)(Milgram,1999)。增强现实是通过在未经构模的关于现实场景的照片、视频图像和近红外、雷达短波等遥感影像上,叠合一些虚拟图形物体来放大和超越现实;增强现实把现实事物和场景看成主要的、第一位的,把虚拟境象看成补充的、第二位的。增强虚拟则是通过在计算机构模形成的虚拟三维场景中,叠合一些未经构模的关于现实场景的二维或三维图像来放大和超越虚拟;增强虚拟把虚拟场景看成主要的、第一位的,把现实境象看成补充的、第二位的。

二、虚拟环境与虚拟地理环境

虚拟环境是指由硬件、软件和人组成的一个系统,该系统可让人在计算机软、硬件模拟产生的一个虚拟三维空间中自由地行走探索,并可多感知地与他人或其他虚拟物体进行交互。虚拟环境,可有许多不同的应用领域,如支持科学研究、教育与培训、决策及大众娱乐等。

虚拟环境的发展目前存在两个基本的方向:一是基于虚拟现实技术的发展;二是基于因特网和万维网的三维图形环境和发展。如果从参与者的投入感划分,前者可称为投入型虚拟环境,后者可称为非投入型虚拟环境。

1. 投入型虚拟环境

投入型虚拟环境(Immersive Virtual Environment)是参与者作为虚拟三维世界的一部分,人沉浸在虚拟世界里,探索行走,与虚拟物体交互,具有如同在现实物质世界一样或相似的感觉。参与者一般要戴上立体显示眼镜、头盔、数据手套、数据衣等。

如投入型的 Cave 系统是一个 3m×3m×3m 的立方体,该系统把三维境象图形投影在三个侧面和底面或顶面,参与者则在立方体中被立体图形所包围。在 Cave 系统中,立体境象则是由参与者戴上立体眼镜后,根据左右图像的双眼视觉而产生。有一个传感跟踪器记录参与者头部的位置。但与头盔式虚拟环境不一样,当参与者旋转头部时,三维境象并不刷新。

完全投入型头盔式虚拟环境,是参与者要戴上头盔,人完全与现实物质世界隔离,当参与者移动头部或转动头部方向时,三维境象都要被立即更新。

半投入型的虚拟环境,有大屏幕投影方式,虚拟工作台(Virtual Workbench)方式等。三维图形境象投影在单个屏幕或者桌面上,参与者也同样戴上立体眼镜观察三维立体,图形境象不随参与者头部的活动而快速更新。

上述的投入型虚拟环境系统,有的只能一人参加,如头盔式虚拟环境;有的可以多人同时参与,如系统、大屏幕投影式和虚拟工作台式虚拟环境。

2. 非投入型虚拟环境

非投入型虚拟环境,也可称为分布式非投入型虚拟环境,是指基于因特网和万维网的计算机软、硬件环境,该环境具有三维图形空间,参与者可以从世界各地上网连接到该三维空间,以化身(Avatar)表示各自在该共享环境中的身份,并进行相互交流、交互。参与者不必戴上头盔、立体眼镜、数据手套等设备,只需要一般标准的计算机软、硬件装置。所以该环境强调的是参与度和普及度,参与者的感知融入度不作为重点。该虚拟环境的建模工具一般采用基于万维网的虚拟现实构模语言(VRML)。

目前,投入型和非投入型虚拟环境,由于因特网数据传输容量和速率的限制以及用户计算机图形计算和处理能力的局限,两者的发展基本上是分开的,并没有集成在一起。但是随着下一代高性能因特网的发展以及计算机性能的提高,投入型虚拟环境会逐渐地与因特网融合,演化为分布式投入型虚拟环境。

一般的基于因特网的分布式虚拟环境,仅涉及虚拟地理环境的地理位置层面、内表达数据层面、外表达境象层面以及单主体感知认知层面。但是,若将虚拟环境用于社会生产、社会消费和社会生活,并在拥有大量虚拟居民(化身人类)和相当复杂程度的虚拟三维地理景观、虚拟社会、经济和政治结构等状况下,就演化发展为虚拟地理环境。在演化成熟后的虚拟地理环境中,可能又会出现各种各样的分布式虚拟环境,它们可以作为虚拟实验室或教育场所等,这时分布式虚拟环境被包含在虚拟地理环境中。一个网络节点从"空无"发展到分布式虚拟环境进而演化成虚拟地理环境是不容易的。分布式虚拟环境作为应用软件工具是可以设计的;但虚拟地理环境并不只是一个软、硬件计算机系统,不是几个人或是研究机构设计出来的,而是必须具有大量的虚拟移民人口,并通过人与人之间的互动,形成了复杂虚拟社会结构后演化产生的。目前,在虚拟界中存在大量的分布式虚拟环境,应用于各种领域,而发展成为虚拟地理环境的并不多,其中较为典型的代表是 Active Worlds 和 Cybertown。

三、分布式地学虚拟环境特征与发展背景

分布式地学虚拟环境(Distributed Virtual Geographic Environments),是指基于因特网、万维网的多用户虚拟三维环境,可用于发布地学多维数据,模拟和分析复杂的地学现象过程,支持可视和不可视的地学数据解释、未来场景预见(现)、设计规划和决策等;同时它也可以用

于教育、旅游和娱乐。

1. 分布式地学虚拟环境的特征

(1) 基于因特网和万维网。因特网和万维网作为分布式地学虚拟环境存在和发展的基础，是分布式的异构开放环境，它要求分布式地学虚拟环境可让一般用户使用标准的万维网浏览器，就可以连接和进入虚拟环境。

(2) 用户交流是实时快速的。在分布式地学虚拟环境中，多用户之间的信息通信、传输，系统之间的共享三维对象传输，要求是(准)实时快速的(Singhal and Zyda,1999)。

(3) 设备要有三维计算和显示能力。用户与三维图形世界的交互是(准)实时的，这要求快速的三维世界图形计算和显示能力(一般要求每秒达到15帧以上，最好是25帧，甚至是30帧)。

(4) 用户是三维化身。用户在分布式地学虚拟环境中，一般是以三维化身表达，用户之间的交互则通过化身、文本以及声音或实时传输的摄像等。

(5) 信息是分布式共享的。三维图形世界和各种三维对象是分布式共享的，即若在任何一个用户的三维世界增加、删除或改变某一个三维物体，那么其他的在线用户应立即能在他们的虚拟环境里观察到这一三维物体的变化。

(6) 描述可视和不可视现象。三维图形世界既描述地球科学中的可视空间现象，如地形、地貌、地层、海洋、城市等，也可以描述不可视空间现象，如温度、风场、人口分布等。

(7) 用户可自由探索和操作。用户在三维虚拟环境中，除了可作三维空间探索行走外，还可以进行地学数据查询、空间分析、模型计算与模拟等。

2. 分布式地学虚拟环境的发展背景

作为一个新的发展方向，分布式地学虚拟环境的形成发展背景是复杂的。下面我们将从在线社群社会，网上三维图形、CAD和可视化以及虚拟地理信息系统三方面探讨其发展背景。

(1) 在线虚拟社群。在因特网的虚拟界中，存在大量的实时在线交谈社群。这些虚拟社群在开始形成时，一般是以文本方式进行信息交流的，而社群成员身份仅是用一个名字(匿名)表达。但随着社群的发展，这种社会交往方式，因为交流渠道单一(仅用文字符号)，缺乏变化多样的交流内容和事件，与现实界的拥有三维地方、三维地理场景、丰富身份特征(声音、三维身体形态、表情、动作等)等形式的社群/社会生活相比，有较大的差距和局限性。为了突破上述局限，结合网络语言工具如Java、虚拟现实构模语言VRML等的发展，以文本交流方式存在的在线虚拟社群也逐渐采用三维图形和文本相结合的方式进行社会交往。这时，虚拟社群就发展成为在线三维虚拟环境，该虚拟环境中，三维虚拟世界一般模拟现实界的某一个地方，或者是凭想象创建一个现实不存在的三维场景，而社群成员的身份以名字和三维化身表达。这样，如果在线三维虚拟环境的三维虚拟世界是模拟某一地学现象或过程、用于地学三维或多维数据的发布和分析，那么，该虚拟环境就可称为分布式地学虚拟环境。所以，分布式地学虚拟环境从信息传播、社会学方面看，与在线虚拟社群(社区)的发展是密切相关并相互影响的。

(2) 网上三维图形、CAD和科学计算可视化。网络信息世界的快速发展与超文本语言HTML以及万维网浏览器如Netscape和Internet Explorer等的应用是分不开的。但HTML

并不处理三维图形世界,为了能在万维网上显示三维数据,描述三维世界,基于三维图形构模语言 Open Inventor 的场景描述格式,计算机专家设计了虚拟现实构模语言 VRML。最初的 VRML1.0 只能描述静态的三维世界,而 VRML2.0 与 VRML1.0 相比有较大的改变,并能描述动态的三维世界。在 1997 年,VRML97 成为描述基于万维网三维动态世界的国际工业标准,自此,VRML 的应用及其各种浏览器的开发得到了很大的发展,各种网上三维世界如三维赛博城市、三维虚拟校园等也相继出现。另外,与 VRML 世界的交互,可以应用 Java Script 或 VRML EAL(External Authoring Interface)来实现,这样为网上建立基于 VRML 和 Java 的可交互三维虚拟环境提供了可能。显然,VRML 可用于描述三维及多维的地学现象或过程,Java 语言可用于建立用户之间的相互通信以及用户与 VRML 地学世界的交互,从而可以开发基于万维网的三维地学虚拟环境。

在 CAD 设计和科学计算可视化研究领域,初期基于单机或本地的 CAD 系统或可视化系统,也逐渐发展为基于因特网和万维网的分布式 CAD 设计环境或可视化环境。如果这些环境可进行多用户远距离合作研究地学问题,那么,就可认为是一个分布式的三维地学虚拟环境。如 Tecoplan 公司和 Blaxxun 公司合作开发的分布式 CAD 虚拟设计环境——DMU Conference(Tecoplan,2000)。DMU Conference 可以让来自不同地方的设计人员虚拟地相聚,一起讨论与解决有关设计的问题。又如,加利福尼亚大学计算机科学系研制的基于网络的合作三维可视化环境 Cspray 界面(Pang,2000),在该环境中,处在不同地方的用户(Alper and Tom)可进行计算可视化的分布式合作研究。

(3)虚拟地理信息系统。地理信息系统是关于地学数据处理、管理、显示、查询和分析的计算机系统,它的数据模型和图形显示因为仅考虑零维、一维和二维的地学信息,一般称为二维地理信息系统(2D-GIS)。在二维 GIS 中,一般有一个三维可视化模块,主要用于数字高程模型的三维可视化表达与分析,但它在整个 GIS 系统中并不具有特别或中心的位置。

虚拟现实系统是一个真正的三维系统,用户可多感觉地(视觉、听觉、触觉等)与计算机生成的三维空间进行交互。地理信息系统和虚拟现实系统集成试验可以追溯到 20 世纪 70 年代,但从正式发表的文献看,Faust 和 Koller 等在 20 世纪 90 年代初期比较成功地进行了地理信息系统和虚拟现实系统的集成试验,并提出虚拟地理信息系统概念(Virtual GIS)。Koller 等开发可用于军事演习的虚拟地理信息系统。用户在该虚拟地理信息系统中除了在空间行走运动外,还可以查询有关场景中的物体和目标信息。

虚拟地理信息系统是把原先在二维地理信息系统中只占一般地位的三维可视化模块提高到了整个系统的核心地位,把用户与地学数据的三维视觉、听觉等多感觉实时交互作为系统的存在基础。由于把观察者(用户)加入到了地理信息系统中,使之成为一个参与者,并以参与者作为系统设计的重心,从而需要相应地改变数据模型设计、数据图形符号表达呈现方式等。如原先的森林,在二维地理信息系统中只用绿色表示;但在虚拟地理信息系统中,需要用许多真实的三维树表达;又如与三维地学数据的动态实时交互,则要求特殊的三维数据结构,以及考虑与用户距离远近、速度快慢等行为状态有关的动态处理算法等。

但是,随着因特网的发展和虚拟现实构模语言 VRML 的广泛应用,虚拟地理信息系统又被理解为因特网地理信息系统(Internet GIS)/分布式地理信息系统(Distributed GIS)与虚拟现实构模语言技术的综合应用和融合集成。我们把这种定义的虚拟地理信息系统称为基于因特网的虚拟地理信息系统,而前面地理信息系统与虚拟现实技术结合的虚拟地理信息系统可被称为投入式的虚拟地理信息系统。因特网地理信息系统是传统单机地理信息系统的发展,是在因特网环境下实现地学数据的发布和应用分析,但它仅处理和显示二维地学信息。虚拟现实构模语言是基于万维网的三维世界建模工具,因特网地理信息系统与它结合以后就能建立基于因特网的虚拟地理信息系统。但从目前的研究和理解看,基于因特网的虚拟地理信息系统与投入式虚拟地理信息系统有些差别,它并不把基于虚拟现实构模语言的三维世界及用户与它的交互作为核心,同时用户(观察者/参与者)在系统中的地位并不突出。

如果把用户及其相互交流提高到系统的显要位置,把基于虚拟现实构模语言的三维世界及用户与它的实时动态交互作为系统存在的基础,那么基于因特网的虚拟地理信息系统,就可发展成为分布式地学虚拟环境。

四、虚拟现实系统的组成

地学可视化系统要提供一个交互的多媒体环境,以充分调动用户的感受功能,这种交互的多媒体环境是在系统的用户界面中与用户直接进行信息交流的。在地学可视化系统中往往将可视化模块提高到整个信息系统的主导地位。在信息获取的过程中,人们主要是通过视觉感受功能来接受地学空间信息,然后在思维中加上心理因素形成关于所接受信息的"心像地图",而听觉和触觉等其他感受功能则起到一定的辅助作用。

目前三维可视化用户感受逐渐追求以虚拟现实和增强现实为代表的 3"I"特性,包括:沉浸感(Immersion)、交互性(Interactivity)和构想性(Imagination)。

虚拟现实技术综合图形、图像、声音、手势、语音等要素,试图给计算机使用者创造一种全新的感官体验,使其具有置身于真实世界的感觉。

"虚拟环境是使人们具有沉浸感的由计算机生成的、交互的、三维的环境"。

1. 主要特点

(1)沉浸感。如同置身于真实环境中:三维、立体、多通道。
(2)高交互性。可采取现实生活中习以为常的方式来操纵虚拟环境中的物体。
(3)实时性。依视点位置和视线方向实时地改变画面,并实时产生听觉、触觉/力觉响应。

2. 典型虚拟现实系统的组成

典型虚拟现实系统由计算机系统、用户、虚拟环境人机界面组成(图 2-23、图 2-24)。

五、立体视觉的生成与获取

1. 产生沉浸感的至关重要的因素

(1)立体图像与观察者视点和视线方向一致。
(2)实时生成。人类立体视觉的产生示意图,如图 2-25 所示。

图 2-23 基于 HMD(Head Mount Display,头戴式显示器)的虚拟现实系统的构成

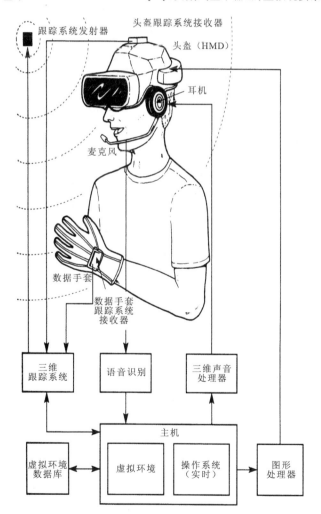

图 2-24 基于 HMD 虚拟现实系统的原理

2. 立体图像生成的照相机模型(对称透视投影成像相机模型)要素

主要有:位置和方向(图 2-26)、宽高比和视角(图 2-27)、近裁剪平面距离与远裁剪平面距离(图 2-28)、焦距(图 2-29)、左右眼视差(Parallax)(图 2-30)。

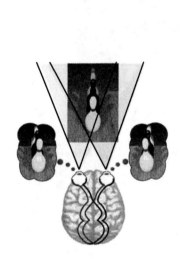

图 2-25 立体视觉产生示意图

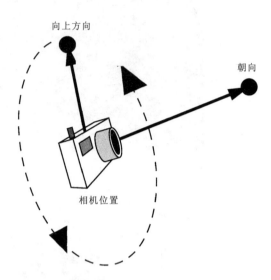

图 2-26 立体图像生成的照相机模型位置和方向

为生成立体图像,计算机必须针对同一场景生成两幅不同的图像,分别按照观察者左、右眼的位置实时绘制,通过左、右眼图像的差别来产生立体感。

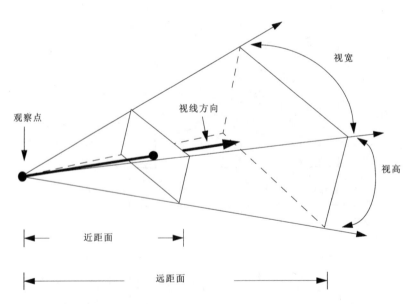

图 2-27 立体图像生成的照相机模型宽高比和视角

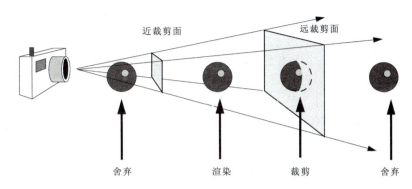

图 2-28　近裁剪平面距离与远裁剪平面距离

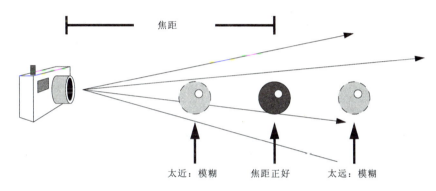

图 2-29　立体图像生成的照相机模型焦距

六、3D 显示技术及原理

在不同的发展时期,根据不同的应用,不同的公司开发了不同的 3D 显示技术;从观看形式上来区分,有的需要戴立体眼镜,有的不需要戴立体眼镜,立体眼镜也有主动式与被动式之分;总体来说,戴立体眼镜观看技术发展比较成熟,设计和制造难度、制造成本较低,3D 效果好;而裸眼观看的技术还处于起步阶段,制造难度高,成本高,而观看的效果不尽如人意,尤其是观看的角度有限制,清晰度差,3D 效果也不好(表 2-3)。

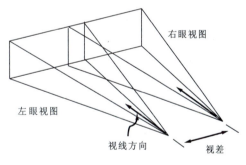

图 2-30　左、右眼视差

1. 主动快门式(时分式)原理介绍

主动快门式具有以下特点。
(1)显示原理相对简单,系统的实现复杂度低。
(2)画质优异,能实现双眼 1080P 的高清显示,将影院级的 3D 影像带入家庭。

(3)成本低,由 2D 升级到 3D 的主要工作集中在驱动电路的升级以及有限的额外眼镜成本。

表 2-3 现有 3D 显示方式对比

观看方式	采用技术		应用方式	成熟度	优缺点
眼镜式	主动快门式		时分式	3D 电视	★★★★	优点:3D 成像质量最好(Full HD)
	被动式	光分式	3D 影院	★★★★	优点:成像质量较好 缺点:造价高
		波分式	3D 影院	★★★★	优点:成像质量较好
		色分式	初级 3D 影院和电视	★★★	优点:造价低廉 缺点:3D 效果差,色彩丢失严重
裸眼式	光栅式		3D 电视机和显示器	★★	优点:不需要戴眼镜 缺点:3D 效果差难以实现大屏幕
	柱状透镜式		3D 电视机和显示器	★★	
	全息照相			★	优点:从各个角度观看皆可 缺点:不成熟

由于主动快门式 3D 显示的上述特点,当前主流的 3D 电视厂家纷纷采用这种技术,如 Panasonic、Sony、Samsung 等;另外也有 3D 影院系统采用这种技术,如 XPAND。美中不足的是,这种技术要求观众戴眼镜,稍有不便。

2. 光分式原理介绍

"光分式"也被称为"偏振式"。顾名思义,该技术利用了偏振光的特点。

我们知道,光波是一种横波(振动方向垂直于传播方向,如图 2-31 所示),是由与传播方向垂直的电场和磁场交替转换的振动形成的。我们通常将其电场的振动方向称为光波的振动

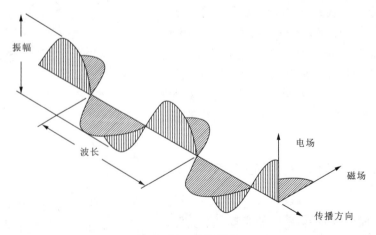

图 2-31 光波特点

方向,自然光在各个方向上的振动是均匀的,如图2-32所示,因而被称为非偏振光。如果一束光在任意一个特定的时刻只在一个特定的方向上振动,则这束光就是偏振光。

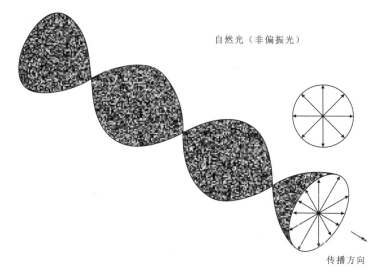

图2-32 自然光

偏振光可以通过偏振镜获得,偏振镜就是一个栅栏,其具有振动方向。当一束自然光通过偏振镜时,偏振镜只会让这一束自然光中与其振动方向一致的那部分通过,而其他不一致的部分都会被过滤掉。当一束偏振光经过偏振镜时,如果这束偏振光的振动方向与偏振镜的振动方向一致,这束偏振光则全部通过;反之,如果这束偏振光的振动方向与偏振镜的方向不一致,这束偏振光则全部被过滤掉。光分式系统正是利用了这一原理。

当系统进行显示时,将左、右图像同时显示在屏幕上。不过左、右两幅图像在显示在屏幕上之前会经过不同偏振镜的过滤,左图像用垂直方向的偏振镜进行过滤,成为在垂直方向上振动的偏振光,而右图像则采用水平方向的偏振镜进行过滤,成为在水平方向上震动的偏振光。与之相对应的是,观众所戴的偏振眼镜的左镜片的震动方向为垂直方向,右镜片的振动方向为水平方向。这样就能保证左图像最终被观众的左眼看到,而右图像被观众的右眼看到,两幅图像经过大脑的合成最终形成一幅具有三维立体感的3D图像。

偏振光具体上分为线性偏振光与圆偏振光两种。在任意一个特定时刻,线偏振光和圆偏振光都只在一个特定方向上振动。而随着时间的变化,线偏振光保持振动方向不变,而圆偏振光的振动方向在垂直于光线传播方向的平面上旋转。旋转方向又分为左旋和右旋。

早期的光分式3D系统多采用线性偏振光,而采用线性偏振光最大的缺点是观众观看姿势必须尽量保持不变。如果观众歪头或侧身,眼睛的偏振方向会变得与光线的偏振方向不一致,3D效果会变差,甚至导致观看者头晕、头痛。

而圆偏振光的引入则比较有效地改善了线偏振光的缺点。圆偏振光系统与线偏振光系统的组成结构没有任何区别,只是将垂直偏振镜与水平偏振镜替换为左旋偏振镜与右旋偏振镜。

光分式的3D成像效果较好,造价相对较低;尤其是相对于主动快门式,眼镜的成本更低,眼镜的重量也要轻很多。该技术现阶段主要被各种3D影院系统所采用,如RealD、IMAX等。

也有部分电视机厂商采用这种方式,如现代公司。但是在电视上实现这种技术对工艺要求较高,成本也会增加数百美元不等,而清晰度只能达到 Full HD 的一半。

光分式最大的问题在于没有完美的偏振镜,也无法过滤出完美的偏振光。因而观众所戴的偏振眼镜无法对左、右图像进行完美分离,因而导致总有一部分左图像的光线进入右眼,而一部分右图像的光线进入左眼。虽然从比例上讲很少,但足以导致 3D 效果下降以及导致一部分观众在观看过程中的不适,如头晕、头痛。

3. 波分式原理介绍

光是人眼所能观察到的波长介于 0.38～0.76nm 之间的电磁波。光波从人眼能感觉的颜色又分为红、绿、蓝等各种颜色,每种颜色的光波长并不是一个特定值,而是介于一个范围之间,如:红光波长介于 0.63～0.76nm 之间,紫色光波长介于 0.38～0.46nm 之间。波分式 3D 系统正式利用了上述光波波长的特性,如图 2-33 所示。

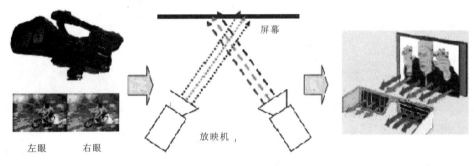

图 2-33 波分式系统示意图

波分式系统的组成与光分式非常类似。节目的拍摄并无不同,只是当在设备上进行显示时,利用了光波波长特性。在光分式(偏振光)系统中,利用偏振光实现左图像与右图像的分离;左图像与右图像采用不同偏振方向的偏振光;而在波分式系统中,利用不同波长的光波进行分离:左图像采用某特定波长的红光、绿光和蓝光;右图像采用不同于左图像的某特定波长的红光、绿光和蓝光。

而观众所戴眼镜的左、右镜片都涂有不同的多个涂层。左镜片的涂层只允许左图像所采用的特定波长的红光、绿光和蓝光通过;而右镜片的涂层恰恰相反,只允许右图像所采用的特定波长的红光、绿光和蓝光通过,从而达到对左、右图像进行分离的目的;左眼只能看到左图像,右眼只能看到右图像。左、右两幅图像经过大脑的合成,最终呈现出一帧立体图像。

波分式的 3D 成像效果较好(与偏振式相当),现阶段主要被 Dolby 公司的 3D 影院系统所采用。系统的造价也较低,只需要普通的白屏幕就可以进行 3D 电影的放映(相比起来,偏振光式则需要金属屏幕,造价相对较高),眼镜造价也较低,戴起来也比较轻便。该系统的主要难度在于眼镜不同波长滤光涂层的开发,该技术掌握在 Dolby 公司的手中。而且这种技术现阶段还无法用于 3D 电视系统,只用于 3D 影院系统。

4. 色分式原理介绍

色分式俗称红蓝眼镜式,最突出的特点是观看时所戴的眼镜由两片不同颜色的镜片组成,通常一片为红色,另一片为蓝色或者绿色。与前面介绍的几种 3D 显示技术相比是一种比较古老的技术,早在 1915 年就被发明并进行了商业应用。这种技术也是最早普及的一种 3D 显示技术。若干年前在游乐场看到的 3D 动画,几乎都是采用这种技术实现的。

我们知道红色、绿色和蓝色被称为三原色,自然界中的任何颜色都可以由这三种颜色合成,而这三种颜色本身是互斥的,没有任何的交集。色分式 3D 系统正是利用了三原色互斥的特性,如图 2-34 所示。

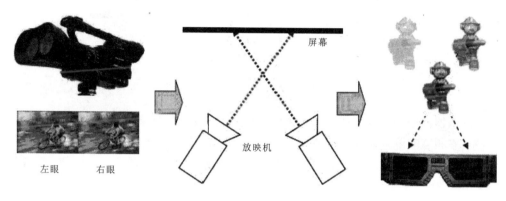

图 2-34 色分式系统示意图

内容的拍摄部分没有任何区别,只是在后期制作、播放过程中,左图像只保留三原色中的一种颜色,而右图像只保留三原色中的另一种颜色。而观众戴的色分眼镜也是由这两种颜色的镜片组成。通过色分眼镜对左、右图像进行分离,保证左眼看到左图像,右眼看到右图像。左、右两幅图像经过大脑的合成,最终呈现出一帧立体图像。

色分式由于采用了互斥的三原色,因此左、右两帧图像即使冲印到同一张底片上,在放映时也可以利用色分眼镜进行完美的分离。正是具有这个特性,现有的显示设备,如电视机、显示器、投影仪等,在不进行升级的情况下就可以进行这种 3D 影像的显示。同时,色分式 3D 系统的造价很低廉。

然而,色分式 3D 系统最大的缺陷在于其只采用了三原色中的两种,另一种被丢弃了。因此,在实际显示中偏色非常严重,显示效果大打折扣。正是由于这个缺陷,导致色分式 3D 系统趋于淘汰。

5. 光栅式原理介绍

以上介绍的各种 3D 技术在观看时都需要戴眼镜,无论是主动快门眼镜、振光眼镜、波分涂层眼镜还是红绿色或红蓝色分眼镜。而光栅式与之最大的区别在于:观看光栅式 3D 显示系统时不需要戴眼镜,裸眼就可以观看 3D 影像。正是由于这个特点,光栅式 3D 技术引起了很多厂商的重视,技术和应用上也得到了很大的发展。

在具体的实现细节上,光栅式又细分为狭缝光栅式与柱状透镜式,如图 2-35 所示。狭缝

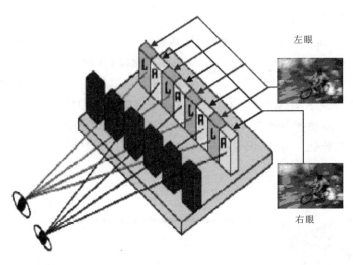

图 2-35 光栅式示意图

光栅式的显示器件被划分为一些竖条,一部分竖条用于显示左图像,而另一部分竖条用于显示右图像,左、右相互间隔。而在显示器件的前方有一些柱状的狭缝光栅。这些光栅的作用在于能够允许左眼看到左图像,阻挡右眼看到左图像,同时光栅允许右眼看到右图像,阻挡左眼看到右图像。

柱状透镜式与狭缝光栅式的区别在于将显示器件前的狭缝光栅替换为柱面透镜,如图2-36所示。显示器件同样被划分为竖条,一部分竖条用于显示左图像,而另一部分竖条用于显示右图像,左、右相互间隔。利用显示器件前面的柱面透镜的折射作用,左图像的光线射向左眼位置,而右图像的光线射向右眼位置。左、右两幅图像经过大脑的合成,最终呈现出一帧立体图像。

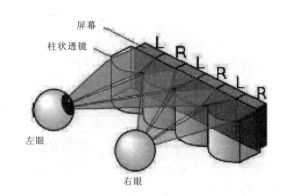

图 2-36 柱状透镜式

光栅式的优点很明显:观看者不需要戴眼镜。而其缺点跟优点一样明显:①观看者只能站在几个固定的角度才能出现立体效果;②现阶段的清晰度也非常低;③工艺难度与成本都很高,尤其难以在大屏幕上实现;④无法与2D兼容。由于以上特点,光栅式3D技术主要被一些电视机厂家用来研发、生产用于广告牌等展示用途的设备。

6. 全息照相式原理介绍

全息照相相对于传统的摄影技术来说是一种革命性的发明。光作为一种电磁波有三个属性:颜色(即波长)、亮度(即振幅)和相位,传统的照相技术只记录了物体反射光的颜色与亮度信息,而全息照相则把光的颜色、亮度和相位三个属性全部记录下来了,如图2-37所示。

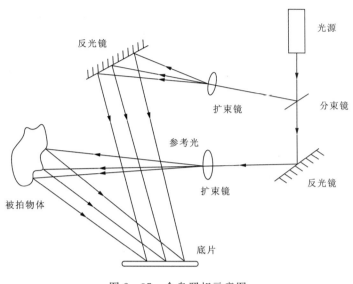

图 2-37 全息照相示意图

全息摄影采用激光作为照明光源,并将光源发出的光波分为两束,一束直接射向感光片,另一束经被摄物的反射后再射向感光片。两束光在感光片上叠加产生干涉,感光底片上各点的感光程度不仅随着强度变化也随着两束光的位相关系而变化。所以全息摄影不仅记录了物体上的反光强度,也记录了位相信息。

人眼直接去看这种感光的底片,只能看到像指纹一样的干涉条纹,但如果用激光去照射它,人眼透过底片就能看到与原来被拍摄物体完全相同的三维立体像,如图 2-38 所示。一张全息摄影图片即使只剩下很小的一部分,依然可以重现全部景物。

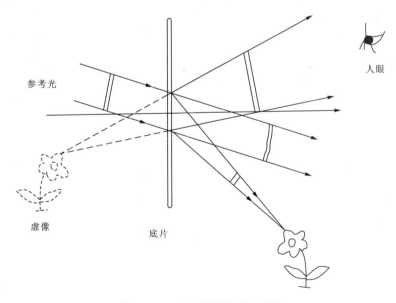

图 2-38 全息影像再现示意图

全息照相在理论上是一种很完美的 3D 技术,从不同角度观看,观看者会得到角度不同的 3D 图像。而上述的 3D 显示技术都无法做到这一点。全息照相可应用于无损工业探伤、超声全息、全息显微镜、全息摄影存储器、全息电影和电视。但是由于技术的复杂度,全息照相在上述领域还没有得到商业应用。

七、虚拟现实交互设备

WIMP(Windows、Icons、Menus、Pointing Devices)交互方式已不再适用,用户将通过一系列新的交互手段与虚拟世界中的物体进行直接的、三维的交互。主要交互设备有三维鼠标、WAND、数据手套、麦克风等。

1. 三维定位跟踪设备

(1)用于跟踪用户当前方位的传感器。
(2)大多数具有 6 自由度(6-DOF),位置和方向各 3 自由度。
(3)戴于用户身体的某些部位,可对相应部位进行跟踪。
(4)一般采用电磁技术、超声技术、光学技术,也有基于惯性的和纯机械方式的。

2. 数据手套(图 2-39)

(1)附有传感器,分布在手掌和手指的关节处以获取用户手形的准确信息。
(2)传感有电磁式、机械式或光学式。
(3)传感器捕获的数据被转换成关节角度数据,用于控制虚拟手的运动。

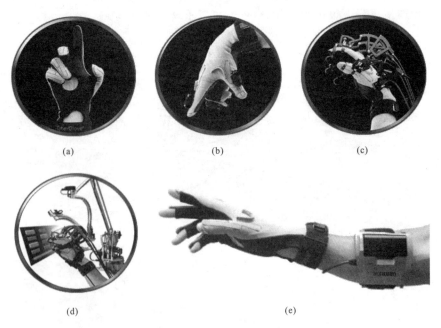

图 2-39　各种数据手套

八、虚拟现实系统的分类

各种 VR 系统的主要不同之处在于系统与用户之间的界面。基于系统与用户界面划分为以下类型。

1. 桌面型 VR 系统

采用计算机屏幕作为立体显示载体,辅以一定的声音输出设备、三维交互设备和立体眼镜等。是传统计算机图形学的自然扩展,具有较高的性价比,但沉浸感略差。

2. 头盔型 VR 系统

利用 HMD 等设备把用户的视觉、听觉对外界封闭起来,用户完全投入到虚拟环境中,能提供好的沉浸感,阻断了人与人之间的交流。

3. 基于投影显示的 VR 系统

利用大规模投影显示设备让用户完全或部分融入虚拟环境,有沉浸式和半沉浸式两种。沉浸式的典型代表:CAVE。由美国 Illonis 大学 EVL 实验室首创,由 3~6 个投影屏幕组成正方体形状,计算机系统产生立体图像,经投影仪分别投射到对应的屏幕上,用户戴着立体眼镜站于 CAVE 的内部,立体眼镜上附有 6-DOF 跟踪设备对用户头部运动进行实时跟踪,同时配备声音系统,如图 2-40 所示。

图 2-40 CAVE 系统

半沉浸式的典型代表:Workbench,如图 2-41 所示。

图 2-41　卫星虚拟装配

4. 遥在系统

"遥在"技术是一种新兴的综合利用计算机、三维成像、电子、全息、现实等,把远处的现实环境移动到近前并对这种移近环境进行干预的技术。它可以使人们进入一个奇妙而又有现实感和立体感的三维世界之中,到达一个"不是真境、胜似真境"的境界之中。

整个"遥在"工作系统是由计算机以及软件系统、显示系统、音响系统、力产生系统和目标定位系统等组成。其中计算机和软件系统以及和它配套的庞大数据库,主要是根据人的动作控制输出信号;显示系统的作用是提供视觉信息;音响系统主要是录、放音设备,能够给观察者提供听觉信号;力产生系统是为人们提供触觉信号的装置;目标定位系统是由磁场、压力、光纤、超声等各种传感器组成,可以用来跟踪人体各个部位的运动,并把运动信号传送给计算机。有了这样一整套装置,移动环境才能够随着观察者的动作而发生变化。目前它大都采用头盔显示屏,由小型液晶显示屏和光学聚焦系统组成。

光学系统可以提供水平视角为 100°的视场,显示屏可以分为左、右两个部分,分别供左、右眼观看,两个屏上的影像有视角上的差异,可以使人们在视野内产生立体感。此外,对目标定位系统的各种传感器的要求也越来越高,接收和传递信号的速度必须很快,以保证相当于人体动作的各种变化不会产生延迟。

美国空军飞行人员就是通过一种特制的电子眼的上下左右移动,来模仿出飞行员的各种视野。显示系统合成图像分析组件,由计算机控制的摄像机代替人的视网膜,工作时,经过各种部位的紧密配合,就会在焦平面上形成一幅包括视野内各个部位的实像。驾驶员可以及时看到飞行中的各种情况,迅速做出判断,采取积极措施掌握飞行的主动权。

人们利用"遥在"技术可以控制远处机器人的动作,对其进行远距离操纵。当机器人在执行拆卸原子锅炉等各种危险、复杂的任务时,操作人员在远离现场的操作室里就可以进行指挥。某电信企业正计划推出一种利用这种技术的可控电话,使会话者彼此之间就像面对面地进行谈话,如图 2-42 所示。美国宇航局还准备利用它使宇航员在飞船中控制机器人对火星进行考察。

图 2-42　远程电话会议系统

九、增强现实技术

增强现实技术(Augmented Reality Technique,简称 AR 技术),也被称为扩增现实。定义:把原本在现实世界的一定时间、空间范围内很难体验到的实体信息(视觉信息、声音、味道、触觉等),通过科学技术模拟仿真后再叠加到现实世界被人类感官所感知,从而达到超越现实的感官体验。

增强现实是一种同时包括虚拟世界和真实世界之要素的环境。它的出现与下述科技进步密切相关。

(1)计算机图形图像技术。增强现实的用户可以戴上透明的护目镜,透过它看到整个世界,连同计算机生成而投射到这一世界表面的图像,从而使物理世界的景象超出用户的日常经验之外。这种增强的信息可以是在真实环境中与之共存的虚拟物体,也可以是实际存在的物体的非几何信息。

(2)空间定位技术。为了改善效果,增强现实所投射的图像必须在空间定位上与用户相关。当用户转动或移动头部时,视野变动,计算机产生的增强信息随之做相应的变化。这是依靠三维环境注册系统实现的。这种系统实时检测用户头部位置和视线方向,为计算机提供添加虚拟信息在投影平面中映射位置的依据,并将这些信息实时显示在荧光屏的正确位置。

(3)人文智能(Humanistic Intelligence)。人文智能以将处理设备和人的身心能力结合起来为特点。它并非仿真人的智能,而是试图发挥传感器、可穿戴计算机等技术的优势,使人们能够捕获自己的日常经历,记忆所见所闻,并与他人进行更有效的交流。在这一意义上,它是人的身心的扩展。作为智能,它基于用户在计算过程中的反馈,并不要求有意识的思考与努力。

目前,国外从事增强现实研究的高校有美国的哥伦比亚大学、麻省理工学院、北卡罗来纳大学、华盛顿大学,英国的剑桥大学,日本的东京大学、庆应大学,澳大利亚的南澳大学等;企业有德国的西门子公司、美国的施乐公司、日本的索尼公司等。国内的北京理工大学、国防科技大学、西安石油学院、电子科技大学、华中科技大学、上海大学等亦已开展这方面的研究。

增强现实具有以下特点。

(1)虚实结合。它可以将显示器屏幕扩展到真实环境,使计算机窗口与图标叠映于现实对象,由眼睛凝视或手势指点进行操作;让三维物体在用户的全景视野中根据当前任务或需要交互地改变其形状和外观;对于现实目标通过叠加虚拟景象产生类似于X光透视的增强效果;将地图信息直接插入现实景观以引导驾驶员的行为;通过虚拟窗口调看室外景象,使墙壁仿佛变得透明。

(2)实时交互。它使交互从精确的位置扩展到整个环境,从简单的人面对屏幕交流发展到将自己融合于周围的空间与对象中。运用信息系统不再是自觉而有意的独立行动,而是和人们的当前活动自然而然地成为一体。交互性系统不再具备明确的位置,而是扩展到整个环境。

(3)三维注册。即根据用户在三维空间的运动调整计算机产生的增强信息。

增强现实可根据所应用的范围分为户内型与户外型。

户内型增强现实从广义上说,包括各种将数据层覆盖于建筑物内部物理空间的实践,为建筑师、壁画师、展览设计师和新媒体艺术家所关心。如德国建筑师丹尼尔·里伯斯金(Daniel Liberskind)在设计柏林犹太博物馆时,将显示二次大战前该馆现址附近犹太人居住点的地图投射到建筑表面上,使数据空间物质化,变成重新塑造物理空间的力量。又如,加拿大艺术家加迪夫(Janet Cardiff)引导观众在物理空间中遵循她由便携式CD播放器或摄像机所传达的指令(如"下楼梯""看窗口"等)而行动,变成她所设计的故事的参与者。在这一过程中,观众所处的物理空间被信息空间所增强,具备了平常所没有、为故事所赋予的含义。这一作品以"音响散步"(Audio Walk)著称。

相对而言,狭义的户内型增强现实是在计算机技术支持下发展起来的。它允许用户在现实环境中与虚拟物体交互,如韩国开发的增强现实游戏ARPushPush运用追踪器检测用户的运动,并通过头盔显示器为用户提供包含了虚拟景观的视野。北京理工大学开发的增强现实海底漫游系统让用户得以使用交互体验设备和虚拟场景中的海洋生物互动、嬉戏。

户外型增强现实运用GPS与定位传感器,以穿戴式或者背包式计算机系统将增强现实带到户外。如目前已知的谷歌眼镜传感器包括MPL陀螺仪、MPL加速计、MPL磁场感应、MPL定向、MPL旋转矢量、MPL线性加速、MPL重力、LTR-506ALS光感应器、旋转矢量感应器、重力感应器、线性加速计、定向感应器与陀螺仪等。目前的谷歌眼镜具有以下功能:①获得通知及提醒;②查看天气;③语音输入;④交通信息;⑤地图服务;⑥导航时自动转向;⑦查看兴趣点;⑧拍照;⑨视频通话;⑩玩游戏等。

哥伦比亚大学开发的移动增强现实系统(Mobile Augmented Reality Systems, MARS, 1996)是早期例证。它运用了三维显示系统、移动计算、无线网络等技术。其后出现的系统有南澳大学可穿戴计算机实验室开发的 Id Software 公司《地震》游戏的增强现实版 ARQuake (2000)等。ARQuake 提供了第一人称射手,允许用户在现实世界中四处走动,同时在计算机生成的世界中玩游戏。它使用了 GPS、定向传感器、肩背电脑等设备。奥地利格拉兹技术大学、维也纳技术大学等也在开发户外型增强现实系统。

正如巴黎大学麦凯(Wendy E Mackay, 1993)《增强现实:连接现实世界与虚拟世界。与计算机交互的新模式》一文所指出的,增强现实让人们能以普通方式运用自己所熟悉的日常对象,而不是键盘输入、凝神屏幕。区别是这些对象也提供通向计算机网络的链接。医生可以观察添加的医药图像,儿童可以为乐高(LEGO)玩具编程,建筑工程师可以运用普通的纸面工程画和远方同事交流。不是让人们沉浸在人工创造的虚拟世界中,而是通过丰富的数码信息与交流能力来增强物理世界中的对象。在艺术与娱乐领域,增强现实大有用武之地。如它可以用来建造主题公园,开发准全息虚拟屏幕、虚拟环绕电影和各种虚实结合的娱乐项目,让计算机生成的全息形象与实况娱乐者及观众互动;为人们的生活空间添加虚拟挂钟、虚拟装饰之类的新产品;开发作为参与性新媒体平台的地面互动投影、让玩家犹如置身于游戏世界的新型娱乐手柄;为各种人文景观添加相应的标签或作为注解的文本,丰富旅游观光的知识性、趣味性,等等。如哥伦比亚大学开发的移动增强现实系统(MARS)为校园景观提供附加的多媒体信息,以便人们了解它们的历史。西班牙马德里 Interactivos 工作室开发的增强现实魔术系统(AR Magic System)可让用户与其身边的人交换头部影像,让自己的脑袋仿佛长在另一个人的肩膀上,同时也获得了新的面孔。Sony 公司 PS3 游戏《审判之眼》(Eye of Judgement)利用增强现实技术在玩家身边的真实环境中逼真地渲染出 3D 怪兽等游戏角色。北京理工大学王涌天教授致力于通过增强现实技术完成对圆明园的虚拟重建,让在园中散步时戴上特殊三维眼镜的用户可以观览当年皇家园林原貌。在该校光电信息技术与颜色工程研究所等科研单位的协作下,中国军事博物馆利用增强现实技术以红四方面军一个真实故事为原型再现《雪山忠魂》这一感人场面,让观众感受长征的震撼。它的艺术价值是不可低估的。此外,增强现实技术已经被用于医疗、军事、工业、通信等多种领域。它可以通过图像传导使原先不可见的对象视觉化,让医生用图像引导手术(美国麻省理工学院、新加坡南洋理工大学都致力于开发帮助外科医生观察病人体内情况的增强现实系统);可以研发和物理环境良好匹配、能由用户合作修改的交互性三维地图,供军队使用;可以为施工现场提供与特定地点相联系、包含了工程信息与指令的虚拟图景,供工人参考,等等。如图 2-43 所示,通过与增强现实技术的结合,传统的平面出版物将进入全新的互动多媒体时代,想象一下,读者们面对的不再是枯燥的文字与图片,一个个逼真、生动的三维立体形象,在光影、音效的衬托下活灵活现地展示在眼前,我们将能够真正体验到交互阅读的乐趣。

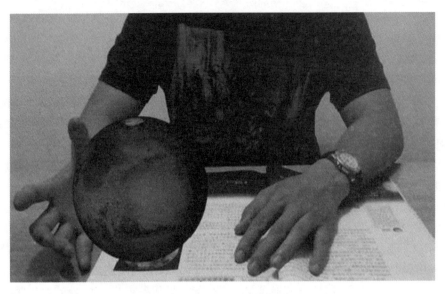

图 2-43　将增强现实技术应用到平面阅读中

思 考 题

1. 为什么要展开地学可视化的理论研究？
2. 如何展开地学可视化的理论探讨与研究？目前可以借鉴哪些方面的理论研究成果？
3. 知识发现与数据挖掘的联系和区别？
4. 虚拟现实系统的分类有哪些？各有什么侧重点？

第三章 地学信息的数据模型

地学现象在其发生、发展过程中不断向外界传递着自身的信息,地学现象及变化是通过地学信息来体现的。在地学三维可视化中研究地学信息就是先要建立表征信息的数据模型,即先进行数据建模,然后才能应用模型进行可视化模拟计算和分析,从而揭示信息的实质和规律。地学信息的数据模型可分为空间数据模型和属性数据模型,因此,应该分别研究空间数据模型和属性数据模型的特点以及建模方法。

第一节 地学信息的空间数据模型

三维地学信息系统中,空间数据模型是实现空间数据可视化显示与分析的基础和前提条件。空间数据模型是地学信息可视化技术中研究的关键内容,数字模型的表达方式及其精度直接影响到地学对象的可视化效果以及应用效果。

一、空间数据模型基础

1. 空间数据模型

地学对象建模的核心技术是关于空间地质对象的三维表示方法,空间数据模型(Spatial Data Model,SDM)是对地下或地表物体在虚拟场景中的具体表达,是对物体的空间几何形状、空间位置、空间相互关联关系以及颜色、纹理等属性信息的表达与模拟,模型的准确描述为后续的设计与应用提供了重要的基础平台。

对数据模型的研究已成为地学对象建模技术的热点和难点问题。Simon 等依据不同的采样方法把数据模型分为两类:测定体模型和对象模型。测定体模型中的每个空间点表示物体的属性,如密度、岩性和坡度等;对象模型包括岩芯、矿体等对象在研究区域的空间位置。大多数学者认为矢量和栅格是两个主要的数据结构,在解决地质问题时,每种方式都具有其优点和不足,有些算法对于栅格结构易于实现,而矢量环境却难以操作,反之也是如此,如计算多边形周长和面积的传统方法用栅格计算将暴露出弱点。戴上平等将三维 GIS 空间数据模型划分成基于镶嵌、基于矢量、混合型和分析型四种数据模型(戴上平、黄革新,1999)。毛善君(1998)提出了实用于煤矿的地理信息系统数据模型,包括全要素的结构化不规则三角网(TIN)与 GIS 一体化的数据模型以及网状模型。以离散光滑插值(Discrete Smooth Interpolation,DSI)技术为主要插值算法的 GOCAD(Geological Object Computer Aided Design,地质目标计算机辅助设计)软件主要建立两类模型:几何模型和属性模型。几何模型包括基本元素点、线、三角形以及四面体等网格模型；几何模型建立之后，属性可以附加在三维数据场的所有位置上形成属性模型，实现属性的统计分析等操作。

空间数据模型的内容主要体现在三个方面。

(1)几何模型：描述物体的空间几何形态展布，包括在欧氏空间中的形状、大小、位置等信息，由一系列三维顶点坐标组成。

(2)拓扑模型：表达物体之间的相互关系，包括体间的宏观拓扑关系和体内的微观拓扑关系，通过定义点、线、面或体之间的类系实现拓扑模型的表达。

(3)属性模型：反映物体的属性特征，如矿床内品位分布，储油构造中油、气、水及压力分布，富水性和质量级别等，通过将属性值分配给点、线、面或体，完成属性模型的建立。

2. 几何元素定义

在几何模型中，任何复杂形体都是由基本几何元素构造而成的。任何一个三维形体可由空间中的闭合曲面包围而成，每一个曲面可由一条或多条封闭曲线构成，而每一条曲线由一组有序的点确定，因此点、线、面和体是构成几何模型的基本元素。

1)点(Vertex)

点是几何建模中最基本的几何元素，任何几何形体都可以用有序的点集来表示。用计算机存储、管理、输出形体的实质就是对点集及其相互连接关系的处理。点分为端点、交点、切点和孤立点等。一维空间中点的坐标用一元组$\{t\}$表示；二维空间中点的坐标用二元组$\{x,y\}$或$\{x(t),y(t)\}$表示；三维空间中点的坐标用三元组$\{x,y,z\}$或$\{x(t),y(t),z(t)\}$表示。一般来说，n维空间中的点在齐次坐标下用$n+1$维表示。在正则形体定义中，不允许孤立点的存在。

在自由曲线和曲面的描述中常用到三种类型的点，即控制点、型值点和插值点。

控制点：又称为特征点，用于确定曲线和曲面的形状和位置，但相应曲线或曲面不一定经过控制点。

型值点：用于确定曲线和曲面的位置与形状，且相应曲线或曲面一定经过型值点。

插值点：为提高曲线和曲面的输出精度，或为修改曲线或曲面的形状，在型值点或控制点之间插入的一系列点。

2)线(段)(Segment)

线(段)是由一系列有序的点集组成，有方向性，可以是直线或曲线。曲线可用一系列控制点或型值点来描述，也可用显示、隐式或参数方程来描述。

仅有两个点的线段称为边，是两个邻面或多个邻面的交集。对于正则形体，一条边只能有两个相邻面；而对于非正则形体，一条边则可以有多个相邻面。线的起止点重合时，称其为环。环中的边不能相交，相邻两条边共享一个端点。环有内外、方向之分，确定面的最大外边界的环被称为外环，确定面中内孔或凸台边界的环被称为内环，外环各边按逆时针方向排列，内环各边按顺时针排列。因此，在面上沿一个环前进时，其左侧总是在面内，而右侧总是在面外。

3)面(Face)

面是形体表面的一部分，由一个外环和若干个内环(可以没有内环)界定其范围，内环完全在外环之内。面具有方向性，一般用外法矢量方向作为面的正向；反之，称为反向。该外法矢量方向通常由组成面外环的有向棱边按右手法则定义。在几何造型系统中，面通常分为平面、二次曲面、柱面和双三次参数曲面等形式。面的形状由面的几何信息来表示。平面可用平面方程来描述,曲面可用控制多边形或型值点来描述,也可用曲面方程(隐式、显式或参数形式)来描述。对于参数曲面,通常在其二维参数域上定义环,这样就可用一些二维的有向边来表示环,集合运算中对面的分割也可在二维参数域上进行。

4)体(Solid)

体是面的并集,是由有限个封闭的边界面围成的非零空间区域。为了保证几何造型的可靠性和可加工性,要求形体上任意一点足够小的邻域在拓扑上应是一个等价的封闭圈,即围绕该点的形体邻域在二维空间中可构成一个单连通域,满足这个条件的形体称为正则形体,否则为非正则形体。图3-1是几个非正则形体的例子,其中图3-1(a)的形体存在悬面;图3-1(b)的形体存在悬边;图3-1(c)形体的一条边同时属于四个面。

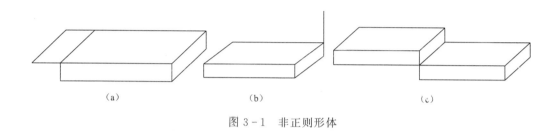

图 3-1 非正则形体

二、空间数据模型分类

由于地学环境的复杂性,比如地质体的不连续空间分布,岩石块内岩性变化较大和时间、地质过程的动态本质等,导致正确刻画地学现象的数据模型也异常复杂。

从网格单元之间的关联关系角度看,SDM 分为结构化网格(Structured Grid)和非结构化网格(Unstructured Grid)数据模型(表3-1)。结构化网格又分为规则和曲线网格,而非结构化网格又分为同构和异构网格。结构化网格中节点排列有序,邻点间的关系明确,则单元之间的关系是隐性的;而非结构化网格中节点位置无法用一个固定的法则有序定义,则单元之间的关系是显性的,即必须明确指出每个单元由哪些面片组成,每个面片由哪些边包围,每条边又有哪些顶点组成等拓扑信息。

表 3-1 网格分类

网格			
结构化网格		非结构化网格	
规则网格	曲线网格	同构网格	异构网格

结构化网格的最大优点是网格生成算法简单,网格生成的质量好,但是对于物体边界的表达比较粗糙。非结构化网格模型弥补了结构化网格不能解决任意形状和任意连通区域的网格剖分欠缺,理论上能够表达任意复杂的形体,但是自动网格剖分算法十分复杂,健壮性较差。

根据对物体的表达方式不同,空间数据模型可以分为线框表达模型(Wire-representation,

W – Rep),表面表达模型(Boundary – Representation,B – Rep),实体表达模型(Volumetric – Representation,V – Rep)以及混合表达模型(Hybrid – Representation,H – Rep)(表 3 – 2)。

表 3 – 2 空间数据模型分类

(武强,2011)

线框表达模型(W – Rep)	表面表达模型(B – Rep)				实体表达模型(V – Rep)				混合表达模型(H – Rep)
	结构化		无结构化		结构化		无结构化		
	规则	曲线	同构	异构	规则	曲线	同构	异构	
约束线(CL)	四边形(Grid)		三角网(TIN)		体索(Voxel)		四面体(HEN)	三棱柱(TP)	三角网-规则网(TIN – Grid)
	四叉树(Quadtree)		—		实体造型(Constructive Solid Geometry, CSG)		六面体(HEX)	金字塔(PN)	四面体-六面体(TEN – HEX)
	—		—		八叉树(Octree)		角点网格(Corner Point Grid)	垂直平分网格(PEBI)	四面体-八叉树(TEN – Octree)

线框表达模型(W – Rep)主要以约束线构成形体的框架,是二维图形向三维空间的延伸,但是不包含形体的表面信息和内部信息。

表面表达模型(又称边界表示法,B – Rep)以面片形成的曲面来描述形体的表面或边界信息,能够处理复杂表面的设计与加工,但是不描述形体的内部信息。表 3 – 2 给出了 B – Rep 表达法的分类情况及其典型模型,其中结构化曲线模型和无结构化异构模型由于算法和数据结构复杂,后续应用又缺乏相应的计算和设计方法,目前在地学模拟系统中并没有被广泛使用。

实体表达模型(又称体元表达法,V – Rep)主要是基于体元聚类或单元分解来表达形体的内部和外部信息,主要缺点是在表达复杂形体时数据量过大。表 3 – 2 给出了 V – Rep 表达法的分类情况及其典型模型,其中结构化曲线表达模型虽然能够以较少的数据量刻画较复杂的形体内外信息,但是同表面表达法类似,后续应用也缺乏相应的计算和设计方法。

混合表达模型(H – Rep)的设计目标主要是汲取上述各种表达方法的长处,将不同模型无缝集成,更有效地表达复杂形体的内外信息。混合表达方法的可视化程度较高,但是算法设计和应用比较复杂,目前仍然缺乏有效地集成方案。

线框表达方法一般作为三维建模的骨架模型,需要与其他建模方法集成,表面表达法和实体法是目前地学计算机模拟研究和应用的主流。

三、模型设计方法

空间数据模型是用数学方法和算法来表达地学现象,在虚拟场景中如何用计算机实现数据的组织和存储,即需要研究这些模型的空间数据结构和拓扑结构的设计方法。

1. 线框表达模型

线框表达模型(W-Rep)是利用约束建立一系列解释图形,以表达地学对象边界的轮廓,允许刻画任意空间复杂形状。通常模型采用矢量数据结构,其表达方式非常自然而灵活,可以简化建模过程中的许多繁琐细节。这种方法的最大缺点是无法处理实体内部细节信息,空间拓扑分析难以实现,往往需要与其他数据模型耦合使用。

约束线 CL 线框表达模型的数据结构非常简单,通常主要包括以下信息:

| LID | 顶点 1 | 顶点 2 | …… | 顶点 N | 标志 |

LID 表示约束线的序号,该约束线包括 N 个顶点的三维坐标,顶点 1,顶点 2,…,顶点 N,标志位标记是开环还是闭环,开环即为一般的线段,而闭环构成多边形区域。

线框表达模型在地学对象建模中的典型应用就是三维剖面图。图 3-2(a)是一个成线框剖面模型,图 3-2(b)是对图 3-2(a)进行了纹理映射之后的属性模型。

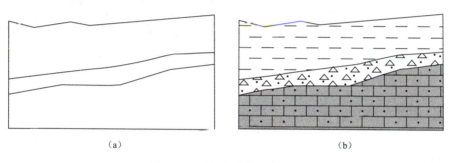

图 3-2 线框表达模型剖面图

线框表达模型的优点是结构简单、容易处理、数据量小,能产生任意二维工程视图、任意视点或视向的轴测图与透视图;其缺点是不包含形体的表面信息、不能区别形体表面的里边或外边、对形体描述不完整、易出现二义性理解及不能描述曲面轮廓线,也不能得到剖面图、消除隐藏线、求两个形体间的交线、无法进行物性计算和编制数控加工指令等。如对图 3-3(a)的理解可以是图 3-3(b),也可以是图 3-3(c)。

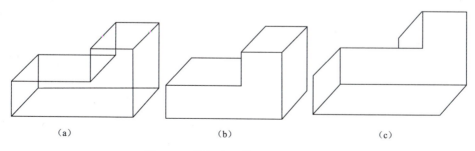

图 3-3 线框表达模型的二义性示例

2. 表面表达模型

虚拟环境中三维建模与可视化的主要目的是把实际对象转化为计算机描述并能够实现进一步地应用分析,完成由真实景物到虚拟景物的转换及应用。理论上,这种转换过程应该实现对实际对象的完整、精确、真实地计算机表示。然而,由于计算机技术的限制和应用目的的需要,往往只能够或仅要求对实体表面形状进行描述,即三维实体的几何建模,以及对实体内部不同属性进行划分,即三维实体的属性建模。由于地质构造的复杂性和不连续性等特征,可以考虑把三维空间分割成若干个区域,不同的岩层和不连续的断层形成这些区域的边界面,目前大部分三维地质建模的理论研究和软件开发多采用边界表示法,又称表面表达模型,如图3-4所示。

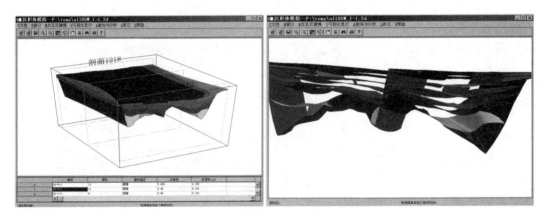

图 3-4 表面表达模型(B-Rep)实例

表面表达模型(B-Rep)是用一系列曲面描述地学对象的边界,形成一个封闭的实体。由于每个实体都有边界,且每个三维实体可以由它的边界唯一确定,因此可以利用实体边界隐含地表达实体,而不需要列举实体内部的所有点。基于曲面的建模方式能够依据构造和地层面的信息快速生成地质模型,且不约束空间几何形体。在断层网络建模过程中,各种非流型构造类型可能会产生边界表达方法,不仅易于描述流型实体,也能够直接通过欧几里得空间的双环(2-cycles)表示非流型实体,或把非流型实体的边界作为流型实体外表的并集。这种方法并不约束空间几何形体,但不能描述实体的内部结构及属性。用来描述对象边界的曲面主要包括参数曲面、隐式曲面和多边形曲面模型。H-Spline 是一种能够对地质数据进行描述的曲面表达方法,可以构造多分辨率 B-Spline 曲面模型,但是不能表达非流型模型,需要通过基函数完成曲面光滑设置。多边形曲面模型由有限个多边形的一个集合构成,实际应用中多边形能够形成网格,合理地组织起来表达地形、褶皱等实体对象的表面;形成多边形模型的曲面片一般为三角形或四边形,也有六边形或不规则任意多边形作为模型的曲面片;然而对于实体中存在多值面的自动构网技术还不成熟。

表面表达模型分为结构化格网(如 Grid)和无结构化格网(如 TIN),它们都能够表达开放式的或闭合曲面。

参数曲面是从平面子集到空间的映射,$f:R^2 \rightarrow f:R^3$。通常是自交的且不能描述闭流型(Closed Manifold),是一种边界表达模型,典型的有贝济埃曲面模型、B 样条曲面模型和

NURBS 曲面模型等。本书以 NURBS 曲面为例,介绍参数曲面的表示方法。

隐式曲面被定义为从空间到实数的一个光滑映射,$f:R^3 \to R, f(x,y,z)=0$。一般是闭流型的,可描述对象的属性。如果函数 x,y,z 是一个多项式,则称为代数曲面,能够表达圆锥体、球体和圆柱体,通常也可作为 CSG 方法的元素。

多边形曲面是由多边形的一个集合构成,多边形是计算机图形学中使用最为普遍的模型,具有简单性和通用性,通常拟合光滑、弯曲的对象,如球体、圆柱体等。在应用中,多边形能够形成网格,合理地组织起来表达地形、褶皱等实体对象的表面。理论和技术上都比较成熟的是基于矢量结构的不规则三角网(TIN)和基于栅格结构的四边形网格(Grid)形成的曲面,并广泛应用于三维地质建模系统中。

1) NURBS 曲面

NURBS(Non-Uniform Rational B-Spline)称为非均匀有理 B 样条技术,目前 NURBS 已被国际标准化组织定义为工业产品形状表示的国际标准方法。

给定一张 $(m+1)\times(n+1)$ 的网格控制点 $P_{ij}(i=0,1,\cdots,m;j=0,1,\cdots,n)$,以及各控制网格点的权值 $W_{ij}(i=0,1,\cdots,m;j=0,1,\cdots,n)$,则 NURBS 曲面的表达式为:

$$S(u,w) = \frac{\sum_{i=0}^{m}\sum_{j=0}^{n} N_{i,ku}(u) N_{j,kw}(w) W_{ij} P_{ij}}{\sum_{i=0}^{m}\sum_{j=0}^{n} N_{i,ku}(u) N_{j,kw}(w) W_{ij}} \qquad (3-1)$$

式中,$N_{i,ku}(u)$ 和 $N_{j,kw}(w)$ 分别为 NURBS 曲面 u 和 w 参数方向的 B 样条基函数。

图 3-5 表示由 $P_{ij}(i=0,1,2,3;j=0,1,2,3)$ 为 16 个网格控制点拟合的一个 NURBS 曲面。

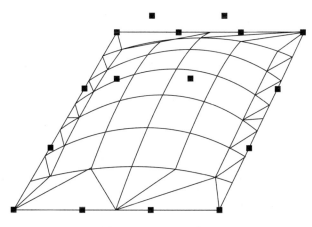

图 3-5 NURBS 曲面

2) 四边形(Grid)

四边形(Grid)使用栅格数据结构表达地学对象。栅格数据结构实际就是像元阵列,每个像元由行列确定它的位置,由于栅格结构是按一定规则排列的,所表示的实体位置隐含在网络存储结构中,且行列坐标可以简单地转为其他坐标系下的坐标。

在网络结构中,每个代码本身明确地代表了实体的属性或属性的编码,每个栅格单元只能存在一个值,一个像元代表点;在一定方向上连接成串的相邻像元集合代表一条线;而面为聚在一起的相邻像元集合。

比较典型的就是规则的 DEM (Digital Elevation Model)模型。规则镶嵌型 DEM 模型，就是用规则的小面块集合来逼近不规则分布的地形曲面。在二维空间中可以有多种可能的规则网格划分方法，如正方形、正三角形、正六边形等。但是为了便于储存和管理，网格单元应具有简单的形状和平移的不变性，如正方形、正三角形和正六边形的格网划分中，只有正方形和正六边形是满足条件的，正六边形虽然比正方形具有更好的临界性，但是由于层次感较差，不能无限被分割，因此正方形的规则镶嵌是应用最广泛的镶嵌结构之一。

构造规则镶嵌 DEM 模型的方法是：用数学手段将研究区域进行网格划分，把连续的地理空间离散为互不覆盖的网格，然后对各单元附加相应的属性信息。例如对规则网格的 DEM 而言，一般通过曲面拟合的方法求得栅格单元的高程值，空间对象的网格划分，简化了对象的空间变化描述，同时也使得空间关系变得明确，可进行快速的逻辑运算。

从数据结构上看，规则网格的主要优点是其数据结构为通常的二维矩阵，每个网格单元表示二维空间的一个位置，不管是沿水平方向还是垂直方向，均能方便地利用简单数学公式访问任意位置的单元，同时处理这种结构的算法比较多而且较为成熟，此外以矩阵形式储存的组织数据还有隐形坐标，即网格单元的平面坐标隐含在矩阵行列号之中，从而不需要进行坐标数据化，基于规则镶嵌数据模型的 DEM 缺点是不能表达陡坎等同一点有不同 Z 值的情况。

基于规则镶嵌数据模型的 DEM 在应用时要注意对网格单元数值的理解（图 3-6），一般有两种观点，一种是格网栅格观点，认为该网格单元的数值是其中所有点的高程值，即网格内部是同质的，网格单元对应的实地单元区域内的高程是均一的，任何落在该网格内的点与网格单元的值是相同的，这种数字高程模型表达的是一个不连续的表面。另外一种观点是点栅格观点，认为网格单元的数值是网格中心点的高程值，此时 DEM 是连续的，在这种 DEM 上任意点的高程值要通过内插方式确定。

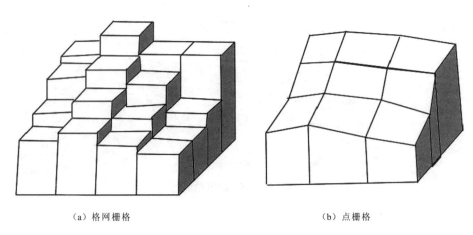

(a) 格网栅格　　　　　　　　　　(b) 点栅格

图 3-6　规则 DEM 网格单元的两种理解

这种栅格结构的优点是数据结构简单、空间数据分析易于实现；而最大的缺陷是图形边界的精度不足、信息量缺失且不美观。为了提高模型的分辨率，需要对网格实现进一步地细化处理，产生了四叉树结构模型。

3）四叉树

四叉树数据结构是一种广受关注，被学者进行了大量研究的空间数据结构。有关四叉树的数据结构的概念在20世纪60年代中期就被应用到加拿大地理信息系统中（龚健雅，2001）。

四叉树分割的基本思想是先把一幅图像或一幅栅格地图（$2^k \times 2^k$，$k>1$）等分成四部分，逐块检查其格网值，如果某个子区的所有格网都含有相同的值，则这个子区就不再往下分割；否则，把这个区域再分割成四个子区域；这样递归地分割，直到每个子块都只含有相同的灰度或属性值为止。这就是常规四叉树的建立过程，代表性的研究学者有 Klinger 等。图 3-7(a)是一个二值图像的区域和编码，图 3-7(b)表明了常规四叉树的分解过程及其关系（龚健雅，2001）。这种称为"Top-down"的从上而下的分割方法，先检查全区域，内容不完全相同再四分割，往下逐次递归。这种方法需要大量运算，因为大量数据需要重复检查才能确定划分，例如图 3-7(a)中的 7,8,9,10 格网需要检查四次。

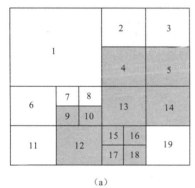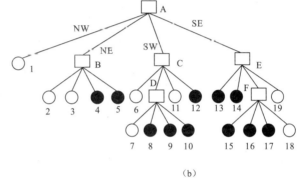

图 3-7 常规四叉树方法及其分解过程

常规四叉树方法可以采用"Bottom-up"从下而上的方法建立。对栅格数据按一定的顺序进行检测，如果每相邻四个格网值相同，则进行合并，逐次网上递归。

常规四叉树方法除了要记录叶结点外，还要记录中间结点。节点的命名可以不按严格的规则，结点之间的联系主要靠指针表达。常规四叉树需要占用很大的内存和外存空间。从图 3-6(b)可以看出，每个结点需要六个量表达：父结点指针（前驱）、四个子结点指针（后继）和本结点的灰度或属性值。这些指针不仅增加了存储量，而且增加了操作的复杂性。常规四叉树在数据索引和图幅索引等方面得到应用，而在数据压缩和 GIS 数据结构领域，人们则多采用线性四叉树（Linear Quadtree，LQ）方法。

4）三角网

不规则三角网（Triangulated Irregular Network，简称 TIN）是用一系列互不交叉、互不重叠的连接在一起的三角形来表示地形表面。TIN 既是矢量结构又有栅格的空间铺盖特征，能很好地描述和维护空间关系。

T：三角化（Triangulated）是离散数据的三角剖分过程，也是 TIN 的建立过程。位于三角形内的任意一点的高程值均可以通过三角形平面方程唯一确定。

I：不规则性（Irregular），指用来构建 TIN 的采样点的分布形式。TIN 具有可变分辨率，比格网 DEM 能更好地反映地形起伏。

N：网(Network)表达整个区域的三角形分布形态，即三角形之间不能交叉和重叠。三角形之间的拓扑关系隐含其中。

三角网(TIN)模型主要涉及点、边、三角形的数据结构(图3-8)，以及作为约束边即约束多边形和约束线段的数据结构。三角形的三个节点按逆时针方向存储，隐含三角形中存在的边的关系，多边形的节点同样也按逆时针方向存储，以生成 Constrained Delaunay 三角化网格模型的边界；如果多边形作为网格内部的"洞"或"岛"来约束处理时，则其节点需要按顺时针方向存储。

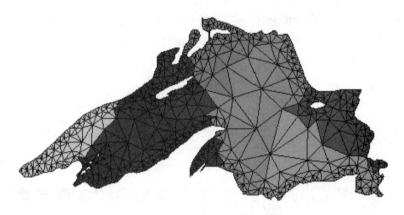

图3-8 不规则三角网数据模型

点、边、三角形的数据结构和拓扑关系的正确建立，有助于提高建模速度以及空间搜索、查询的效率。点、边、三角形之间通过不同的指针建立彼此间的联系并且保证了数据的一致性和可维护性。同时，每个数据结构中还包含一个或多个属性值，表示不同的地质构造、岩性或程序执行过程中的标志位。

TIN 的主要生成算法是 Delaunay 三角剖分算法，如图3-9所示。Delaunay 三角网的特点：① Delaunay 三角网是唯一的；② 外边界构成了点集的凸多边形的外壳；③ 三角形的外接圆内部不包含任何点；④ 最接近于规则化。

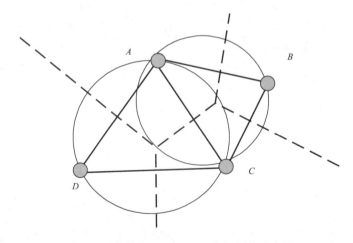

图3-9 离散点 Delaunay 三角网剖分示意图

Delaunay 三角剖分必须符合两个重要的准则(空圆特性和最大化最小角特性)。

(1)空圆特性。Delaunay 三角网是唯一的(任意四点不能共圆),在 Delaunay 三角形网中任意三角形的外接圆范围内不会有其他点存在,如图 3-10 所示,左边三角形剖分合理,右边三角形剖分不合理。

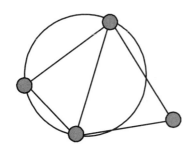
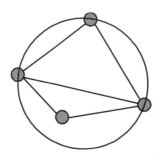

图 3-10　Delaunay 三角剖分空圆特性

(2)最大化最小角特性。在散点集可能形成的三角剖分中,Delaunay 三角剖分所形成的三角形的最小角最大。从这个意义上讲,Delaunay 三角网是"最接近于规则化的"的三角网。具体来说,是指在两个相邻的三角形构成凸四边形的对角线,在相互交换后,六个内角的最小角不再增大。

泰森多边形,又叫冯洛诺伊图(Voronoi Diagram),如图 3-11 所示,其特点如下:① 每个多边形内仅含有一个离散点;② 多边形内的点到相应离散点的距离最近;③ 位于多边形边上的点到其两边的离散点的距离相等。

在 Delaunay 三角网基础上建立泰森多边形,如图 3-12 所示。

(1)对与每个离散点相邻的三角形按顺时针或逆时针方向排序,以便下一步连接生成泰森多边形。设离散点为 o。找出以 o 为顶点的一个三角形,设为 A;取三角形 A 除 o 以外的另一个顶点,设为 a,则另一个顶点也可找出,即为 f;则下一个三角形必然是以 of 为边的,即为三角形 F;三角形 F 的另一个顶点为 e,则下一个三角形是以 oe 为边的;如此重复进行,直到回到 oa 边。

(2)计算每个三角形的外接圆圆心,并记录之。

(3)根据每个离散点的相邻三角形,连接这些相邻三角形的外接圆圆心,即得到泰森多边形。

(4)对于三角网边缘的泰森多边形,可作垂直平分线与图廊相交,与图廊一起构成泰森多边形。

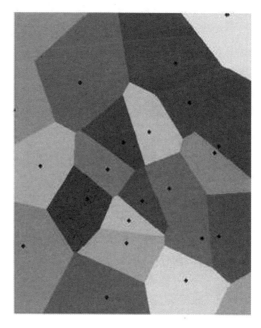

图 3-11　泰森多边形

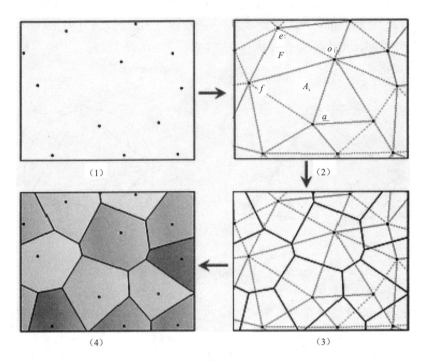

图 3-12 在 Delaunay 三角网基础上建立泰森多边形

3. 实体表达模型

实体表达模型(V-Rep)是一个基于体元的网格模型,将研究区域分割为有限个体元,由于体元可以填充整个研究区域,因此,易于描述实体对象的内部结构和属性特征。

实体表达模型分为结构化和无结构化两大类,结构化又分为规则和曲线,其中典型的规则模型有体素(Voxel)、实体造型(CSG)和八叉树(Octree);无结构又分为同构和异构,典型代表分别是四面体(TEN)、六面体(HEX)、三棱柱(TP)、金字塔(PN)。

三维体剖分是将研究实体分割为有限个体元的网格化处理过程,包括规则的和不规则的体元网格模型。由于体元可以填充整个研究区域,因此,易于描述体对象的内部结构和属性特征。

规则体元模型是把研究对象的整个空间划分成规则的单元,主要包括 CSG-tree、Voxel、Octree、Needle 和 Regular Block 等模型,如图 3-13 所示。规则体元表示的最大优点是数据模型简单并且易于空间计算和分析;主要的限制是不能描述复杂的几何体,边界的精度难以保证,通常采用八叉树来记录实体对象中立方体的结构。

不规则体元模型在表达复杂几何形状时更加灵活,如图 3-14 所示,构网的基本元素主要有不规则四面体(TEN)、金字塔(Pyramid)、实体(Solid)、三维 Voronoi 图、六面体以及三棱柱体。由于一个元素与其相邻元素之间没有隐含的或逻辑的关系,元素之间的空间关系必须明确陈述,即需要建立相应的拓扑结构,具有代表性的是四面体网格生成算法。

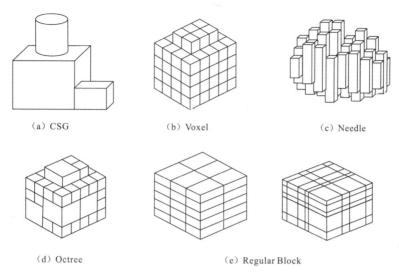

图 3-13 规则体元模型示意图

(据吴立新等,2003)

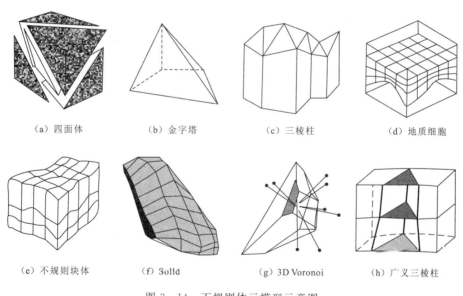

图 3-14 不规则体元模型示意图

(据吴立新等,2003)

1)体素

将实体分成若干个体积相同的长方体,称之为体素(Voxel),它是四边形(Grid)向三维空间的延伸,采用栅格数据结构表示。同二维栅格结构的优缺点相似,数据结构简单,但描述复杂地质体时数据量巨大。为了提高模型边界的精度,需要对网格实现进一步地细化处理,于是产生了八叉树结构模型。

2）八叉树

八叉树（Octree）数据结构是由四叉树进行扩展应用到地质体等真三维现象的一种三维空间数据结构。对于地质体等真三维目标而言，由于矿物的类型、品位和容重等随着三维空间位置不同而变化，因而表达矿体信息必须把 Z 值作为位置坐标，在任何一个空间数据点(x,y,z)都有一组属性值。为了适应矿产储量计算和矿山开采，通常将矿体划分成三维栅格，每一个小正方体，通常体素（Voxel）有一个或多个对应的属性数据。

由于三维栅格比二维栅格更需要占用存储空间，因而近年来一些学者在四叉树基础上提出了用八叉树表示矿体三维目标。八叉树的表达方法与四叉树类似，是一种方体变块模型，属性相同的区域（如类型相同的矿体）用大块表示，而复杂区域用小块表示，大块分小块时以一份尾巴的规则划分，这样就可以得到一棵八叉树。

八叉树的构成方法亦可按线性四叉树的构造原理。首先计算扩展的 Morton 码，将二维自变量 I、J 扩展为三维自变量 I、J、K，同样按照比特值交叉结合的原理，用按位操作运算，很容易得到八进制或十进制的 Morton 码。例如：

$I=1$　　二进制 0　　0　　0　　1
$J=4$　　二进制 0　　1　　0　　0
$K=3$　　二进制 0　　0　　1　　1
二进制 Morton 码＝0 0 0　　　0 1 0　　　0 0 1　　　1 0 1
八进制 Morton 码＝　0　　　　　2　　　　　1　　　　　5
十进制 Morton 码＝0 + 128 + 8 + 4 + 1 = 141

与线性四叉树类似，采用十进制的 Morton 编码，既可节省码的存储空间，又可省去排序过程。按照自然数的编码记录，依次检查每八个相邻的 Morton 码对应属性值，如果相同则合并为一个大块，否则将这八个方块标示记录，不作合并，否则进一步合并，循环下去直到没有能够合并的字块为止。

3）实体造型

实体几何构造（CSG）法是由 Rochester 大学的 Voelcker 和 Bequicha 于 1977 年首先提出来的，其基本思想是任意复杂的形体都可以由基本体素之间的布尔（交、并、差）运算得到。CSG 法用二叉树来构造一个形体，即通过对二叉树节点的交、并、差操作以及定义几何元素的尺寸、位置（坐标）和方向来表示一个形体。二叉树上的节点可以是体素，也可以是布尔运算算子，而根表示最终的实体。其中集合的交、并、差运算并非是普通集合的交、并、差运算，而是适用于形状运算的正则化集合运算，除了正则化集合运算以外，CSG 法还可以采用另一类算子，如平移、旋转等。二叉树可以通过遍历的算法进行运算。

用 CSG 二叉树表示形体是没有二义性的，即一棵 CSG 二叉树能够完整地确定一个形体。但是一个形体可以用不同的 CSG 二叉树来描述。此外，CSG 的数据结构可以转化成其他的数据结构，而其他的数据结构转换成 CSG 数据结构却非常困难。

4）四面体

四面体（Tetrahedral Network，TEN）实质是二维三角形网的数据结构在三维空间上的扩展，它不仅可以近似地描述空间实体的表面形态，而且可以通过各种数学插值表达空间实体的内部不均一性。四面体模型能够较好地应用于地质矿山领域，实现复杂地质体的表达。在数学模型中，由于四面体是用面最少的体元，数据结构简单，易于维护、满足线性组合特性；对其进行的数据操作计算量小,易于完成合并、相交等布尔运算以及体积、面积、区域等属性计算,可以真实、高效地实现三维插值及可视化,目前受到越来越多学者的重视。

Delaunay 四面体化算法参考有关书籍,其网格模型如图 3-15 所示。

图 3-15　用四面体剖分地层模型

不规则四面体(TEN)网格模型表达精度比较高,虽然可以很好地描述地质体的复杂结构,然而数据量较大,网格剖分时间也较长,后续应用计算时间也较长。

5)六面体

三维地质建模系统中六面体(HEX)网格主要采用垂向网格和斜向网格两种表达方式。

垂向网格所有单元网格的上下四边形均相等,垂向连接顶底网格点的网格面为垂直。虽然垂向网格处理规则地质体比较方便,但是不太适合处理实际的地质状况,尤其是在有断层的情况下,建立精细的地质模型比较困难。

斜向网格是目前应用较广的一种结构化网格类型。网格位置能用(i,j,k)定义,单元网格的长、宽大小可变,垂向连接顶底网格点的网格面可以是倾斜的。目前在国外主流商业化三维地质建模软件中,基于斜向网格的三维地质建模技术已发展得比较成熟。

六面体数据结构有两种描述形式:其一,类似于上述四面体的矢量数据结构,结构简单、灵活,但数据量较大;其二,采用矢栅混合的数据结构以弥补第一种方案的不足,但是在进行数据分析时算法复杂度较大。

6)角点网格

角点网格(Corner Point Grid)作为上述六面体斜向网格的一种,是由 Ponting 引入油藏数值模拟研究中的,具有不同油层网格步长可变的优点,能够更加精确地描述断层两翼的深度变化、流体分布和流体渗流特征。角点网格模型作为一种灵活的网格,已经成为众多商业地质建模软件常用的模型网格形式。通常,一个角点网格模型由六面体单元按照一定逻辑次序堆积而成,这些六面体单元在平面上以行列的形式排列形成一层网格,然后在垂直方向上以层网格为单位进行累加,所以角点网格模型也是层控模型的一种。换句话说,一个角点网格模型是由一系列位于二维笛卡尔平面的网格(六面体单元)柱组成,位于同一柱上的网格垂向上所有层对应的四条棱在同一条直线上,这些棱可以是垂直或倾斜的。这样,角点网格模型的每个体单元在垂向上由四条棱限定,每个单元都有坐标独立的八个角点组成,所以称此模型为角点网格模型。

角点网格模型以六面体网格单元的形式组织,有利于表达模型的不连续面,如断块、断层等。因此,应用角点网格模型能构造出比较符合实际地质形态的非常复杂的地质体模型,角点网格模型现在已经被当作一个工业标准被很多的地质建模软件和模拟软件应用。

基于角点网格数据结构的体模型,在逻辑结构上属于 $I*J*K$ 的规则拓扑结构模型。其中,X、Y、Z 方向逻辑上有 $n+1$(n 分别等于 I、J、K)条线,每个方向上剖分成 n 个格子,共 $I*J*K$ 个单元(Cell)。在平面上,每个单元之间有独立的坐标,但都约束在地层顶底面对应结点的连线上,具体的 Z 值决定其 X、Y 坐标对。每个单元格都存储八个顶点的三维坐标来唯一确定一个小的六面体(Cell),这样除了地层边界处的点之外的每个逻辑顶点都存储了八个点的坐标,虽然增加了文件存储空间,但可以精确表达地层的断裂、升降等构造特征。将角点网格模型应用于油气成藏模拟中既能合理地表达地层构造,更重要的是提高了油气运移聚集过程中模拟的正确性和精确性。如图 3-16 所示为角点网格模型示意图和实际模型。

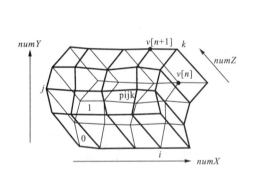 

图 3-16 角点网格模型示意图和实际模型

角点网格模型采用的是不规则六面体单元,它与常规的规则六面体模型不同。由于角点网格单元灵活多变,在实际应用中也存在一定的困难。首先,组成不规则六面体单元的每个面的四个点都具有任意性,所以网格单元有可能出现双线性面或是扭曲面。其次,角点网格单元的体积有可能为零,这可能导致非相邻单元之间的耦合。第三,有些单元会出现退化或崩塌现象,使得一些单元面退化为三角面或者变形为双线性面。图 3-17 为不规则六面体退化示意图。

7) 三棱柱

三棱柱(Tri-Prism,TP)模型可以有效地模拟三维层状地层结构,对地层结构的上下对应关系和地层层面的表达方面起到了积极的作用,也可以作为六面体网格的一种特例或一种退化模型,其可视化精度比六面体网格模型更高,数据量也更高。

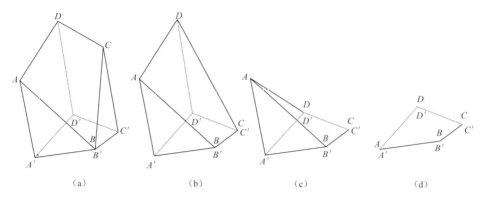

图 3-17 不规则六面体退化示意图

如同六面体网格,三维地质建模系统中三棱柱网格也可以分为垂向网格和斜向网格。垂向网格所有上下对应的三角形相等,垂向连接顶底网格点的网格面为垂直的;而斜向网格的二条棱柱没有垂直平行的要求,可以是任意斜线,这种网格的优点在于可以刻画复杂地质体。数据结构与六面体数据结构设计方案类似。

8) 金字塔

金字塔(Pyramid)模型类似于 TEN 模型,也可视为六面体网格的一种退化模型。它是用四个三角面片和一个四边形封闭形成的金字塔状模型来实现对空间数据场的剖分。

9) PEBI(Perpendicular Bisection)网格

PEBI 网格就是一种限定 Voronoi 网格——一种局部正交网格,其任意两个相邻网格块的交界面垂直平分相应网格节点的连线。如图 3-18 所示。

PEBI 网格的概念首先由 Heinemann 提出,用于建立精细的油藏地质模型,大大提高了计算精度。随后 Verma 提出了二维情况下 PEBI 网格生成方法,文献总结了二维已有的 PEBI 网格生成方法,考虑了边界附近节点、角点和竖直井周围节点的相互干扰,但算法比较繁琐。而有关三维 PEBI 网格生成的文献更少,Verma 提出了三维情况下 PEBI 网格生成方法,其网格模型比较简单,三维情况实际也只是二维的 PEBI 网格模型单元在 Z 方向上的简单叠加;此后文献提出的斜井 PEBI 网格模型比前者要稍复杂一些。

研究表明,PEBI 网格具有如下优点:比结构网格灵活,可以很好地模拟非规则地质体的边界,便于局部加密;同时又满足了有限差分方

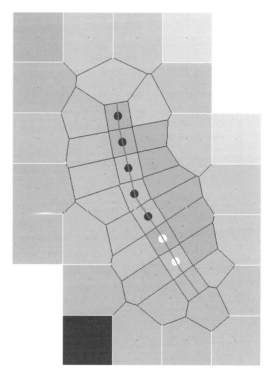

图 3-18 PEBI 网格的垂直平分特点

法对网格正交性的要求,最终得到的差分方程与笛卡尔网格有限差分法相似,这样就可利用现有的有限差分数值模拟软件,因此有很好的应用前景。可以解决渗透率各向异性问题;近井处可以局部加密并且粗细网格过渡较为平滑,PEBI 网格适合于计算近井径向流;可以应用窗口技术有效地将水平井与笛卡尔网格或 PEBI 网格衔接,实现任意方向水平井的数值模拟(查文舒,2013)。

由于一般形式的 PEBI 网格不利于数值计算,因而数值试井中采用的是受限的 PEBI 网格,即直井周围采用径向网格,水平井周围用椭圆网格,其他区域采用矩形网格或其他特殊类型的 PEBI 网格。

PEBI 网格划分采用的是先布网格节点,再进行网格划分的方法。因而,布点算法的好坏决定网格划分的质量,如图 3-19 所示。在模拟区域布网格节点时,要满足以下限定条件:①限定点:网格划分时,必须为网格节点的点,如垂直井位置;②限定线:任何网格不能横跨的线,如边界、断层、裂缝、水平井等。

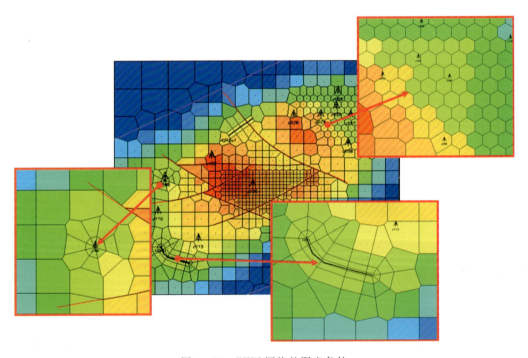

图 3-19 PEBI 网格的限定条件

由于边界、断层、井位间的位置关系变化复杂,必须通过网格节点的分布来保证所划分网格的正确性。为此,利用边界、断层、井等信息将油藏划分为若干子区域,然后在子区域上布网格节点,使所布的网格节点满足子区域中的限定条件并且不同区域间相互独立;然后再对这些网格节点进行 Delaunay 三角剖分与 Vornoni 网格剖分,最后去除无效网格就得到 PEBI 网格。

PEBI 网格划分受到很多限制,如网格不能穿过断层、井需在网格中心等。对简单的油藏,PEBI 网格划分较为简单。对复杂情形,如井数多,断层多,存在垂直井、斜井、压裂井及水平井等复杂井型时,网格划分会存在很多困难。这些困难主要体现在:①边界间的干扰;当两边界间的夹角小于某值时,就会存在相互间的干扰使得网格不正确;②边界与断层的干扰:当边界与断层距离较远时,可各自独立进行网格布点。如图 3-20 所示,考虑了井、断层、裂缝等多种情形后 PEBI 网格剖分后的三维效果。

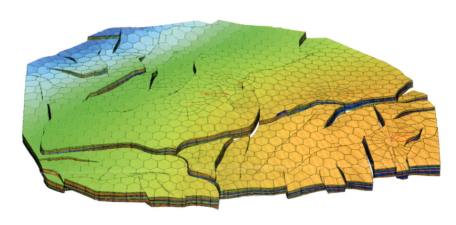

图 3-20　PEBI 网格的三维效果

4. 混合模型

目前主要的数据模型有 CSG、不规则三角网(TIN)、栅格数据模型(Grid)、四面体网格(TEN)、六面体网格(HEX)和八叉树(Octree)等,由于每个模型都有其各自的优缺点和不同的应用范围,在三维建模过程中需要研究和应用把各种数据模型进行耦合的技术,以提高模型的应用性和健壮性。适用于虚拟场景中三维地质建模的混合模型主要包括 TIN-Grid、TIN-CSG、TEN-HEX 和 TEN-Octree 等模型集成、耦合方法。

以 TIN-Grid 混合模型为例,将规则栅格模型和 TIN 模型结合,采用紧密耦合方式,实现计算机模拟。即在非边界连续区域,采用规则格网模型;而在边界区域——研究区域的边界或者断层将地层切割后产生的断块边界,采用约束 Delaunay 三角化模型。

1)数据结构

TIN-Grid 模型的数据结构包含一个 pH 数据结构和两个指针(图 3-21)。pH 主要记录 TIN-Grid 模型的 X、Y、Z 方向的最大值、最小值、坐标转换参数以及可视化显示的相关参数等,两个指针分别指向规则格网数据结构和不规则 TIN 数据结构,两种数据结构均由头部和体部两类信息组成。规则格网数据结构 GData 的头部信息包括网格在 X、Y 方向的分割条数,由用户确定,反映了模型的分辨率;体部信息 pZ 指针指向规则网格的内存空间,可以用一维数组表示,以降低存储开销、简化操作进程。不规则 TIN 数据结构 TINData 的头部信息包括 TIN 模型中三角形、边、顶点以及约束多边形的个数,体部信息包含指向三角形、边、顶点以及约束多边形的指针。

2)模型设计

TIN-Grid 模型由规则格网与 TIN 模型耦合而成,模型设计方法包括两个步骤:

①建立规则格网模型:如图 3-22 所示,格网的疏密由用户根据具体的地质数据而定,一旦给定 XNumber 和 YNumber 的值之后,由 pH 中存储的 X、Y 的最大值、最小值,可以计算

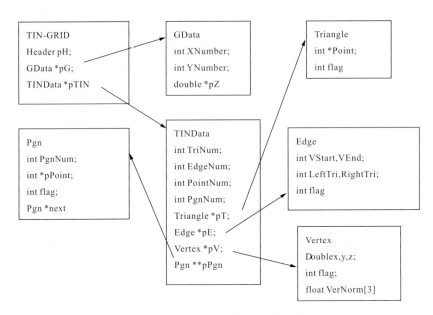

图 3-21 TIN-Grid 模型的数据结构

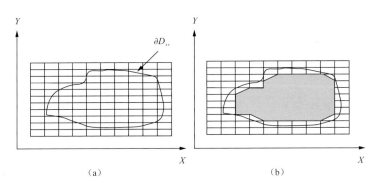

图 3-22 TIN-GRID 模型设计

出网格中每个节点的坐标 $g_i(x,y)$；同时,设 $z_0 = \min z - 1$（$\min z$ 为 Z 方向的最小值）,作为网格节点无效的标志。设空间上的一个点 p,则 $p \in D \cup G$,这里,D 是构成地质体的空间离散数据集合,∂D 是地质体的边界,在 XY 平面上的投影将形成一个多边形,记为 ∂D_{xy},而 $G = \{g_i | 0 \leqslant i < XNumber \times YNumber\}$。若 $p \in D$,则称 p 为顶点；否则称 p 为节点。

从左至右,从下而上依次扫描网格中的每一个节点 g_i。如果 g_i 在研究区域之内,即 g_i 在 ∂D_{xy} 之内,则分为两种情况：当 $g_i \in D$ 时,将该顶点的 z 值装入 pZ 数组中；当 $g_i \notin D$ 时,那么首先需要进行插值计算,推断 g_i 的 z 值,再将其装入 pZ 数组中。如果 g_i 不在数据区域之内,则将 z_0 赋值到 pZ 的当前指针位置。如果 $i = XNumber * YNumber - 1$,则完成整个扫描操作,实现了规则网格模型的建立[图 3-22(b)]。

② 建立 TIN 模型：扫描网格之后,G 中的节点分为两个子集,即有效节点子集 $G_v = \{g | g.z < z_0\}$ 和无效节点子集 $G_u = \{g | g.z = z_0\}$,其中,$G_v \cap G_u = \Phi$。于是,$\partial G_v \cup \partial D_{xy}$ 形成约束

Delaunay 三角化的约束边界,将它们分别装入 pV 和 pPgn 链表中,首先对 pV 中的点进行三角化剖分,构成一个初始 TIN 模型。然后再根据 pPgn 中的约束条件,删除初始 TIN 中不符合约束条件的三角形,生成最终的 pT 和相成的 pE,完成 TIN 模型的建立。

图 3-23 显示了 TIN-Grid 的模型实例,这种模型不仅保证边界的精度,而且连续区域的拓扑结构简单,算法复杂度小,易于实现空间分析、空间查询和空间计算等操作。

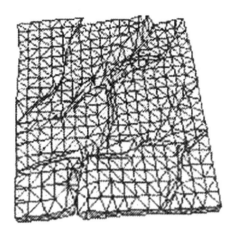

图 3-23　生成后的 TIN-GRID 网格模型

四、各种模型的优缺点

1. 关于面元模型

基于面元模型的三维地质空间建模方法侧重于三维地质空间实体的表面表示。

(1)基于采样点的 TIN 模型和基于数据内插的 Grid 模型,通常用于非封闭表面模拟,而 B-Rep 模型和 Wire Frame 模型通常用于封闭表面或外部轮廓模拟。

(2)Section 模型、Section-TIN 混合模型及 Multi-DEMS 模型通常用于地质建模。通过表面表示形成三维空间目标轮廓,其优点是便于显示和数据更新,不足之处是由于缺少三维几何描述和内部属性记录而难以进行三维空间查询与空间分析,更无法进行开采开挖设计。

2. 基于规则体元的三维模型

基于规则体元模型的建模方法侧重于三维空间实体的边界与内部的整体表示,通过使用规则体元对体的描述来实现三维地质目标的空间表示。

(1)CSG-Tree 在描述结构简单的三维物体时十分有效,但对于复杂不规则三维地物(尤其是地质体)很不方便,且效率也大大降低。

(2)Voxel 虽然结构简单、操作方便,但表达空间位置的几何精度低,且不适合于表达和分析地质实体之间的空间关系。

(3)Needle 用于单一地层建模比较有效,对于复杂多地层则难以适应。

(4)Octree 在医学、生物学、机械学等领域已得到成功应用,但在矿床地质建模中有较大的局限性。

(5)Regular Block 用于属性渐变的三维空间(如浸染状金属矿体)建模较有效,但对于有边界约束的沉积地层、地质构造和开挖空间的建模则必须不断降低单元尺寸,从而引起数据急速膨胀。

因此,Voxel、Octree 模型比较适合无采样约束的面向场物质(如重力场、磁场)的连续空间建模,而 Needle 和 Regular Block 则一般只适用于较简单的地质体建模。规则体元的优点是易于进行空间操作和分析,但存储空间大、计算速度慢。

3. 基于不规则体元的三维模型

基于非规则体元模型的建模方法也是侧重于三维空间实体的边界与内部的整体表示,但通过使用非规则体元对体的描述来实现三维地质目标的空间表示。

(1)TEN 虽然可以描述实体内部,但算法设计较复杂。

(2)Pyramid 类似于 TEN 模型,只不过是用四个三角面片和一个四边形封闭形成的金字塔状模型来实现对空间数据场的剖分,由于其数据维护和模型更新困难,一般很少采用。

(3)TP 的前提是三条棱边相互平行,因而不能基于实际的偏斜钻孔来构建真三维地质模型,也难以处理复杂地质构造。

(4)Geocellular 的实质是 Voxel 模型的变种,可以形成逼近实际界面的三维体元空间剖分,但需要做大量空间数据内插工作。

(5)Irregular Block 的优势是可以根据地层空间界面的实际变化进行模拟,但对数据密度有较高要求。

(6)Solid 虽然适合具有复杂内部结构(如复杂断层、褶皱和节理等精细地质结构)的建模,但人工交互工作量巨大,需要极大的工作耐心。

(7)3D Voronoi 图可适用于海洋、大气、水体及金属矿体建模,对于含界面约束的建模则难以适应。

(8)GTP 是一种普适性的三维地质空间模型,尤其对以钻孔数据为数据源的区域地质建模、城市地质建模、工程地质建模、井田地质建模和煤矿床建模具有显著优势。

(9)角点网格模型和 PEBI 模型适合于有复杂断层的油田油藏模拟(或成藏模拟),PEBI 网格比角点网格更具有灵活性,但在网格划分时,PEBI 网格考虑的限制条件更复杂些。

相对于规则体元模型而言,非规则体元模型对复杂地质实体及其边界多变性的适应能力大大提高,存储空间得以降低,让空间查询、空间分析更为方便,但也增加了空间操作的复杂度。

所有用于地质建模的模型优缺点见表 3-3。

4. 关于混合与集成模型

混合模型由于是面元模型和体模型(或是规则体元与非规则体元)的混合,因而可以发挥各自的优点,取长补短。如 Octree - TEN 混合建模虽然可以解决地质体中断层或结构面等复杂情况的建模问题,但空间实体间的拓扑关系不易建立。

5. 综合比较

综上分析可见,现有三维地质空间建模方法存在以下基本问题。

(1)面元模型虽然可以较方便地实现地层可视化和模型更新,但它不是真三维的,也不描述三维拓扑关系,更无法进行开采开挖设计。

(2)规则体元模型虽然是真三维的,模型更新也比较方便,但难以适应复杂地质体建模,且几乎不描述拓扑关系。

(3)非规则体元模型虽然是真三维的,也可以适应复杂地质体建模,但模型更新比较困难,拓扑关系描述方面还有待继续完善。

表 3-3 现有主要模型的优缺点及适用范围

分类	模型		优点	缺点	适用领域
面元模型	Surface	TIN	边界精度高,可以表达陡坎等现象	数据量大,三角形拓扑要描述	地形与表面建模
		Grid	不描述拓扑关系,网格关系隐含,算法简单、快捷	边界精度低,要提高精度需增加网格数目	地形与表面建模
	B-Rep		精确、数据量小,显式表达几何元素间的拓扑关系	难以描述非规则物体及复杂地质体	简单形体,层状地质体
	Wire Frame		数据结构简单	图形含义不确切,产生二义性,不能进行几何计算	工程地质,地下工程
	Series-Section		3D问题2D化,适用性强	表达不完整,精度难保证,不描述拓扑关系	金属矿体,工程地质
	Multi-DEMs		建模简单,可视化方便,突出关键地层	表达不完整,不描述拓扑关系	城市地质,煤田地质,层状矿体
规则体元模型	CSG		方法简单,适合"分治"算法,无冗余信息可以附加属性	CSG表示不唯一,不描述拓扑关系	规则形体
	Voxel		隐含定位,结构简单,操作方便	几何精度较低,不描述拓扑关系	大气,水体,土体
	Needle		提高了精度,节省存储空间,可以附加属性	不适合大区域,大规模建模,不描述拓扑关系	金属矿体,单一地质体
	Octree		隐含定位,结构简单,节省存储,布尔操作和几何计算效率高,便于显示	边界精度低,几何变换困难,模型更新不便,难以表达多重属性,不描述拓扑关系	大气,水体,土体,机械,医学
	Regular Block		隐含定位,节省存储空间和运算时间	难以精确表达几何边界和边界约束,不描述拓扑关系	属性渐变的三维空间
不规则体元模型	TEN		便于进行表面可视化和不规则体建模,每个体元内部可以有多种属性	增加了数据量,复杂对象的可视化较困难,难以描述拓扑关系	矿体,水体,云体
	Pyramid		适合特殊数据体	数据维护和更新困难,不描述拓扑关系,适用面窄	矿体,水体,云体

续表 3-3

分类	模型	优点	缺点	适用领域
不规则体元模型	TP	模型几何精度较高，可视化方便，可以描述拓扑关系	钻孔必须垂直或平行，模型适应能力弱	工程地质、城市地质
不规则体元模型	Geocellular	可以继承 Voxel 隐含定位的优点，边界精度得以提高	对于断裂、褶曲处理依然不便，不描述拓扑关系	层状地质体
不规则体元模型	Irregular Block	空间建模精度较高，有利于基于地质体的查询和分析	数据组织复杂化，不描述拓扑关系，基于体元的空间检索和空间查询不便	属性渐变的三维空间
不规则体元模型	Solid / Lynx	通过人工交互可对复杂地质体进行三维建模	无拓扑关系，相邻边界查询和分析功能很弱，空间操作频繁，人工交互工作量大	复杂地质体
不规则体元模型	Solid / OO-Solid	采用面向对象技术，通过人工交互可对复杂地质体进行三维建模	程序实现难度较大	复杂地质体
不规则体元模型	GTP	拓扑描述完善，可以描述任意复杂地质体，数据精度得以保障，每个体元内可以有多种属性，实体查询分析方便，便于进行地上、地下集成建模	可视化速度较慢，开挖设计比较复杂	区域地质、城市地质、工程地质、矿山岩土工程
不规则体元模型	Corner Point Grid	能顺着断层方向和地层起伏来剖分地质体，很好地遵循了地质体的边界	为遵循单元格数量规则化，导致断层连通所有地层	盆地数值模拟
不规则体元模型	PEBI	比结构网格灵活，可以很好地模拟非规则地质体的边界，便于局部加密	网格划分时，限定条件比较复杂	建立精细的油藏地质模型
其他模型	M-cells	拓扑关系易于维护，可视化速度快	选择操作速度慢，需要附加记录来维持"序"，表的内部没有属性	地质工程复杂建筑
其他模型	3D-TIN	表面可视化速度快，描述拓扑关系	对象内部没有属性	一般地质体

(4)混合建模和集成建模方法虽然理论上探讨较多,但实现难度大,许多技术难点尚未突破。

第二节 地学信息的属性数据模型

地学对象除了空间几何特征之外,还有空间属性特征。属性特征分为两种(龚健雅,2001):一种是类别特征;另一种是统计信息,以解决两个同类对象的不同特征问题。第一种特征一般用类型编码来表示;而第二种特征则用属性数据结构和表格说明。

属性模型的建立是三维地质建模的另外一个重要环节(图 3-24)。属性模型主要反映地质体的属性特征,如矿床内品位分布,储层中油、气、水及压力分布,富水性,质量级别等,通常应该在几何模型建立的基础上来构建属性模型。当然,直接体绘制方法也允许将物体的属性值直接映射到空间点即像素,但存储开销非常大。

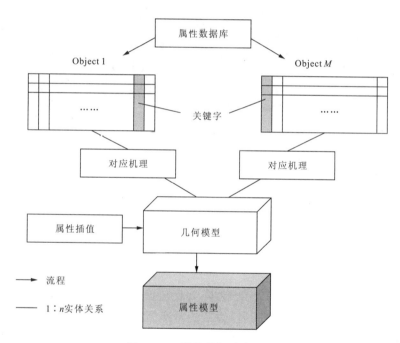

图 3-24 属性数据建模流程

属性建模具体步骤如下。

(1)建立属性数据库。并保证每一对象类别的数据结构中拥有一个关键字,且关键字是唯一的,如岩芯数据库,定义对象类别编码为 BH,数据结构中设计一个记录岩芯序号的字段作为关键字,如 BH001 表示岩芯数据库中第一个数据纪录,BH001 在整个属性数据库中是唯一的编号。

(2)建立几何模型。具体设计方法请参阅其他建模书籍,这里主要说明的是几何模型中数据结构的建立同样要遵循上述原则,即保证关键字的唯一性。

(3)建立属性数据库与几何模型间的对应关系,将属性数据库中的属性值附加或叠加在几何模型中网格的空间节点上(图3-25),属性值可以覆盖整个模型以反映属性的空间变化特征。

图3-25反映了一个矿体模型填充了相应品位属性值后的属性模型,这里采用不同颜色表达不同的品位值。前面图3-16中角点网格模型对应的属性数据是温度场。对应机理的设置是为了确保属性数据库与几何模型中数据的一致性。

图3-25 矿体品位属性模型

一般情况下,由于原始属性数据数量较少,属性数据库中的数据值与几何模型中的空间实体之间存在一对多(即$1:n$)的ER关系,为了使属性模型更加准确、逼真,也可以通过使用地质统计学方法(如距离反比法、Kriging等)或随机模拟方法(如高斯过程、人工神经网络方法等)来预测或估计模型中未知点的属性值。

思考题

1. 空间数据模型常见的分类方法有哪几种?
2. 表面表达模型(B-Rep)、实体表达模型(V-Rep)以及混合表达模型各有哪些代表模型?各种模型的优缺点和适用范围是什么?
3. 角点网格模型和PEBI模型的特点和区别是什么?
4. 简述地质体内部属性建模过程及常用方法。

第四章 三维地质体建模

地质现象在其发生、发展过程中不断向外界传递着自身的信息,研究地质现象及变化的有效途径之一就是通过对所研究的地质空间进行三维建模,恢复其三维空间展布、三维空间关系和相关属性特征。所谓三维地质建模是指在三维空间环境中,对地质空间中的地质体进行几何特征、空间关系和属性特征重建的过程。

第一节 三维地质体建模概述

一、三维地质建模现状分析

国外的三维地质体建模及其分析研究开展较早,在理论研究、软件开发和实际应用等方面发展较为成熟。在基础理论方面,不少学者从各种角度和所在领域提出了不同的相关理论与方法,以下学者影响较大。

(1)加拿大学者 Houlding 于 1994 年提出三维地学建模(3D Geoscience Modeling)的概念,即在三维环境下将地质解译、空间信息管理、空间分析和预测、地质统计学、实体内容分析以及图形可视化等结合起来并用于地质分析的技术。他在书中详细阐述了基于有限的数据如何建立计算机模型来满足地质学家扩展地质解释、地质统计预测和图形显示的需要。其中的一些基本技术和方法包括空间数据库的建立、三角网生成方法、三角网面模型构建方法、三维三角网固化方法、地质体边界的划定和连接等许多方面,最后针对五个各具特点的实例进行了三维地质建模应用。该书从总体上为三维地质建模技术进行了总结归纳,反映了该问题的研究水平,为地质信息的三维分析与管理指引了方向。

(2)法国 Nancy 大学的 Mallet 教授针对地质体建模的特殊性和复杂性提出了离散光滑插值(Discrete Smooth Interpolation,DSI)技术,该技术基于对目标体的离散化,考虑已知信息引入的约束,用一系列具有物体几何和物理特性的相互连接的节点来模拟地质体;它基于图形拓扑,具有自由选择格网模型、自动调整格网模型、实时交互操作并能够处理一些不确定的数据等优点,适用于构建复杂模型和处理模型表面不连续的情况。DSI 技术已成为 GOCAD(Geological Object Computer Aided Design,地质目标计算机辅助设计)研究计划的核心技术,该计划为适应地质、地球物理和油藏工程的需要和综合研究提供技术支撑,在国际上得到极大的重视。国际勘探地球物理学家协会(SEG)和欧洲勘探地球物理学家协会(EAEG)于 1992 年末成立了 SEG/EAEG3D 建模委员会,以 GOCAD 为依托开展三维 SEG/EAEG 建模工程(SEM)。GOCAD 为人们深入研究地质信息三维数字化建模开辟了新的道路。

随着相应理论基础的研究和深入,以及计算机技术的迅速发展,国外的三维地质建模软件已形成相当的规模,比较典型的大型专业软件有:GOCAD、EarthVision、Vulcan、GemCom、MicroLynx、SurpacVision、Landmark、GeoSec3D等,这些软件分别在地球物理、石油物探、石油开采和露天矿开采等领域取得了颇有成效的研究成果。但是,由于国外软件费用高,并且受到具体地质条件的限制,大都面向石油、矿产等领域,一般通用性不强,并且在实际使用过程中对有些特定领域支持不够。例如,上述这些软件由于其应用目的与水利水电工程地质分析存在较大的区别,在我国水利水电工程地质信息三维建模与分析研究中难以推广使用,尤其是对于大型水利水电工程,从勘探数据处理到模型建立、表达等方面的针对性和实用性均不强,只适用于某些特定的条件和应用情况。

在国内,自计算机在地学中应用以来,由于受到硬件以及人才培养等客观因素的限制,地质工程师大多以二维为基础对地质体进行分析和研究,并且研制了许多二维制图的应用软件,而对于三维地质建模和分析方面的研究还在探索中。目前,很多高等院校和研究单位结合所属领域开展了这项研究工作,取得了一定的理论和应用成果。如中国地质大学吴冲龙教授(1996)的团队致力于三维可视化地学信息平台的建设,致力于地下复杂地质体建模的方法理论探索与技术的实现;中国矿业大学武强和徐华(2003)设计了超体元实模型,并提出基于特征的驾驭式可视化设计思路,建立了面向采矿应用的三维地质建模体系结构;曹代勇、朱小弟等(2001)提出基于OpenGL的切片合成法,应用于煤田三维地质模型可视化分析中;北京市勘察设计研究院陈树铭等(2000)提出泛权算法论,试图解决任何复杂的三维地质信息数字化与重构问题;中国科学院张菊明、陈昌彦等(1996)应用拟和函数法开发研制了边坡工程地质信息的三维可视化系统,并应用于长江三峡永久船闸边坡工程的三维地质结构的模拟和三维再现工作中。此外,北京航空航天大学、北京大学、南京大学、武汉大学、中科院武汉岩力学研究所等单位也做过相关的一些研究工作,结合特定的领域取得了一定的研究成果。

综上所述,从国内外所开展的一系列研究和应用来看,三维地质建模与可视化模拟分析已经受到国内外专家、学者越来越多的重视,并取得了相当的成果,丰富和发展了三维地质建模的理论与方法。然而,从总体上看,虽然国外三维地质可视化模型研究和应用走在前列,有不少成熟的建模软件,国内也有类似的软件产品,但其成果除了在露天矿山开采和石油物探领域研究应用取得较好的效果外,在水利水电工程设计与建设领域离实际应用还有一定距离,真正用于特殊而复杂的水利水电工程地质三维建模与分析实践的非常少见。而且,目前的工程地质三维模拟大都着重于单层地质实体的表示,对断层、褶皱等构造因素的分析建模重视不够,不能反映工程设计和大型结构面及其结构面相互交切关系的综合信息和三维特征,缺乏结合特定工程部位的地质结构适宜性和稳定性分析评价功能。

二、三维地质体建模难点分析

一个广义上的三维地质体模型可作如下描述:在野外地质勘探和室内地质资料分析的基础上,利用计算机量化(数字化)描述地质对象的几何形态、拓扑关系(地质结构体间的空间关系)和物性等信息,其包含的元素层次有点(地质点)、线(钻孔平硐路径)、曲面(地层面、断层面等)、交线(地层与断层交线)、闭合区域体(断块、岩脉等)、网络(断层网络)、属性(年代、密度、孔隙度等);通过对研究区域内这些对象的一维、二维和三维信息数据综合解释后,重构建立而成的复杂整体计算机模型即为广义上的通用三维地质模型。

由该定义可知,建立一个客观准确的三维地质模型必须获得足够的原始采样地质数据、能够真实反映复杂地下空间关系的地质解译分析和合适的数据结构,因此,目前复杂地质体的三维建模主要面临的困难可归纳为以下四点。

1. 原始地质数据获取的艰难性

三维地质建模的准确性很大程度上依赖于原始输入的地质数据。然而,一方面由于经费的限制,通常难以采集足够的样本数据以解决许多不确定问题,只能获取一些非常不全面、有时甚至是相互冲突的信息;另一方面在于所获得的剖面数据缺乏解释和源于遥感的数据较为模糊,等等。这使得模型的建立相当困难,而且导致无法客观准确地描述整体区域内的地质构造和空间属性的变化特征。因此,基于原始离散的地质数据进行合理、快速的空间构造解译分析是三维地质建模的基础。

2. 地下地质体及其空间关系的极端复杂性

断层、岩脉等将地层切割成不连续的空间分布,岩体内复杂的岩性变化以及地质构造过程的动态性等使得地质信息三维建模的自然环境变得异常复杂。地质体中包含如断层、岩脉侵入体、倒转褶皱等多值面的地质结构,增加了三维地质建模数据结构、拓扑关系及相应算法的复杂程度,缺乏成熟的解决方案,使得重建的三维模型信息存储量异常巨大,无法满足实际分析应用。因而,针对实际的应用目标,提供合适的三维数据结构模型,解决地质体复杂、模型数据量大与模型需满足实时分析要求的矛盾,是地质三维建模面临的最大困难之一。

3. 地质体属性的未知性与不确定性

这实际上是由稀疏的不充足采样数据和地质体的复杂性共同决定的,而且影响地质体属性的不确定因素很多,如相互矛盾的信息源、地质条件的变化等。然而,工程实际所需要的地质模型却要求是已知且确定的,传统的二维地质解译图仅仅局限于有限不连续的剖面,其间的构造形态需要地质工程师或设计人员自己去想象,这就存在主观上的不确定性。因此,如何将地质专家的经验认识和先进的智能推断预测技术有机地结合起来,尽可能消除地质体属性的未知与不确定因素,客观合理地构建以整个区域地质体为解释对象的三维地质模型,具有很大的挑战性。

4. 三维地质分析能力的局限性

基于上述分析,由于地质数据的缺乏,地质环境中存在的复杂性、不连续性、未知性和不确定性等客观因素,以及三维地质建模不同的应用目标等主观因素,使得三维地质模型的建立缺乏统一而完备的理论技术,导致现有的相关系统缺乏专业的三维地质分析能力。因而结合所属领域开展三维地质建模理论体系研究,有针对性地开发完整且专业的建模与分析系统,显得尤为实用和必要。

在三维地质体建模选择数据结构模型时,首先必须对这些复杂性有足够的认识。而其中最为复杂的还是地质体对象,其复杂性主要体现在以下三个方面。

(1)几何形态的复杂性。地质体是在漫长的地质历史过程中,由各种不同的地质过程综合作用而成。大多数的地质体在初期是由沉积作用或岩浆作用所形成的,几何形态比较简单;复杂性来自于后期的侵蚀、岩浆侵入或变质作用。对于计算机表达来说,最显著的复杂性来自于各期构造运动,它们造成地层的隆起、褶皱、剪切、断裂、位移乃至倒转等。用计算机来表达地质实体,要求数据结构具有处理离散、不规则和三维空间地质体的能力(图4-1、图4-2)。

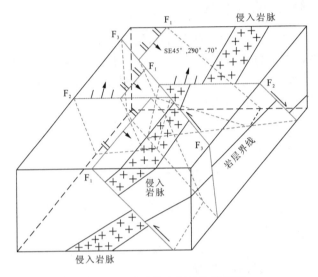

图 4-1 地质体空间结构示意图

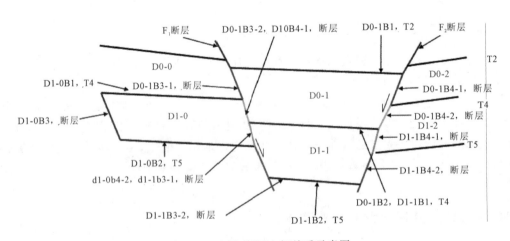

图 4-2 地层-断层空间关系示意图

(2)信息源的复杂性。地质工作者进行地质调查,往往采用不同的手段,这使得所获取的地质信息有各种各样不同的来源,最常用的有钻孔平硐资料、地形测量数据、地质制图剖面资料和遥感影像等。为了得到令人满意的表达效果,必须提供合适的数据模型对这些信息进行综合处理。

(3)地质条件变化的复杂性。地质条件在不同的地区是不同的,有的是简单的层状地层,而有的是极端复杂的褶皱和断层的复合体,对于计算机表达来说,应该能够提供可供选择的建模机制,以便用来处理各种不同的地质条件。

因此,三维地质模型应该包含对研究区域内各种地质对象的几何特征、拓扑关系和属性信息等的综合表达。

第二节 三维地质建模体系结构

三维地质建模经过近半个世纪的发展,已经逐步形成了其本身的"层次划分体系""建模方法体系"和"业务流程体系"。

一、三维地质建模层次划分

2008年,何珍文等对三维地质建模的层次划分、方法体系、建模流程等三维地质建模体系结构问题进行了研究总结。

根据地质空间三维建模的功能需求,本章将三维地质建模分为五个层次,即模型可视化、模型度量、模型分析、模型更新、动态构模五个层次,如图4-3所示。

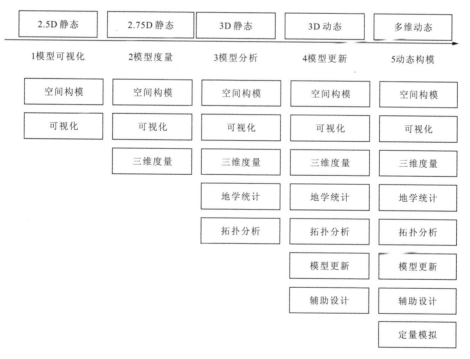

图4-3 地质空间三维建模层次划分

(1)模型可视化层次,指在三维可视化环境中对地质空间中的地质对象进行三维可视化,以增强对地质空间三维感观,提升人们对地质现象与过程的认识和理解;从维数上看,本层次属于2.5D的静态建模。

(2)模型度量层次,指在模型可视层次基础上,能对三维地质空间进行度量、查询;能计算三维地质实体的长度、面积和体积;从维数上看,本层次属于2.75D的静态建模。

(3)模型分析层次,指在模型度量基础上,能在三维可视化空间中对地质对象进行地学统计分析、空间关系分析;从维数上看,本层次属于3D的静态建模。

(4)模型更新层次,指在模型可分析基础上,能对模型进行动态创建、更新,能在模型基础上进行工程可视化设计。从维数上看,本层次属于3D的动态建模。

(5)动态构模层次,指在模型可更新基础上,能进行地学过程定量模拟,能动态实现模型构建、更新。从维数上看,本层次属于4D的动态建模。

二、三维地质建模方法体系

地质空间三维建模研究是当前地学信息科学中具有挑战性的前沿课题之一,是许多地质学家和计算机专家一直探索的方向。如上节所述,目前很多建模方法是和建模数据结构息息相关的。由于空间对象具有不同的具体特征,如三维地质空间和三维地理空间的建模方法就存在很大的不同,而地理空间又与机械设计空间存在很大的差别,因此,我们可以看到地质空间、地理空间和设计空间的三维实体建模方法很难用一种通用的方法统一。这也是目前三维空间建模的一个难点问题。

自20世纪80年代起,国内外不同行业的学者们提出了各种方法构建三维地质模型来模拟分析复杂的地质对象,使得这方面的研究有了长足的发展。1988年,Yfantis C运用分形技术对地质体表面、地表地行进行模拟;1989年,Vistelius提出基于地质概念模型的数学方法重建地质体;1996年,张菊明建立了各种空间曲面拟合函数来模拟三维地质曲面;毛善君等(1998)提出利用网格插值法建立地质信息的三维网格化模型;1997年,Mallet提出离散光滑插值(DSI)几何建模方法,并已在GOCAD地质建模中得到应用;1999年,柴贺军等用有限个测量点集构建地质结构面的计算机三维扩展模型;De Kemp(2001)采用三维Bezier工具对复杂地质结构进行可视化建模,并与Sprague进一步合作发展了Bezier-NURBS混合曲面来进行解译拟合三维地质结构面;2001年,Marschallinger应用体元建模技术在IDL系统上完成了地质材料微构造的三维重建;张煌、王占刚等(2008)则引入体视化技术进行三维地质建模;2002年,Courrioux等采用Voronoi图对复杂地质对象提出了自动实体重构方法;Saini-Eidukat等结合虚拟现实(VR)技术尝试在Internet上进行地质分析;陈树铭等(2000)提出泛权算法来解决工程地质的三维数字化与重构问题;2003年,Wu和Xu则提出了断层模拟的滞后插入、局部重构方法和有效耦合多源数据的三维地质建模方法;Lemon等直接根据钻孔和定义横剖面采用地层-实体算法构建三维地层实体模型;2004年,朱良峰等也提出了基于钻孔数据提出钻孔-层面模型方法来构建三维地层模型;Xue等采用Delaunay三角化算法和四面体网格算法来实现复杂地质对象的三维重构;2005年,钟登华、李明超等针对水利水电工程地质研究的特点,提出了一套基于NURBS混合数据结构的三维地质实体建模和工程地质分析的方法体系;Brandel等展示了一个"地质领航"的原型系统,能实现石油、天然气开采中使用的三维地质模型的自动构建和更新;Arms等用三维单元体基于地质数据库进行三维空间对象建模;Thurmond等运用虚拟现实技术完成了简单露头地质体的多尺度可视化;2006年,Tache等考虑地质不确定性,通过地下地质体的三维建模来对地质空间进行统计预测分析;2007年,何珍文等对基于拓扑推理的地质体建模方法进行了讨论,并实现了基于剖面拓扑推理的地质体动态重建;2008年,何珍文在其博士论文中对地质空间三维动态建模多项关键技术进行了综合研究与探讨;2013年,翁正平在其博士论文中对三维动态建模进行了局部更新方面的研究。上述研究成果表明,三维地质建模正逐渐从静态建模向动态建模和精细建模方向发展。

1. 基于空间特征表达方式的三维地质建模方法分类

地质空间特征表达方式可以分为两种方式,即数学解析表达和空间展布表达(何珍文,2008)。按此分类方法,地质建模方法分为三类,即数学解析型建模方法、空间展布型建模方法和混合型建模方法(何珍文,2008)。

1)数学解析型建模方法

此类型方法主要思路是从三维地质建模问题中提炼相应的数学问题,试图利用数学方法建立起该问题的数学模型,进而重构整体区域的三维地质模型。此类方法的理论基础为数学地质。

此类建模方法是由苏联数学地质学家Vistelius于1989年最早提出,采用常规的数学地质理论和方法来研究,认为建立三维地质数字模型应按以下四个步骤进行:①在野外地质勘测和室内地质资料分析的基础上,建立研究区域的地质概念模型;②根据所建立的地质概念模型构建反映地质体变化规律的数学模型,选择合适的数学方法;③利用建立的数学模型和选择的数学方法编制计算机程序,结合具体研究资料和数据进行处理;④对计算结果进行地质解释和应用,并在合理的外延区间内进行外推预测。但是,由于地质体的形态变化非常复杂,难以用定量的数学规律描述,无法建立数学模型。因此,此类方法只能够适用于地质结构简单、形态较规则的三维地质建模。

随着现代数学在数学地质中的推展,陈树铭综合模糊理论、概率理论、随机理论、神经网络的核心思想,构造了泛信数学空间,提出了"泛权算法",将三维地质建模抽象为一个核心数学问题,即如何从已知边界条件(有限已知属性的无穷子空间)反演整个母空间(待求未知空间)的属性,从而超越现有由有限个离散点的属性来分析、反演母空间属性的算法。其核心思想是从有限个已知属性的无穷子空间反演整个母空间属性,试图直接利用已知地质钻孔等原始勘探数据通过该数学方法解决任何复杂的三维地质重构问题。该方法较之狭义的数学地质方法更为具体,已应用于北京市工程地质三维数字化研究,为多项工程提供岩土工程勘察地层分析。该方法理论性较强,在城市地质中获得了较好的应用。但是,由于地质情况的复杂性,很多地质模型无法从有限离散的多元地质数据通过建立求解数学函数来反演整个区域的地质空间属性,因此该算法也不具有通用性。

2)空间展布型建模方法

通过对国内外大量的三维地质建模方法和实现软件包的调研分析,空间展布型的建模方法大体有三类,即基于面元数据结构模型的建模方法、基于体元模型的建模方法和基于集成模型的建模方法。

(1)基于面元数据结构模型的建模方法,即直接将原始的线状数据进行有效的分层,根据各层面标高应用曲面构造法来生成各个层面,然后进行层面的封闭。基于剖面数据和基于钻孔数据都可以采用这种方法。目前,一些比较成熟的商用软件大多采用这种方法来实现地质体建模。

（2）基于体元数据结构模型的建模方法，即将剖面、钻孔等数据离散，然后进行体元网络剖分，根据点集合的属性确定体元所属地质实体。也有一些基于体元模型的方法并采用剖分算法，如 GTP 则比较适合采用钻孔作为输入数据。

（3）基于集成数据结构模型的建模方法，即综合原始地质勘探数据，主要包括钻孔、平硐、地震剖面和解释剖面等多种来源的地质数据，应用基于体元或面元的建模方法进行三维地质建模。由于数据的多源性导致其数据结构难以统一，使其实现具有一定难度。

3）混合型建模方法

混合型建模是指上述两种方法的混合与集成使用而形成的一类三维地质建模方法。

2. 基于数据源的三维地质建模方法分类

按照三维地质建模数据来源分类，大致可以分为如下三类。

1）直接点面法

直接将原始的线状数据进行有效的分层，根据各层面标高应用曲面构造法来生成各个层面。此类方法运用不多，主要有 RockWare 三维地质分析软件和 GMS 地下水建模软件（由钻孔直接构建三维地质模型）。

2）剖面框架法

在收集、整理原始地质勘探资料的基础上，建立分类数据库，人工交互生成大量的二维地质剖面，然后应用曲面构造法（边界表示法）生成各层位面进而表达三维地质模型，或者利用空间拓扑分析法（体元表示法）直接进行地质体建模。而选择采用曲面边界建模还是体元拓扑数据模型又包含很多的具体方法。国内外大部分三维地质建模实现均采用此类方法，如 GemCom、GeoSec3D、3D-GVS、QuantyView 等软件系统。

3）多源数据耦合建模法

耦合原始地质勘探数据（钻孔、平硐、地震剖面）和二维解释剖面等多种来源的地质数据，应用曲面构造法或拓扑分析法进行三维地质建模。由于数据的多源性导致其数据结构难以统一，使其实现具有一定难度。但随着计算机技术的发展，人们更倾向于综合考虑有限的可利用数据进行模型重建，如天津大学钟登华的 VisualGeo，武汉地大坤迪科技有限公司的 QuantyView 等结合各自领域耦合多种数据源实现了三维地质模型的建立。

三、三维地质建模流程分析

经过多年理论方法探讨和应用实践，地质空间三维建模技术和方法日趋成熟，其三维地质建模业务处理流程也逐渐成型。武强、徐华（2004）建立了面向地矿应用的三维地质建模体系结构，提出以空间数据处理为基础、以实体建模技术为核心、以模型应用为目的的设计理念。李明超（2006）将其概括为地质数据处理、地质体建模和模型分析应用三个阶段。

对于静态建模可以用上述三个阶段概括，但是对于动态建模，则必须加入模型检查修正阶段。因为动态建模很大程度上，地质体模型是自动建立的，其模型的合理性没有人工交互建模的合理性好，因此，模型检查修正阶段必不可少。为此，本章将地质空间三维建模的业务流程划分为四个阶段，如图 4-4 所示。

（1）地质数据处理阶段。自然界地质现象的复杂多变及大量的不确定因素决定了反映地

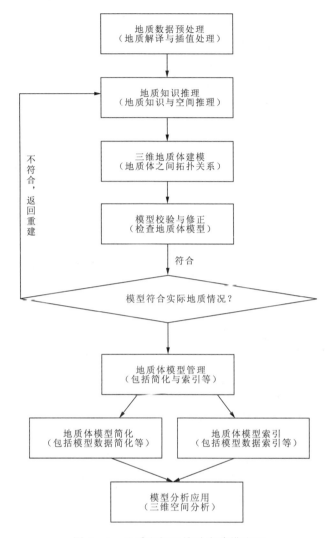

图 4-4 地质空间三维动态建模流程

质现象的地质数据具有多样性、不确定性和复杂性等特点,因而首先需要对通过地质调查、钻孔平硐、物探、化探、遥感、摄影测量等技术手段获得的原始数据利用地质工程师的知识和经验进行地质解译预处理,得到一系列与地质体空间实体相关的钻孔数据库、剖面图和约束散点集数据;然后利用二维编辑处理软件(如 QuantyView2D)针对地质建模实际需要数据进行综合整理,并结合地质专家知识对复杂的地层、断层等地质结构进行识别、解释、描述、定位等处理;最后把所有的地质数据通过数据转换接口转换为建模软件(如 QuantyView3D)可接受的输入数据格式。由于 QuantyView 是一套完整的三维地学可视化信息系统平台,其二维编辑模块与三维建模模块能进行无缝数据集成,因此这种转换对于用户基本不可见。但是对于采用其他地质建模软件则需要进行显示的数据转换处理。

(2)地质体建模阶段。三维地质体建模的核心技术是关于地质空间对象的三维表示方法,本阶段也是三维地质建模最核心的阶段,这个阶段主要需要解决地质空间三维建模的三个主要问题。

第一个要解决的问题是关于地质对象空间几何形状的表达问题,即如何根据数据的空间展布及变化特征建立三维空间几何模型。若采样数据过于密集,则应该对数据按照一定规则进行抽稀处理以降低数据密度;若采样数据过于稀疏,则需要在离散点之间或两个原始剖面之间进行插值处理,调整地层、断层等不合理的趋势面使模拟效果更加自然、真实。

第二个要解决的问题是关于地质空间中地质对象的属性信息与几何对象的关联问题,即如何通过建立属性数据库与图形库间的对应关系,将属性信息值关联到几何模型中相应的地质体上,以反映地质体的属性特征,如岩性描述、断层要素、岩体质量级别等。

第三个要解决的问题是地质空间中不同地质对象之间的空间关系描述问题,即三维拓扑模型的建立,反映地质对象之间的内在关系,包括地层之间、地质构造之间、地层与构造之间等的各种关系。

(3)模型检查修正阶段。三维地质体模型的建立是根据第一阶段处理的数据进行的;对于基于多源数据的三维地质建模,由于原始资料本身的冲突、解译数据之间的冲突、原始数据与解译数据之间的冲突,或在建模过程中的地质知识推理错误等,会导致建立的模型与实际情况不相符,其中最常见的是地质体之间的空间关系错误。因此,在模型建立后,应该对模型的拓扑关系等进行检查矫正,以使其与实际的地质情况相吻合。这个阶段在静态建模过程中作用不是很明显,但是在动态建模过程中则必不可少。只有在确保建模模型正确性的前提下,模型的应用才会有实际的意义。

(4)模型应用阶段。模型分析应用是建立三维地质模型的最终目的。模型应用主要包括地质空间分析、辅助工程设计分析、地质过程定量模拟及其他方面的应用等。地质空间分析主要是对建立的三维地质模型作任意方向、任意位置和任意深度的剖切分析、开挖分析、洞室剪切分析等,以便帮助人们更直观、更深刻地理解区域地质环境和地质条件;辅助工程设计分析则是主要针对与地质条件密切相关的工程建筑物进行调整、优化设计,进行多方案对比,选择地质条件较好和处理工程量较少的布置方案,为提高工程安全性和降低工程投入提供技术支持;地质过程定量模拟分析则是根据在已经建立的地质模型之上进行地质过程的定量模拟,如油气的生、排、运、聚过程模拟,应力场模拟,造山过程模拟等。

第三节 常见的三维地质建模方法

三维地质建模包括地质体的几何形态建模和属性建模,常规的建模重点是在其几何形态建模上,因此,本书重点讨论其几何建模。常见的三维地质建模方法可以分为基于层面数据的三维地质建模方法、基于剖面数据的三维地质建模方法、基于钻孔数据的三维地质建模方法以及基于多源数据的三维地质建模方法。

一、基于层面数据的三维地质体建模方法

基于层面数据的三维地质建模方法主要以DEM、地层散点或地层层面数据为基础来构建三维地质体。地质体由DEM、地层和地质构造等元素构成。地质构造(如褶皱、节理、断层和

劈理等）在空间中的基本形态可以通过特征描述和空间展布两种基本方式表达；特征描述是用产状、规模等构造的基本要素以数字方式表达出来，而空间展布是将各种复杂的地质构造抽象为空间的点、线、面等几何元素的集合以可视方式展现出来。这些表示方法为空间几何形态的描述和数学分析提供了支持。基于层面数据的三维地质体建模是几何模型的构建，主要包括以下几个方面。

1. 地表地形面的创建

三维地形是三维地质建模基础，在每个工程勘察设计阶段工作启动后，首先由测量专业人员提供符合当前阶段精度要求的地形数据。如果地形数据是以三维线条的形式提交各专业，就需要数字高程模型（DEM）插值算法来实现三维地形面建模。与建模相关的地形数据包括计曲线、首曲线、水系、公路等，地形线条数据经过必要的处理后导入三维地质系统。等值线数据一般是以 AutoCAD 的 DWG 格式提供给下序专业。具体算法：先将参与地形建模的数据离散成一系列的散点，根据散点坐标在平面 XOY 上按 Delaunay 方法进行三角网剖分，构建一个不规则三角形网（TIN），然后根据 DEM 各网格点落在相应的三角形内部，按一定的插值计算方法（克里格、多项式、距离幂次反比法等）求出其高程值，最终形成数值高程模型。实际应用中存在的数据缺失问题可以通过优化三维地形生成算法克服。

有了数字地形高程模型后，再用航片或者卫星影像数据生成的正射影像作为纹理贴在 DEM 上，生成的三维地形效果如图 4-5 所示。

图 4-5 地形表面创建

2. 岩层界面的创建

岩层界面是指两个地层单元之间的分隔面，一般具有较稳定的地层产状，建模时如何利用地层的整体产状趋势是重要的考虑因素，这将有利于简化数据插值过程、又好又快地生成岩层界面曲面。

岩层界面是通过地质测绘和孔洞勘探采集的数据来创建的，包括岩层界面的位置信息、产状信息以及特征信息，所有信息在数据维护过程中存储在系统数据库中。可以开发出专门处理具有产状数据的地质结构面生成算法。具体思路:首先将岩层界面揭露点的产状信息扩展为空间一定范围内的多个插值点,这些插值点代表了岩层界面在揭露点附近的局部延展趋势,然后将实际揭露点与插值点一起拟合生成曲面。通过这样的算法生成的岩层界面,不仅通过所有揭露点,而且在局部位置也符合产状趋势,因此不需要太多的人工干预插值即可完成岩层界面建模,如图 4-6 所示。

图 4-6 水电地质模型的岩层界面

但是岩层界面产状相对不太稳定的工程场地也比较常见,比如褶皱地层、倾倒地层、岩脉地层等,这些都属于比较特殊的岩层界面建模,根据需要灵活处理,比如在利用数据库内的少量揭露信息直接生成岩层界面前,通过勘探剖面插值工具对岩层界面进行整体趋势控制,形成岩层界面的空间框架。

3. 构造面的创建

构造面与岩层界面同属地质结构面,在空间上延伸都具有较稳定的产状,且都不穿越基岩面而连续伸入覆盖层,因此二者建模方法基本一致。

地质构造在系统内分为断层、挤压带、裂隙、层间错动带、层内错动带,都是在地质点、钻孔、平硐、探井等构造揭露位置采集数据。构造面在工程区分布的数量多时,确定构造面的空间连接和交切关系将非常复杂,需要借助特征分析、剖面分析或者建模分析来判断(图 4-7)。

剖面分析是利用软件系统的勘探剖面工具将构造的揭露点位置和产状信息通过剖面图方式来表达,以便查看地质构造在剖面上的合理连接、延伸和交切情况,甚至交互修改。

建模分析是三维系统所独有的形式,是将初步确定的构造揭露点尝试连接生成空间曲面,在三维状态中去分析构造面的连接合理性,以及如何延伸和交切处理。建模分析还可以对没有确定构造连接关系的孤立的构造揭露点进行分析,通过生成单个揭露点的小构造面,然后与其他已确定连接关系的大构造面进行比较,分析小构造面与大构造面归并的可能性。

构造面利用各自的揭露数据单生成得到空间曲面,需要再根据地质情况将构造面进行延伸、修边、剪切等处理,尤其是控制性结构面与被处理构造面之间的关系需要交代清楚。同样

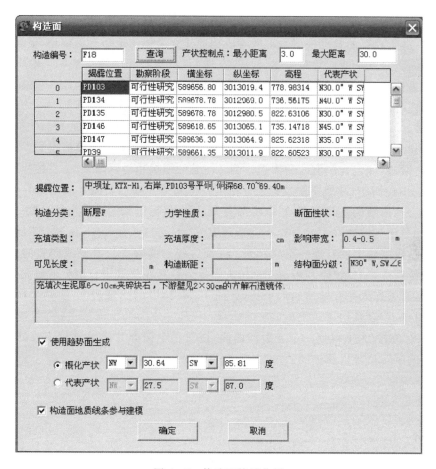

图 4-7 构造面特征分析

可以赋予各构造面的拓扑属性编码,以便后续构成体模型和剪切分析。

1)断层模型

包含断层的复杂地质体的三维数学描述与模拟目前仍处于研究探索阶段,至今还没有一个完善的系统实现。其原因主要是由于断层在空间展布的几何形态的高度复杂性、不确定性以及数据获取的艰难性。从目前国内外关于三维地质建模方法的研究现状来看,其主要技术路线是首先根据钻孔岩芯数据或地震剖面解释而形成的剖面数据以及区域地质调查获得的有关数据,基于二维或三维剖面形成合理的断层面;然后建立地质体的网格模型,实现三维计算机模拟。但是,这些方法要求丰富的样本数据作为建模的依据;而且,基本上只能处理表示单值面的正断层,对于存在多值面的逆断层,仍然缺乏有效的处理方法;另外,也没有提供对采样数据区以外区域的断层延展性进行预测的手段。

针对上述问题,武强和徐华提出了一个新的三维断层建模的数学模型(武强、徐华,2005),根据断层的属性以及断层采样数据的数量与质量,仅需要两个断点以及断层面的倾角和倾向为参数,就可以推演断层面的空间几何形态;在属性发生变化的层面上进一步获取数据之后,可以用多个平面的组合逼近这个复杂的曲面,达到用数学语言来精确地描述刻画断层面在空间展布的异常复杂的几何形态,实现了在不同数据来源情况下的三维断层建模。

2)褶皱几何模型

事实上,尽管现有的自动映射系统能够成功地建立简单的地质界面模型,但是它们无法构建复杂的曲面以及复杂的地质对象,如逆冲、逆断层、褶皱和倒转褶皱等。地质界面发生弯曲现象称之为褶皱,可以依据剖面和地质图数据来模拟褶皱的几何形态。一般情况下,褶皱模拟可以分为两种。

(1)褶皱,即不含多值面的褶皱。其几何模型的建立可以通过对形成褶皱的空间离散点进行启动 Delaunay 剖分,将离散点用线段连接起来,拟合出一个曲面来模拟褶皱。

(2)倒转褶皱,即包含多值面的褶皱。倒转褶皱的模拟相对复杂一些,具体描述如下。

如图 4-8(a)所示,从地质图及相关资料可以得到褶皱在地质图上的褶皱界线及产状,为了能够准确表达褶皱的空间形态,不使信息丢失,可以根据褶皱的不同产状设置一系列褶皱的轮廓线,如 n 条褶皱轮廓线 $E_i(i=1,\cdots,n)$,其中 $E_i=\{p_j|1\leqslant j\leqslant m, m\in \mathbf{N}\}$,即每条轮廓线由有限个三维欧氏空间上的有序点组成。为了保证这些点能够反映背斜或向斜的两翼形状,应该尽量选取特征点,如枢纽点和转折端部位的点等。在对轮廓线进行剖分的时候,为了使褶皱形状不失真,必须加入一些辅助的约束边,如图 4-8(b)中的约束边 C,使其在网格模型中可见,建立好每条 E_i 以及约束边之后,将 E_i 与 E_{i-1}、E_{i+1} 分别进行连接,构建倒转褶皱的 TIN 模型[图 4-8(c)]。为了得到一个光滑的曲面,还对每个曲面片继续进行细分处理以拟合一个更加准确的倒转褶皱地质界面。

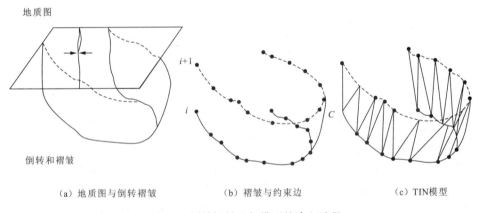

(a) 地质图与倒转褶皱　　　(b) 褶皱与约束边　　　(c) TIN模型

图 4-8　倒转褶皱几何模型的建立过程

图 4-9 显示的是根据上述空间几何模型设计方法建立的一个复杂地质体的实例。表达了复杂地质体的某个岩层的三维模型,准确描述了包括一个倒转褶皱以及倒转褶皱的右翼被一条逆断层和一条正断层切割的复杂地质体的空间分布特征。

4. 透镜体的创建

地质透镜体可以指那些需要在空间上用于内外分隔差异化岩石的封闭分界面,例如风化透镜体、岩性透镜体等。透镜体建模的一般思路是根据某个钻孔上透镜体的厚度,按一定的原则在各方向上外推一定的距离后尖灭,这样不能反映透镜体的各向异性。在本书中根据透镜

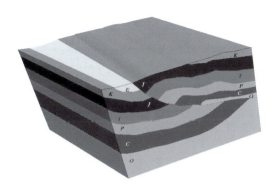 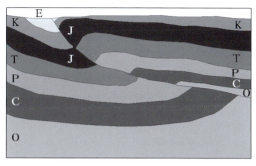

图 4-9 三维复杂地质体实例

体的形状和揭露资料的情况,可以将其建模方法分为三种,分别是单线建模、双线建模和多线建模。

1)单线建模

单线建模方法用于已知的透镜体附着在另一个地质曲面上的情况。通过空间地质剖面得到透镜体的一条剖面线,如图 4-10(a)所示,该剖面线沿着参照曲面旋转一周得到透镜体的一个表面,表面的边界与参照面贴合[图 4-10(b)],那么表面与参照面之间的空间形成透镜体。

(a)透镜体单剖面线　　　　　　　　　　(b)单线生成透镜体

图 4-10 透镜体单线建模

2)双线建模

双线建模方法用于透镜体在某个空间剖面上已知上边界和下边界的情况,例如钻孔揭露风化透镜体时就需要用到这种建模方法。首先,通过勘探剖面工具绘制透镜体的三维双线边界[图 4-11(a)],然后选择双线建模工具直接拟合得到透镜体封闭面[图 4-11(b)]。

3)多线建模

多线建模方法用于透镜体在多个空间剖面上都有上下两个边界线,例如钻孔在横纵两个勘探线剖面上都有交待透镜体的边界延展情况,因此建模时需要利用两对或两对以上的多条线建模。首先,通过勘探剖面工具绘制透镜体在多个剖面上的边界线[图 4-12(a)],然后选择多线建模工具将这些边界线渐变拟合成一个透镜体封闭面[图 4-12(b)]。

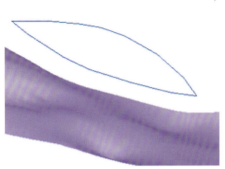 

(a) 透镜体边界双线　　　　　　(b) 双线生成透镜体

图 4 - 11　透镜体双线建模

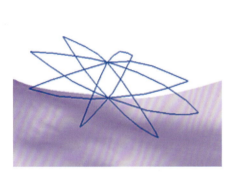 

(a) 透镜体边界多线　　　　　　(b) 多线生成透镜体

图 4 - 12　透镜体多线建模

5. 地层单元的创建与表达

根据 B - Rep(边界代替法)建模理论,代表地层单元的"体"是由多个具有相同属性定义的近封闭的围合面构成,将两个地层单元分隔的是地层界面。因此,地层界面除了有自身的地质编号,还拥有两个地层单元的属性编号,如图 4 - 13 所示。

对于一个地层模型来说,地层单元是由地层单元分界面[图 4 - 13(b)中的属性定义为"JM1,J_2h_1,J_2h_2"的面]和地层单元外侧面[图 4 - 13(b)中的属性定义为"J_2h_1"和"J_2h_2"的面]构成,地层单元外侧面是用建成的边界去裁剪各地层面得到的。

地层单元属性定义作为地层建模的一个关键过程,需根据工程需要来确定地层模型的单元划分和详细程度,在地质意义上划分为亚层或小层的地层单元在建模时可能简化为一个大层就可以,而在某些重要的建筑物部位即使地质上已经划分到小层也可能要再细化为岩性层来建模。地层单元属性定义要注意的是,某个地层单元作为大层就不能与其包含的亚层或小层同时出现在模型中,否则会造成地层单元建模在空间上的拓扑关系紊乱,也就是地层建模必须对每一个地层单元明确建模的详细程度。

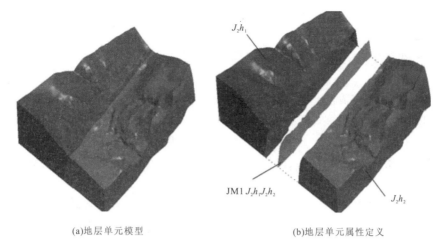

(a) 地层单元模型　　　　　　　(b) 地层单元属性定义

图 4-13　地层单元建模

6. 地质实体的表达

地质实体表达主要采用 B-Rep 的方法建立具有拓扑关系的地质模型,模型的地层单元由多个专门定义属性的地层界面围合。B-Rep 模型在进行数据存储、可视化、模型分析和二维出图等方面都具有优势,但是在一些特殊的应用上也有缺点,比如多重堆积的深厚覆盖层建模,因其空间拓扑关系非常复杂,围合面数量多且细小难以管理,为了管理方便将模型建成实体单元。

地质实体可以创建满足阶段工程分析要求的最小地层或岩性层,二者都是利用地层(或岩性)界面直接分割基岩实体模型得到,还可以用于创建边坡块体。实体模型能够方便地进行交、并、减操作,如图 4-14 所示,可进行洞室开挖或基础开挖模拟。复杂的实体模型带有一个

图 4-14　地质实体与地下厂房的布尔运算

或多个空腔，可以表示岩体里的溶洞或脉体所占的空间。

二、基于剖面数据的三维地质体建模方法

基于剖面的三维建模方法是一种使用广泛的、通用的三维重建方法，这种建模方法最先在医学领域使用并得到快速发展，后来迅速扩展到军事、建筑、航空、地质等其他领域。该建模方法在医学领域的虚拟人技术中广泛使用，其通过电脑断层扫描（CAT）或者核磁共振（MRI）等技术，可以获得一系列相互平行的人体切片图像，通过提取对象的边界，基于轮廓线算法，生成三维人体模型。

在地质领域，剖面图是最基本的地震解译和钻孔分析的成果表达方式之一，随着三维技术的发展，人们意识到这种基于切面的三维建模方法同样适用于地质应用。1975 年至 1976 年间，Kepple、Tipper 以及其他研究人员将这种建模方法引入三维地质建模领域。从此以后，大量的基于剖面的三维地质建模方法和技术被提出来。国外的 Meyres、Herbert、Jones、Schumaker、Muller 和 Lederbuch 等先后都在基于剖面的三维建模方法上进行了卓有成效的研究。其中，Meyres 将基于剖面的建模方法归结为四个子问题：对应问题、构网问题、分支问题和光滑问题。对应问题解决相邻剖面之间的轮廓线匹配问题。构网问题主要解决轮廓线之间的三角形构网问题，主要考虑满足某个或某几个相互兼容的准则，如最大体积法、最小面积法、最小角度法等。分支问题是解决同一对象在不同剖面上的组成部分的个数不同的问题。光滑问题主要解决将初始生成的三角网进行插值，从而得到更加光滑的三角网。

在国内，中国地质大学、中国矿业大学、北京大学、中国科学院等科研单位先后较早进行了三维地质建模方面的研究与开发工作。1995 年至 2006 年之间，中国地质大学国土资源信息系统研究所的吴冲龙、毛小平、田宜平、翁正平、柳庆武、何珍文等先后提出了基于剖面图的数字盆地构造-地层格架建模方法，基于平面图的数字盆地构造-地层格架建模方法，基于钻孔的数字盆地构造-地层格架建模方法以及基于钻孔和剖面的动态建模方法。2002 年至 2005 年期间，吴立新、齐安文、刘少华等先后提出了三棱柱（Tri-Prism, TP）模型、类三棱柱（Analogical Tri-Prism, ATP）、广义三棱柱（GTP）模型、似三棱柱（Similar Tri-Prism, STP）模型；但基于这些模型的算法大部分只是适合于钻孔数据。2006 年，潘懋等提出了基于含拓扑剖面的三维地质建模方法，但没有在动态建模方面进行深入研究。

在动态建模方面，基于剖面建立的三维地质模型的不能动态重建问题一直困扰着该领域的专家学者。从 20 世纪 90 年代末期开始，人们意识到对于简单空间实体或者规则空间实体，可以通过单纯的剖分算法来实现动态构模。但对于基于剖面的复杂地质体建模，由于需要大量的人工交互，其中包含过多地质知识及人工智能推理过程，不可能通过剖分等简单算法来实现动态建模。因此，人们对三维地质体动态建模方法的研究逐渐从纯粹的空间构模的数据结构与算法研究转变为开始重视建模过程中的地质知识表达、推理与应用研究。1998 年，Chiaruttini C 等研究了空间与时态推理在地质建模中的应用问题，其模型采用表面模型（Subsurface Model），主要讨论了模型的时空约束规则及其诊断问题；Perrin M 首次提出了地质语法（Geological Syntax），并对地质一致性（Geological Consistency）进行了探讨。1999 年，Roberto 等讨论了地质解释过程中的人工智能推理算法。2002 年，Schoniger 等提出了不确定性下的地质推理分析，并将其应用于地下水体重构研究。2005 年，Minor 等研究了基于用例

推理的地质构造建模方法;Perrin 在 SEM(Shared Earth Model)基础上提出了适用于油气盆地重建的基于知识驱动的建模方法,采用的模型依然是面模型。2006 年,Zheng Liang 和 Li Deren 等提出了基于事件驱动的时空数据模型,没有进行模型重构方面的研究。2008 年,何珍文对于基于非共面剖面拓扑推理的三维地质体重建方法进行了系统研究,并提出了相应的基于剖面数据的三维地质体动态建模方法。上述研究成果在很大程度上推进了空间推理在地质体建模中的应用研究,同时也为基于剖面的地质体动态建模的实现奠定了基础。

从上面的分析可以看出,不管是哪种基于剖面数据的三维地质体建模方法,都是通过地质剖面直接的拓扑关系和剖面之间的连接关系建立起来,这个过程就是三维地质体成体的过程。

1. 地质剖面数据结构与拓扑关系表达

剖面是地质体建模的主要数据来源之一。在以往的文献中,用于地质体建模的剖面大多是共面的序列剖面,并且在建模过程中大多使用剖面上的轮廓线进行地质体表面生成。但是在实际过程中,很多剖面并不是共面剖面。由此,我们首先必须讨论适合于共面和非共面两种剖面的数据结构及其表达问题。

非共面曲面的拓扑关系我们用 TopoPoint、TopoPolyline、TopoPolygon 和 TopoSurface 四个类来表示。我们这里提出的非共面地质剖面,去除其一定的地质含义外,从几何的角度来看,地质剖面就是一种非共面曲面。为了方便地质剖面的一些地质特性的表达和存储,我们从曲面拓扑关系对象模型派生出了相应的四个对象类,即 SectNode、SectArc、SectFace 和 Section,如图 4-15 所示。结点(SectNode)是一种特殊的三维几何点,它是弧段的起始点或终止点。弧段(SectArc)是一条由几何点顺序连接而成的三维有向线段,它和其他弧段只能相交于结点处。面(SectFace)是由一系列弧段(SectArc)首尾连接形成的,在地质剖面上的封闭区域。结点(SectNode)、弧段(SectArc)、面(SectFace)的集合构成了一个非共面地质剖面,系统中用 Section 表示。由于 Section 是从 TopoSurface 继承而来,因此,其几何对象为 GeomSurface。由于在三维地质建模过程中地质剖面一般都是一个或几个序列剖面,因此还设计了 SectSeries 对象来管理用于地质体建模的非共面地质剖面序列。关于基于剖面的建模方法将直接在该对象上实现。对于三维的非共面地质剖面上 2.5D 拓扑关系的生成,也可以通过剖面投影,如图 4-16 所示,采用"基于投影的三维空间曲面拓扑关系自动生成算法"(何珍文,2008)来实现剖面上的拓扑关系。

基于剖面数据的三维地质体建模方法中最重要就是建立剖面之间的要素连接和拓扑关系,也即是三维地质体的成体过程。常见的剖面间成体有两种方式,一种是基于剖面编码的方式,一种是基于剖面推理的方式。

2. 基于剖面编码的三维地质体建模思路

基于剖面编码的三维地质建模方法可以从三个方面来了解。

1)单体、线条(边)编码形式及方法

单体即相邻剖面间同期发育且具有相同沉积特征及相同构造控制背景,尤其空间位置上具有成因一致性的空间几何形体。这里所指的单体是一种狭义的单体定义。就广义而言,单体可以无限制地延伸,直至消失尖灭。为了便于建模输入处理,我们最终选择狭义单体作为建模输入的最基本单元,并且要求将其范围严格地定义在相邻剖面间。这样就使得线性插值只

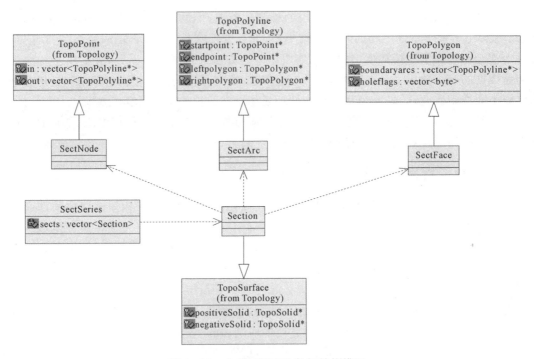

图 4-15 非共面剖面的数据结构模型

图 4-16 剖面与剖面投影

在剖面间进行,进而可以避免在 X 方向剪切时,剪切剖面出现面交叉、填充区属性无法判断等情况。根据以上定义及要求,在对单体进行编码时,我们采用四类码(地层代码、沉积相约定代码、沉积相编码、测线编码)逐层逐个进行界定,如图 4-17 所示。

属性编码是建立地层之间、断层之间以及地层与沉积相之间拓扑关系的重要步骤。必须遵循某些原则才能构成和谐的三维沉积盆地。

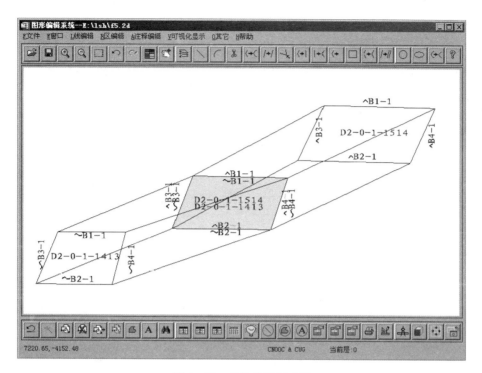

图 4-17 单体编码示意图

(1)单体的编号必须以 D 开头,如 D0、D1-0、D1-1。

(2)同一套地层之间单体的编号 D 后面的大号必须相同,如 D1-0 和 D1-1 都属 D1。

(3)单体编号的大号后面"-"的层次不限,可以有很多分支。

(4)单体的边的编号大原则,单体顶边为 B1,底边为 B2,左边为 B3,右边为 B4。

(5)如果四个周边每个边不是由一段组成,而是好多段,则编号可用"-"分支,如 D0B3-1、D0B3-2、D1-1B3-22、D1-1B3-23 等。

(6)边的编号用半角","分开,注意是半角而不是全角。如 D0B3-2,D1-0B3-22,T 断层。

(7)边的编号带地层信息,如 D0B2,D1-1B1,T4 中的 T4 就是地层信息。

(8)单体的边要一一对应,即剖面 1 上的 D0 单体的边要与剖面 2 上的 D0 单体的边一一对应,编号一致,但是某剖面上的一条边可以重复使用,即如果将某边的属性设成另外剖面上的两条边的属性,则此边将与这两边分别插值。这一般用于单体的尖灭上,即某个单体收敛于一条边,也就是尖灭。

(9)共面原则:比如 D0 与 D1-1 两单体有一个共同的面,D0B2 与 D1-1B1 是同一边,因此,此边的属性应该包含两单体的信息,即 D0B2,D1-1B1,T4。要求用","分开。这样系统插完 D0 后,检查发现此面为 D0 和 D1-1 共用,就不再为 D1-1 重新插此面了。

(10)地层一致原则:剖面 1 与剖面 2 上边的对应要求在地层意义上一致,即不能让属 T4 界面的边和属 T5 界面的边对应插值,这在地质概念上是错误的。

基于上述原则,单体编码一般形式为:dxi-y-z-mn;xi 为地层代码($i=1,2,\cdots,7$);y 为沉积相约定代码；z 为第 i 地层内沉积相编码；m、n 为紧邻的两条测线编码。

单体编码通常以相界面（Tc）和反射界面为单体控制边界。除此之外，断层（TF）及基底边界（TG）当然也是单体边界。单体编码采用分段式编码方法，分为单段编码、多段编码。多段编码可以认为是单段编码的多次重复过程，这就决定了除模拟主体两端的剖面之外，其他剖面内所有非尖灭、合并单体均具有双重编号。

当沉积相较为复杂，同一套地层中同类型的相分开、合并的现象多次出现，为了避免编号重复，同时也是为了保证已有的编号在平面上的连续性，有必要对个别分叉的沉积相的编号进行拓展。

线条编码的一般形式为：$dxi-y-z-mnbj-k$；$dxi-y-z-mn$ 为线条所在的单体的编号；$j=1,2,3,4$（1 表示单体上部的边，2 表示单体下部的边，3 表示单体左部的边，4 表示单体右部的边）；k 表示某边（上、下、左、右）的线条分段数。

2）相邻剖面间单体编码

相邻剖面间单体编码时，要着眼整体分析，至少要三条剖面联合考虑，结合不同沉积期沉积相的平面展布格架判断有关相单元的尖灭、合并情况；同时结合不同反射层构造平面图，确定有关断层的走向及剖面间断层的对应关系，力争最大限度地反映沉积、构造在三维空间的展布发育情况。

3）几种特殊地质实体模型的单体及线条编码处理技术

隆起地质模型是一种典型的盆地内部形态，在利用线性插值方法对其进行三维岩体建模时，必须作特殊处理。首先是在分段处理的原则下，确定单体的合并与尖灭的对应关系，使其既符合线性插值要求，同时又具备地质含义，为了便于描述，以下按紧邻的相邻两条剖面的分段剖析法进行化解处理。

沉积相尖灭包括两类：其一是水平方向的尖灭，处理方法类似隆起建模输入；另一类是由于断层引起的。由于断层是当然的单体边界，使得沉积相单体在跨断层时，时常出现相邻剖面间同一类单体出现在断层两侧或一侧，于是导致"断层式"沉积相尖灭。如果隆起或沉积相水平尖灭称为水平"楔子"的话，"断层式"尖灭我们可形象地称其为"垂向楔子"。图 4-18 为"断层式"沉积相尖灭建模输入处理方法示意。对于这类"垂向楔子"，在处理过程中一定要注意以下几点：①"垂向楔子"仅参与其所在单体的编码过程，尽管它所在的剖面可能并非起始剖面，但是楔子的含义就已经决定了其只能参与其所在单体一侧的编码。②"垂向楔子"的顶、底边（当出现楔子上下叠置时，楔子顶、底可能就不止一条边）必须进行拷贝覆盖，以免 X 方向剪切时出现大的空隙。

除了上面两种特殊情况外，有时还需要进行单体结构不相似的处理、断层编码及其消失处理等，如图 4-19 用剖面编码建模的实例。由于这种编码方式手动工作量大，编码规则繁琐，并且要考虑较多的特殊情况处理，目前这种建模方法已经较少使用，但可以为剖面推理建模提供推理思路和推理知识规则，从而减少建模工作量。

3. 基于剖面推理的三维地质体建模方法

由于基于非共面剖面拓扑推理的三维地质体动态重构方法可以适用于共面的简单情况，因此，这里介绍的基于剖面推理的三维地质体建模方法讨论的基础是非共面剖面。可以归结为五个方面的问题。

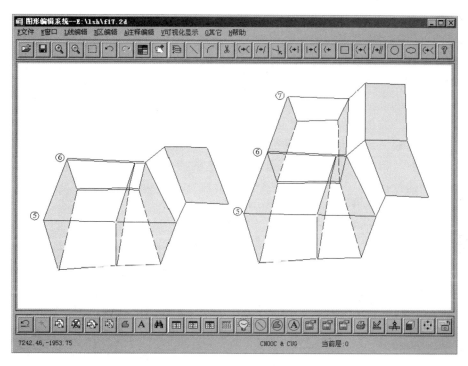

图 4-18 "断层式"沉积相单体尖灭建模输入方法示意图

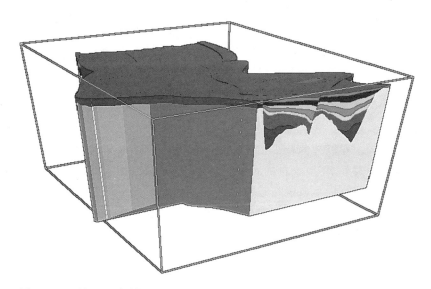

图 4-19 利用 11 条剖面经过编码对应插值生成的某坳陷三维构造地层格架

(1)曲面拓扑构建问题,是指构建非共面地质剖面上的 2.5D 拓扑关系。这个拓扑关系是下一步进行拓扑推理的基础。

(2)拓扑关系推理问题,是指根据剖面 Section1 和剖面 Section2 的拓扑关系集,推理出 Section1 中的拓扑多边形(SectFace)与 Section2 中的拓扑多边形(SectFace)的对应关系。

(3)虚拟剖面插值问题,是指当剖面Section1和剖面Section2之间出现拓扑集合不一致时,需要在剖面Section1和剖面Section2之间插入一个虚拟剖面来定位拓扑关系集合出现变化的临界位置,实现拓扑关系变化的平稳过渡。

(4)面体拓扑构建问题(成体问题),是指通过拓扑推理找到两个剖面上拓扑多边形(Sect-Face)对应关系后,实现两个多边形之间的链接和构面,完成面体拓扑关系的构建,也即成体问题。

(5)体内剖分与简化问题,是指建立三维地质体的表面集合后,对三维地质体以表面面片集合为约束条件,对三维地质体空间进行网格剖分,并对过密网格进行调整简化的过程。

这五个问题中,第(1)个问题是下一步推理的基础,第(2)、(3)、(4)个问题则是"动态重构算法"的主要建模过程,第(5)个问题也是一个相对独立的具体算法问题。这里我们重点讨论后(2)、(3)、(4)个关键问题,即拓扑关系推理与建模问题。

1)空间拓扑关系推理概述

空间推理(Spatial Reasoning)是人工智能学科处理常识性空间知识的一种方法,是指利用空间理论和人工智能技术对空间对象进行建模、描述和表示,并据此对空间对象间的空间关系进行定性或定量分析和处理的过程。空间推理的研究起源于20世纪70年代初,最初是以量空间为研究对象的,近年来成为了知识表示中的一个重要研究领域。

许多著名的学者在这个领域进行了探索研究,如美国匹兹堡大学的Chang教授研究了基于符号投影的空间关系表达与推理;美国国家地理信息与分析中心Maine大学的Egenhofer教授研究了空间拓扑关系的表达与推理;英国利兹大学计算机学院主任Cohn教授和Bennett博士研究了基于逻辑的定性空间关系推理;Cohn教授领导的定性空间推理研究组开展了一系列基于区域连接演算(Region Connection Calculus)理论的定性空间关系推理研究;中国国家基础地理信息中心的陈军教授进行了基于Voronio图的GIS空间推理研究,等等。研究成果主要体现在空间推理本体论研究、空间推理基本方法研究、空间关系的定性表达以及空间关系推理四个方面。

拓扑关系推理是空间推理(Spatial Reasoning)中最重要的研究内容之一。以往的拓扑关系推理方面的研究大多集中在二维空间拓扑关系的推理理论与方法上,对于三维拓扑关系的表达与推理研究很少。在以往的基于钻孔的交互式静态三维地质建模过程中,包含过多地质知识及人工智能推理过程,需要大量的人工交互理解,并做出相关地层界线连接等规则判断。由于没有较好的方法使得计算机能在建模过程中替代地质人员做出类似正确的判断,这在很大程度上阻碍了基于剖面的三维动态建模方法的实现。这里基于非共面剖面上2.5D拓扑关系的推理来实现计算机对剖面之间对应问题的自动求解。

2)地质剖面拓扑推理约定

在本节中,地质剖面拓扑关系推理采用产生式系统(Production System)。产生式系统是历史悠久且使用最多的知识表示系统,早已在自动机理论、形式文法和程序语言中得到广泛的应用。产生式系统用来描述若干不同的以一个基本概念为基础的系统,这个基本概念就是产生式规则或产生式条件和操作对的概念。在产生式系统中,论域的知识分为两部分:用事实表示静态知识,如事物、事件和它们之间的关系;用规则表示推理过程和行为。由于这类系统的知识库主要用于存储规则,因此又把此类系统称为基于规则的系统(Rule - based System)。这里不打算对产生式系统进行过多的叙述,关于产生式系统的相关基础知识请参见王士同主编的《人工智能教程》或其他相关参考文献。

为了使表达简洁清楚,我们首先给出以下定义。

定义1:用于判断拓扑多边形 A 和 B 是否属于同一类型的唯一属性,我们称之为关键类型属性(KeyTypeProperty)。在地质剖面中的拓扑多边形的关键类型属性为地层岩性。如果多边形 A 的地层岩性为 Q,则表示为 KeyTypeProperty(A,Q)。

定义2:拓扑多边形 A 的所有邻接多边形的关键类型属性(KeyTypeProperty)构成的集合,我们称之为 A 的邻接关键类型属性集(JiontKTPSet)。

定义3:如果剖面 SA 上的多边形 A 与其相邻剖面 SB 上的多边形 B 属于同一地质单体,则称剖面上多边形 A 与 B 相互匹配。表示为 Matching(A,B)。

定义4:如果剖面 SA、SB 互为相邻剖面,在剖面 SA 上存在多边形 A,记为 Existing(SA,A);而在剖面 SB 上不存在与 A 相匹配的多边形,Inexisting(SB,A);则我们称 A 在 SB 上尖灭,表示为 Annihilating(SA,A,SB)。

定义5:如果剖面 SA、SB 互为相邻剖面,在剖面 SA 上存在多边形 A,且 A 的关键类型属性为 Q;而在剖面 SB 上存在两个多边形 B1,B2 的关键类型属性都为 Q 的多边形;则我们称 A 在 SB 上分叉,表示为 Bifurcating(A,B1,B2)。

注意:定义5只是定义了1对2的分叉情况,其他分叉情况比较复杂,但可以由1对2的基本情况进行推导,在这里不进行此方面的讨论。

定义6:在剖面之间拓扑关系推理过程中一个基本的概念或准则如下。

如果剖面 S1 上的拓扑多边形 A 和剖面 S2 上的拓扑多边形 B 满足下列条件。

(1)A、B 具有相同的地层属性,表示为:

KeyTypeProperty(A,Q). //多边形 A 的关键类型属性为 Q

KeyTypeProperty(B,P). //多边形 B 的关键类型属性为 P

Equal(P,Q).   //关键类型属性值 P 与 Q 相等

(2)A、B 拥有相同的拓扑节点(SectNode)数,表示为:

SectNodeNumber(A,NP). //多边形 A 的拓扑节点数为 NP

SectNodeNumber(B,NQ). //多边形 B 的拓扑节点数为 NQ

Equal(NP,NQ).   //节点个数 NP 与 NQ 相等

(3)A、B 拥有相同的拓扑弧段(SectArc)数,表示为:

SectArcNumber(A,AP). //多边形 A 的拓扑弧段数为 AP

SectArcNumber(B,AQ). //多边形 B 的拓扑弧段数为 AQ

Equal(AP,AQ).   //弧段个数 AP 与 AQ 相等

(4)A、B 具有相同的邻接关键类型属性集,表示为:

JiontKTPSet(A,SQ). //多边形 A 的关键类型属性集为 SQ

JiontKTPSet(B,SP). //多边形 B 的关键类型属性集为 SP

Equal(SP,SQ).   //关键类型属性值集 SP 与 SQ 相等

则 B 是 A 在相邻剖面的延托,在建模过程中将实现 A、B 的互联和构网,表示为 Matching(A,B)。将这条规则用 Prolog 语句表示如下。

Matching(A,B):- KeyTypeProperty(A,Q),KeyTypeProperty(B,P),Equal(P,Q),
SectNodeNumber(A,NP),SectNodeNumber(B,NQ),Equal(NP,NQ),

SectArcNumber(A,AP),SectArcNumber(B,AQ),Equal(AP,AQ),
JiontKTPSet(A,SQ),JiontKTPSet(B,SP),Equal(SP,SQ).

从产生式系统的角度来看,KeyTypeProperty、SectNodeNumber、SectArcNumber、JiontKTPSet、Equal、Matching 都是事实描述函数。我们可以在事实库中将剖面中所有多边形的所有事实列出来,然后进行推理计算。这样我们就将剖面对比问题转换成了拓扑推理问题。下面我们分四种情况对算法进行讨论。

1)无拓扑变化情况下的拓扑推理与建模

如图 4-20 所示,这种情况是一种最普遍也是最简单的序列剖面,两个剖面之间的拓扑关系集合没有发生任何改变。为此,我们建立如下部分事实库和规则库,然后查询多边形对应问题。

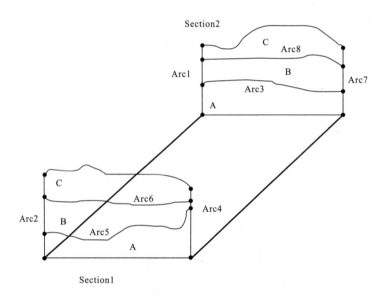

图 4-20 剖面拓扑关系知识表达示例图

///事实库
KeyTypeProperty(Section1_B,P).
SectNodeNumber(Section1_B,NP).
SectArcNumber(Section1_B,AP).
JiontKTPSet(Section1_B,SP).
KeyTypeProperty(Section2_A,Q).
SectNodeNumber(Section2_A,NQ).
SectArcNumber(Section2_A,AQ).
JiontKTPSet(Section2_A,SQ).
Equal(P,Q).
Equal(NP,NQ).
Equal(AP,AQ).
Equal(SP,SQ).

```
/////////规则库
Matching(A,B):-KeyTypeProperty(A,Q),KeyTypeProperty(B,P),Equal(P,Q),
SectNodeNumber(A,NP),SectNodeNumber(B,NQ),Equal(NP,NQ),
SectArcNumber(A,AP),SectArcNumber(B,AQ),Equal(AP,AQ),
JiontKTPSet(A,SQ),JiontKTPSet(B,SP),Equal(SP,SQ).
//////问询
?:- Matching (Section1_A,Section2_A). // Section1_A 与 Section2_A 是否有对应多边形?
```

通过上面这段代码,相同实现了不同剖面上的两个多边形的对应关系推理与查询。在动态重构算法中,最关键的就是实现剖面自动对比,上面的推理方法实现了两个剖面间任意两个多边形的对应关系判断和查询功能,也解决了在地层无拓扑变化情况下的剖面自动对比问题。

当找到多边形的对应关系后,剩下的问题就是要通过两个多边形构建封闭的地质体表面。由于对应的多边形 A、B 具有相同的拓扑节点数和相同的拓扑弧段数,因此,我们不难将弧段的对应关系找出来,进行弧段对弧段的成面,进而封闭成体表面。在此基础上,再以体表面为约束条件对地质体内空间进行网格剖分。

2)地层尖灭情况下的拓扑推理与建模

由于断层、侵入体等地质活动,会导致一些地层出现尖灭现象,即某一地层在当前剖面上出现,而在下一个剖面上没有出现。如图 4-21 所示,剖面 Section1 上的地层 B 在剖面 Section2 上没有出现。在这种情况下,尖灭地层的某些多边形无法自动找到匹配的多边形。这样我们就需要在剖面 Section1 和 Section2 之间插入一条虚拟剖面 Section1-2,其上应该存在一个无限小的多边形 B 与 Section1 上的 B 相对应。根据给出的尖灭点的位置不同,虚拟剖面 Section1-2 的插入位置也不同。关于虚拟剖面插值问题,我们在第五章进行讨论。

在人工交互建模过程中,人一眼就能看出地层的尖灭情况,但是计算机不能。因为,人做出的判断是经过大脑对人眼看到的信息进行了智能推理得出的。因此,为了让计算机能识别出地层尖灭情况,必须建立地层尖灭的推理模型。

关于地层在相邻剖面之间的尖灭判定规则是:如果地层 A 在剖面 SA 上出现,而在剖面 SB 上消失,则可以判定在剖面 SA 和 SB 之间,地层 A 发生了尖灭。有了上述基本规则后,我们就能通过人工智能推理判断地层的尖灭情况。以如图 4-21 所示的情况为例,下面伪Prolog代码给出了地层 B 的尖灭推理实现。

```
//事实库
Existing(Section1,A).
Existing(Section1,B).
Existing(Section1,C).
Existing(Section2,A).
Existing(Section2,C).
Inexisting(Section2,B).
//规则库
Annihilating(SA,Q,SB):-Existing(SA,Q),Inexisting(SB,Q).
//问询
```

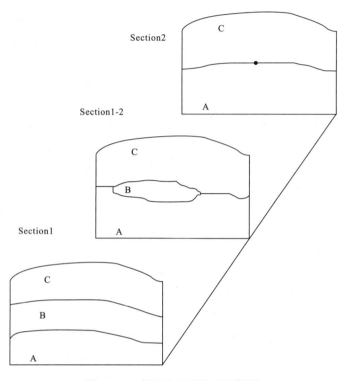

图 4-21 剖面上地层尖灭示例图

?:- Annihilating (Section1,B ,Section2). // Section1 上的 B 是否在 Section2 上尖灭？

在存在地层尖灭的情况下，除了需要追加地层尖灭的判定推理外，其他的过程与无拓扑变化情况下的推理建模过程一样，但定义 6 中的准则条件必须去掉②、③、④条。在此不再累述。

3）地层分叉情况下的拓扑推理与建模

在实际的地质环境中，地质体除了会发生尖灭外，还有一种相反的情况，就是出现地质体分叉情况。如图 4-22，图中剖面 Section1 显示了一个矿体轮廓与围岩轮廓的分布情况，而在 Section2 剖面上矿体分成了两个独立的轮廓。这样，Section1 上的矿体多边形无法再与 Section2 上的矿体多边形匹配了。在这种情况下，系统必须在剖面 Section1 和剖面 Section2 之间插入一条临界状态的虚拟剖面，如图 4-22 的 Section1-2 剖面，主要讨论如何推理判断两个剖面间出现的地层分叉情况。

如图 4-22，我们把 Section1 上的矿体多边形记为 A，将 Section2 上的矿体多边形记为 B1,B2；矿体的类型属性记为 Q，则矿体 A 分叉情况的判定推理实现如下。

//事实库
Existing(Section1,A).
Existing(Section2,B1).
Existing(Section2,B2).
KeyTypeProperty(A,Q).
KeyTypeProperty(B1,Q).

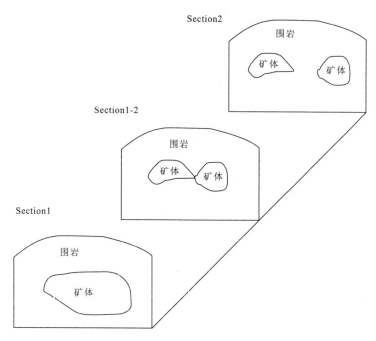

图 4-22 剖面上地层分叉示例图

KeyTypeProperty(B2,Q).
//规则库
Bifurcating(PA,PB1,PB2):-KeyTypeProperty(PA,M),
KeyTypeProperty(PB1,N),
KeyTypeProperty(PB2,T),
Equal(M,N),
Equal(N,T).
//问询
?:-Bifurcating (A,B1 ,B2). // Section2 上的 B1,B2 是否是 Section1 上 A 的分叉？

在存在地层分叉的情况下，除了需要追加上述地层分叉的判定推理外，其他的过程与无拓扑变化情况下的推理建模过程一样，但定义 6 中的准则条件必须去掉(2)、(3)、(4)条。在此不再累述。应该提出的是，这里只定义了 1 对 2 的分叉情况，其他分叉情况比较复杂，但可以由 1 对 2 的基本情况进行推导，在此不进行深入的讨论。

4）含断层情况下的拓扑推理与建模

由于断层、褶皱等构造运动的影响，会导致地层接触关系发生较大变化。特别是当地层在断层作用下产生错断、滑移，而导致断层的弧段组成以及弧段的左右多边形属性变化时，3）中的拓扑推理建模的多边形匹配方式会失败，这时需要增加虚拟剖面来辅助建模。如图 4-23 的剖面 Section2 所示，这个剖面就是一个虚拟剖面，它代表了由于地层沿断层面滑移过程的一个临界状态。

在 Section1 中有三套地层，由于断层作用，这三套地层变成了九个地质单体，即 B1、B2、

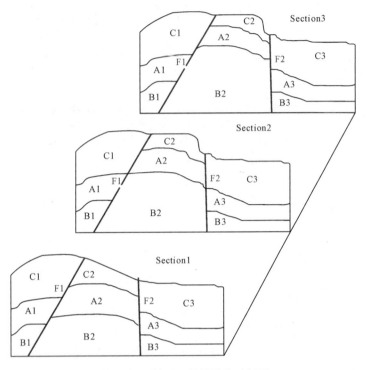

图 4-23 剖面上断层滑移示例图

B3,它们的岩性均为 B;A1、A2、A3,它们的岩性均为 A;C1、C2、C3,它们的岩性均为 C;存在两个断层:F1 和 F2,断层 F1 由五个弧段构成,其中粗线显示的是一条比较特殊的弧段,我们记为 Arc_F1_A,表示它是 F1 的组成弧段,并且其左右多边形的关键类型属性都是 A;同理它还有两个同样的弧段:Arc_F1_B 和 Arc_F1_C;我们将这种位于断层线上,并且左右多边形的关键类型属性相同的弧段称为"同性弧段";同时将弧段两边的多边形具有的关键类型属性称为"同性弧段属性"。

当两个含断层的剖面之间满足下列条件时,我们认为剖面之间拓扑关系没有发生本质变化,可以采用 3)的方法进行推理建模:

(1)两个剖面上对应断层所包含的"同性弧段"的数目相同。

(2)两个剖面上对应断层所包含的"同性弧段"的"同性弧段属性"构成的集合相等。

上述规则我们用于判断含断层的相邻剖面之间是否发生拓扑关系变化,进而判断是否需要进行虚拟剖面插值,为了判断方便,我们可以采用上述规则的等价命题来表述如下:

(1)两个剖面上对应断层所包含的"同性弧段"的数目不相同。

(2)两个剖面上对应断层所包含的"同性弧段"的"同性弧段属性"构成的集合不相等。

上述两条中满足任何一条,则可以判定两个相邻剖面发生拓扑关系变化,需要进行虚拟剖面插值处理。

用 Prolog 伪代码实现的判定推理过程如下(只针对地层 A 和断层 F1):

//事实库

Existing(Section1,S1_F1).

Existing(Section1,S1_A1).
Existing(Section1,S1_A2).
Existing(Section1,S1_A3).
KeyTypeProperty(S1_A1,A).
KeyTypeProperty(S1_A2,A).
KeyTypeProperty(S1_A3,A).
Existing(Section2,S2_F1).
Existing(Section2,S2_A1).
Existing(Section2,S2_A2).
Existing(Section2,S2_A3).
KeyTypeProperty(S2_A1,A).
KeyTypeProperty(S2_A2,A).
KeyTypeProperty(S2_A3,A).
FaultArcNumber(S2_F1,P). //表示组成断层 S2_F2 的同性弧段数是 P
FaultArcNumber(S1_F1,Q). //表示组成断层 S1_F2 的同性弧段数是 Q
FaultArcPropSet(S2_F1,SP). //表示组成断层 S2_F2 的同性弧段的属性集合是 SP
FaultArcPropSet(S1_F1,SQ). //表示组成断层 S2_F2 的同性弧段的属性集合是 SQ
//规则库
FaultTopoEqual(Section1,Section2):-
Existing(Section1,S1_F1),Existing(Section1,S2_F1),
FaultArcNumber(S2_F1,P),FaultArcNumber(S2_F2,Q),
FaultArcPropSet(S2_F1,SP),FaultArcPropSet(S2_F2,SQ),
Equal(P,Q),Equal(SP,SQ).
//问询
?:-FaultTopoEqual(Section1,Section2). // Section2 和 Section1 是否含有断层并拓扑发生变化?

上面伪代码实现了 Section2 和 Section1 是否含有断层并拓扑发生变化的判断推理,在存在断层,并且由于断层导致地层滑移而产生拓扑关系变化时,除了需要进行断层及拓扑变化判定推理外,其他的过程与无拓扑变化情况下的推理建模过程一样。但定义6中的准则条件必须修改一下,那就是所有位于断层线上的弧段不得计入定义6中的弧段操作。图4-24是用剖面推理方法实现的三维地质体建模的实例。

三、基于钻孔数据的三维地质体建模方法

钻孔作为地质资料的第一手资料,能够记录大量地质实体单元的原始信息,是研究地下地质体(如固体矿体、油气藏、地下煤层、地下岩体等)结构与构造的最基本的资料;也是构建真三维地质体不可或缺的原始数据。正是由于钻孔数据在地质建模中的重要地位,基于钻孔的三维地质体建模方法也是基本的建模方法之一。

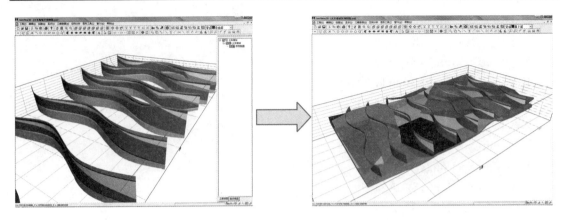

图 4-24 剖面推理方法实现的三维地质体建模实例

1. 基于钻孔的地质建模方法研究进展

目前,在三维地质建模方面已经出现了一些比较完善的三维地质建模软件,国外的如 GOCAD、MVS、MicroStation、Surpac 等;国内的如 QuantyView、GeoMo 3D、Titan 3DM 等提供了较强大的三维建模与分析工具,实现了多种数据的三维综合建模、显示和分析。这些软件中针对钻孔建模的特殊性,大多提供了专门针对钻孔数据的三维地质建模工具,这些建模工具的实现都是以静态交互建模为基础的。

20 世纪 90 年代中后期,中国地质大学吴冲龙等在进行油气盆地模拟研究过程中提出了建立构造-地层格架三维可视化数值模拟理论。根据建模所采用的数据信息来源不同,主要有三种途径:基于地质平面图建立构造-地层格架、基于地质剖面图建立构造-地层格架、基于钻孔数据建立构造-地层格架。针对基于钻孔数据建立构造-地层格架的建模方法,吴冲龙、柳庆武等对此进行了专门研究,并在 QuantyView 软件中进行了静态交互实现和自动建模方面的初步探讨。

中国科学院岩土所王笑海在基于三维拓扑格网结构的 GIS 地层模型研究中介绍了利用钻孔资料建立三维岩土工程地基模型的方法。该模型根据地层的特点,将地层信息归纳为四种,即点状目标、线状目标、面状目标和体状目标,分别用结点、线、面片、体四种元素来进行几何描述。其特点是:存储量小,检索查询操作简单,易于与其他数据格式的对象集成,较好地解决了地基岩土结构的三维表达问题。

受到钻孔数据特点启发,2002 年至 2005 年期间,中国矿业大学的吴立新、齐安文、刘少华等先后提出了三棱柱(Tri-Prism,TP)模型、类三棱柱(Analogical Tri-Prism,ATP)模型、广义三棱柱(GTP)模型、似三棱柱(Similar Tri-Prism,STP)模型;并针对这些模型进行了相应的建模方法研究。

在 2003 年左右,美国 Brigham Young 大学 EMR 实验室 Alan M. Lemon 和 Norman L. Lones 也共同探讨了基于钻孔数据,采用用户自定义钻孔剖面图来建立三维实体模型的建模方法。Alan 和 Norman 提出的 HORIZONS 建模方法先根据用户指定钻孔生成钻孔剖面图,再根据剖面图进行三维插值,应归属基于地质剖面图的技术范畴。这一过程涉及到相当大的人机交互工作量,也需要操作人员具备地质科学专业知识。因此,HORIZONS 建模方法也属于静态交互建模范畴。

可见,基于钻孔的三维地质建模一直是三维地质建模的重要方法。众多专家学者对此进行了深入的研究,但这些研究主要集中在基于钻孔的静态交互建模方法探讨上。2008年何珍文提出了基于钻孔的动态建模方法,2013年翁正平又提出了基于钻孔所建立模型的动态更新算法。这些成果对基于钻孔的三维地质建模方法起到了较好的推动作用。

2. 地质钻孔数据结构与可视化表达

地质钻孔根据打钻目的以及所属专业的不同可以分为第四纪钻孔、基岩钻孔、水文钻孔、环境监测钻孔、工程钻孔、油气田钻孔、大陆超深钻孔等。从打钻的深度来看,前面五种钻孔属于浅层钻孔,后面两种属于深层钻孔。这些钻孔由于打钻的目的不同,一般记录的数据项也会有所不同。如图4-25、图4-26所示的是在城市地质信息系统中采用的基岩和第四系的钻孔数据模型的E-R图。

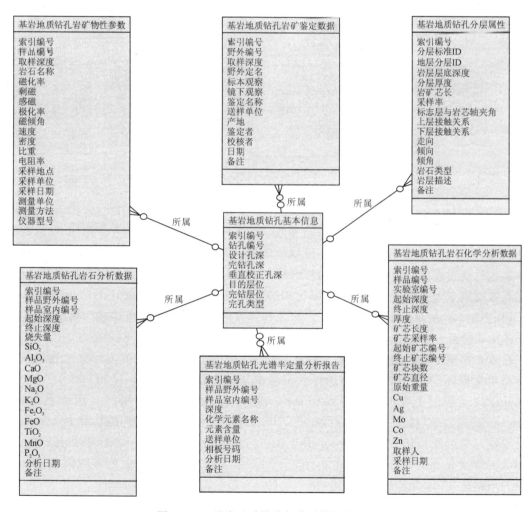

图4-25 基岩地质钻孔与化验数据关系图

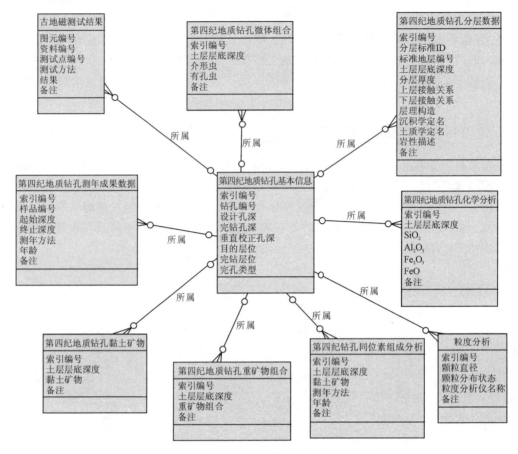

图 4-26 第四纪地质钻孔与化验数据关系图

由于不同种类的钻孔数据模型不同，必然导致各种钻孔的数据结构有所不同；钻孔数据的作用很多，但单就基于钻孔数据进行三维地质建模，钻孔的很多不同类型的测试信息往往是可以不加入地层建模的（属性参数建模可能会用到）。因此，我们对钻孔的数据结构进行了统一，将钻孔数据划分为三个层次，即孔段、钻孔和钻孔群；分别用 BoreSegment、Borehole 和 Boreset 表示，如图 4-27 所示。本章中将这三个对象和另外两个辅助地层对象构成的模型称为 BoreModel 钻孔模型。

在这个模型中，BoreSegment 代表钻孔经过的一个地层，key:string 表示这个孔段或地层的字符串标识，一般记录的是地层的年代符号或分层符号；start:Vertex 和 end:Vertex 记录的是孔段或地层的上界面和下界面位置；color:Color 记录的是地层的显示颜色；values:ValueList 记录的是与地层相关的属性信息。Borehole 代表一个完整的钻孔，由从上而下的多个孔段或地层组成。其中 key:string 用于在一定的钻孔集合中唯一的标识钻孔；position:Vertex 记录了钻孔的孔口坐标；values:ValueList 记录的是与钻孔相关的属性信息。Boreset 对象表示钻孔几何，由多个钻孔组成，每个钻孔具有唯一的标识 key:string。

StratumInfo 和 StratumSeries 是两个辅助类。StratumSeries 表示一系列钻孔所在区域的标准连续地层信息，每个地层的信息用 StratumInfo 表示。每个 BoreSegment 中的 key:string 必须与一个 StratumInfo 的 code:string 对应。一个标准地层序列与一个 Boreset 钻孔

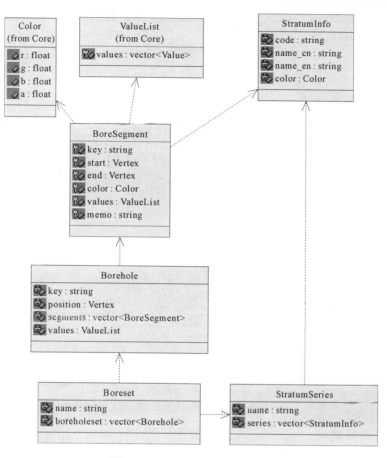

图 4-27　BoreModel 对象模型

集合相对应。对于不同种类的钻孔，在三维地质建模过程中都首先将其处理成 BoreModel 钻孔模型。所有的基于钻孔的建模方法都是基于这个数据结构模型进行的。

地质钻孔一般是以数据库的形式存放的，在实际工作中，钻孔编录往往采用 Excel 或 Access 等小型电子表格或数据库软件进行存储管理；而专门的钻孔数据库一般采用 SQL Server 或 Oracle 等中大型数据库软件进行存储管理。由于数据库存放的都是关系型数据，用户无法直观地看到钻孔的空间布局。因此，对于钻孔的表示一般有三种图形表达方式。

第一种是以钻孔柱状图的形式进行表达。如图 4-28 的钻孔柱状图。第二种方式是三维的线画表示方式，如图 4-29 所示。第三种就是三维立体表现方式，这种表现方式不仅考虑了钻孔的空间位置，还考虑了钻孔的孔径，如图 4-30 所示。

3. 基于钻孔的连续地层匹配动态建模方法

从前面的叙述中可以看出，目前关于基于钻孔的静态交互式建模方法已经比较成熟了，众多的三维地质建模软件也都提供了基于钻孔的交互式建模工具。本节将主要就特定条件下的基于钻孔的自动建模方法进行讨论。这里的特定条件指的是我们假定钻孔区域的地层没有出现过地层倒转情况，但可以出现尖灭或地层缺失情况。在这种前提条件下，本节提出了基于钻孔的连续地层动态建模方法。该算法主要可以分为钻孔数据的获取与处理，建立研究区域的

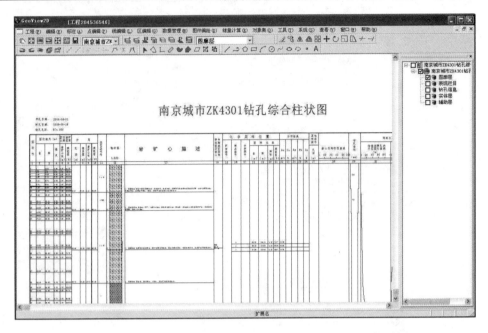

图 4-28 钻孔柱状图表现方式

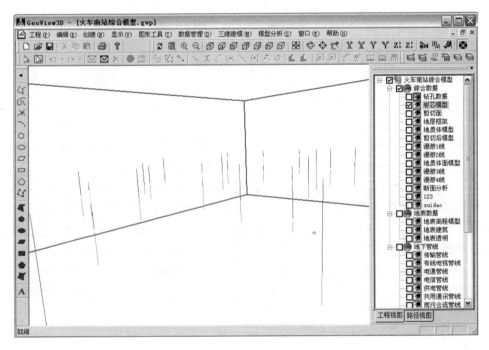

图 4-29 钻孔三维线划表现方式

连续地层序列，地层层面模型的建立和三维地质体的构建四个主要步骤。

1) 钻孔数据的获取与处理

钻孔数据由于格式不一样，一般要编写相应的钻孔数据读取程序来实现。在本章中，通过 Boreset 提供了多种钻孔数据格式读取功能。以图 4-28 所示的基岩地质钻孔为例。其中的

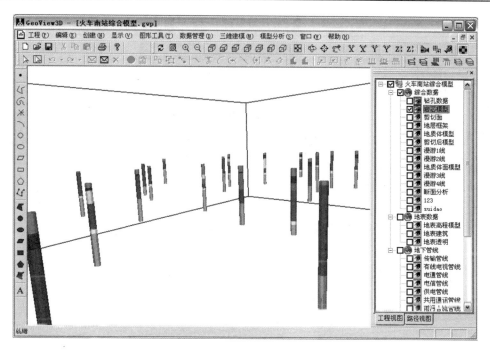

图 4-30 钻孔三维岩芯表现方式

"基岩地质钻孔基本信息表",每条记录即是一个钻孔,其中的"钻孔编号"字段为该表的唯一关键字段,该字段对应于 Borehole::key,该表中的每天记录生成一个 Borehole 对象;其中的"基岩地质钻孔分层属性表",每条记录代表每个钻孔的某个地层信息或孔段信息,系统用 BoreSegment 来存储记录。通过"基岩地质钻孔分层属性表"中的"钻孔编号"字段可以确定每个孔段属于哪个钻孔。对于图 4-28 所示的钻孔数据库结构,如果仅仅进行简单的三维基岩地质建模,除了"基岩地质钻孔基本信息表"和"基岩地质钻孔分层属性表"外,可以不用提取其他表中的属性信息。

当处理完后,将生成一个 Boreset 对象,其中包含了多个 Borehole 对象,每个钻孔对象中包含多个 BoreSegment 对象,BoreSegment 的排列规则为上层的地层在前,下层的地层在后。这样就将钻孔数据库中的数据转化成了一个 Boreset 对象。建模方法的输入参数我们可以传入这个 Boreset 的引用或指针。对于后续的虚拟钻孔插值算法而言,传入的是一个 Boreset,传出的将是一个新的 Boreset。当把钻孔数据读取到钻孔集合对象 Boreset 中后,我们就完成了钻孔数据的准备与处理工作。由于钻孔数量一般比较有限,因此在进行建模之前一般要对钻孔进行插值处理,可以"虚拟钻孔插值算法"来处理这个问题(何珍文,2008)。

2)建立研究区域的连续地层序列

在建立地层层面之前,该算法需要通过人工实现建立研究区域的标准连续地层。表 4-1 是标准地层代码及色谱表。这个表是针对全球范围的地层序列建立的,是一个标准的连续地层序列。但我们的研究区域往往相对较小,表 4-1 所列的地层不可能都出现。还有一种情况是为了某种具体研究的需要,研究区域的地层划分比这套标准地层划分更细腻。如表 4-2 所示,表中列出的为某个研究区域的地层序列;其中对全新世、更新世、上新统、中新统的地层进行了更细粒度的划分。

表 4-1 标准地层代码及色谱表

地质时代、地层单位及其代号				色谱	距今年龄（百万年 Ma）
宙(字)	代(界)	纪(系)	世(统)		
显生宙(PH)	新生代(Kz)	第四纪(Q)	全新世(Q_4/Q_h)	淡黄色	0.012
			更新世($Q_1 Q_2 Q_3/Q_p$)		2.48(1.64)
		第三纪(R) 新近纪(N)	上新世(N_2)	新黄色	5.3
			中新世(N_1)		23.3
		第三纪(R) 古近纪(E)	渐新世(E_3)	土黄色	36.5
			始新世(E_2)		53
			古新世(E_1)		65
	中生代(Mz)	白垩纪(K)	晚白垩世(K_2)	鲜绿色	135(140)
			早白垩世(K_1)		
		侏罗纪(J)	晚侏罗世(J_3)	天蓝色	208
			中侏罗世(J_2)		
			早侏罗世(J_1)		
		三叠纪(T)	晚三叠世(T_3)	绛紫色	250
			中三叠世(T_2)		
			早三叠世(T_1)		
	古生代(Pz) 晚古生代(Pz_2)	二叠纪(P)	晚二叠世(P_2)	淡棕色	290
			早二叠世(P_1)		
		石炭纪(C)	晚石炭世(C_3)	灰色	362(355)
			中石炭世(C_2)		
			早石炭世(C_1)		
		泥盆纪(D)	晚泥盆世(D_3)	咖啡色	409
			中泥盆世(D_2)		
			早泥盆世(D_1)		
	古生代(Pz) 早古生代(Pz_1)	志留纪(S)	晚志留世(S_3)	果绿色	439
			中志留世(S_2)		
			早志留世(S_1)		
		奥陶纪(O)	晚奥陶世(O_3)	蓝绿色	510
			中奥陶世(O_2)		
			早奥陶世(O_1)		
		寒武纪($\in$)	晚寒武世($\in_3$)	暗绿色	570(600)
			中寒武世($\in_2$)		
			早寒武世($\in_1$)		

续表 4-1

地质时代、地层单位及其代号				色谱	距今年龄（百万年 Ma）
宙(宇)	代(界)	纪(系)	世(统)		
元古宙 (PT)	新元古代 (Pt_3)	震旦纪(Z/Sn)		绛棕色	800
		青白口纪			1000
	中元古代 (Pt_2)	蓟县纪		棕红色	1400
		长城纪			1800
	古元古代 (Pt_1)				2500
太古宙 (AR)				玫瑰红	3000—3800

表 4-2 某研究区地层对照表

地层时代			地层描述	成因类型
世(系)	期、组	代号		
全新世	晚 未建	Qh^3	人工填土、亚黏土、亚砂土、粉砂	冲积、洪积
	中	Qh^2	淤积质亚黏土、亚砂土、粉砂、细砂	冲积、淤积
	早	Qh^1	黏土、亚黏土,粉细砂、底部常夹薄层粗砂砾石	冲积,河床、边滩相
更新世	晚—中 下蜀组	Qpx^{1-3}	黏土、亚黏土为主,局部为亚砂土。常具有 3~5 层层序,局部有埋藏红色古土壤	风尘沉积为主,局部冲积、湖积
	柏山组	Qpb	棕红色网纹状红土、含砾砂土,仅在古地面低洼处局部残存	洪积残积为主,局部融冻泥流沉积
	未建	Qp_1	砂砾石层、黏土混砂砾	洪积、残积
上新统	缺失	N_1	缺失	缺失
中新统	方山组	N_2f	上部褐灰色玄武质角砾熔岩与玄武岩互层,中部泥岩及砂砾岩,下部灰色橄榄玄武岩	火山熔岩
	雨花台组	N_2y	棕黄色灰绿色棕红色砂砾岩、砾石层、局部地段为含膏砂泥岩、杂色砂砾岩、泥岩、岩屑砂岩。成岩胶结程度差	冲洪积

建模算法需要一个类似表 4-2 的地层序列,并用 StratumSeries 记录存储。每一个地层代号对应一个 StratumInfo,所有的钻遇地层的集合就构成一个钻遇地层序列 StratumSeries。这个地层序列就是下一步自动建立地层层面模型的根据之一。然后再对 Boreset 中的所有孔

段 BoreSegment 的 key：string 字段进行检查，看看是否都是钻遇地层序列中的地层，如果没有出现，则应该重新调整标准地层序列，并加入没有的地层。此外对于地层序列中出现了而所有的钻孔却没有遇到的地层，应该从地层序列 StratumSeries 中删除，该功能的 C++实现代码如下。

```cpp
bool Boreset::check (StratumSeries & ss){
    bool b=true;
size_t t=0;
    size_t k=ss.size();
    std::vector<char>    flags(k,0);
    for (size_t i=0;i<series.size();i++){
        for (size_t j=0;j<series[i].sizeSegments();j++)   {
            t=ss.findStratum(series[i].getSegment(j).getKey());
            if (t<0){//如果没在地层序列中发现该地层代码，则 Boreset 与地层序列不匹配，需要进行处理。
                b=false;
                return b;
            }
            else{//如果找到了，则将地层序列中的该地层标记为访问过。
                flags[t]=1;
            }
        }
    }
    //删除地层序列 StratumSeries 中的钻孔没有遇到的地层，也即删除所有标记为 1 的地层。
    for (size_t i=0;i<k;i++){
        if(flags[i]==1){
            flags.erase(flags.begin()+i);
            ss.eraseStratum(i);
            k--;
            i--;
        }
    }
    return b;
}
```

3) 地层层面模型的建立

在建立了参考地层序列后，就可以使用经过插值处理的钻孔集合进行底层层面建模了。主要步骤如下。

遍历钻孔集合 Boreset，获取所有的钻孔的孔口坐标，生成坐标点列表 vertexlist。

(1) 对坐标列表 vertexlist 进行三角剖分，得到曲面 S_0，这个曲面代表地表面，并将 vertexlist 清空。

(2)获取 ss:StratumSeries 中的第 i 个地层的代码 code;遍历 Boreset 中的所有钻孔;如果钻孔中含有地层代码为 code 的孔段 BoreSegment,则将该孔段的尾坐标点 BoreSegment::end 放入 vertexlist 中,并设置标记数组 holes,在 holes 中的相应位置标记该点不是孔洞点;如果钻孔中不含有地层代码为 code 的孔段 BoreSegment,则查找 code 的前地层代码 prev_code,如果 prev_code 为空,则持续查找前地层代号,直到 prev_code 为有效地层代号为止,并将该钻孔中的地层代码为 prev_code 的孔段的尾坐标加入 vertexlist 中,并在 holes 中的相应位置标记该点是孔洞点。

(3)对坐标列表 vertexlist 进行限定 Delaunay 三角剖分,其中 holes 数组标识了列表中的点是否为孔洞,剖分后得到曲面 S_i,这个曲面代表地层代号为 code 的地层底表面,并将 vertexlist 清空,将 holes 标记数组复原为非孔洞标识状态。

(4)重复(2)、(3)两步,完成所有地层的底面生成,得到曲面序列 S,表示为 Surfaces_Old $=\{S_i \mid 0 \leqslant i < ss.size()\}$;其中 ss.size()表示标准地层序列中地层的层数。

(5)在建模过程中,为充分利用已有的钻孔信息,我们在对研究区域进行三维地质建模时会把研究区域周边的相邻钻孔也考虑进来。如果属于这种情况,则必须利用研究区域边界对裁剪 Surfaces_Old 中的所有曲面进行裁剪,得到新的曲面集合 Surfaces。如图 4-31 所示。

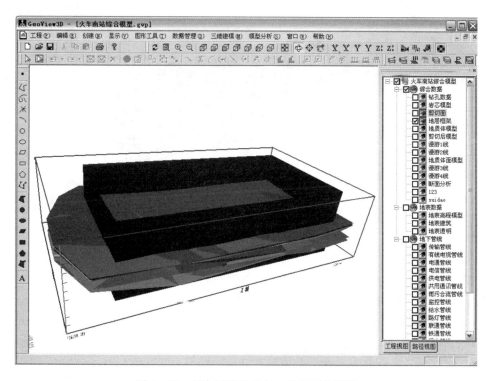

图 4-31 研究区域边界与地层层面的裁剪

4)三维地质体的构建

建立地层层面后,接下来就要进行地质体的生成以及拓扑关系的建立。主要实现步骤如下。

(1)在 Surfaces $=\{S_i \mid 0 \leqslant i < n$,其中 n 表示标准地层序列中地层的层数$\}$中取曲面 S_i 和

S_{i+1}；求出顶和底的边界线条，根据两条边界线条，生成该地层的侧面 SP_i，并将侧面中的奇异三角形剔除。

(2) 修正顶面 S_i 和底面 S_{i+1} 的拓扑结构，将顶面和底面中重合的地方删除。

(3) 将顶面 S_i、底面 S_{i+1} 和侧面 SP_i，分别转化为拓扑曲面（TopoSurface）TS_i、TS_{i+1} 和 TSP_i，构造成一个地质体 TopoSolid，记为 TS_i。

(4) 调整 TS 与 S_i、S_{i+1} 和 SP_i 之间的拓扑关系。

(5) 从 $i=0$ 开始循环，完成所有的地质体构建，自动建立的含有地层尖灭的三维地质体模型如图 4-32 所示。

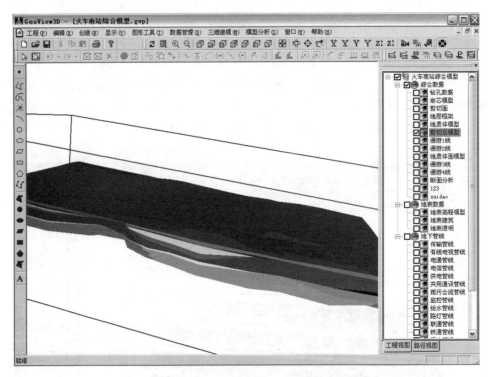

图 4-32　自动建立的含地层尖灭的地质体模型

(6) 以地质体表面为约束条件，对地质体内部进行限定网格剖分，形成体内部网格；然后对网格进行密度简化和调整。最终形成三维地质体。

图 4-33 是采用上述建模方法建立的模型与地表模型的集成显示，图 4-34 是该模型的多洞室剪切后的效果图。该算法适用于不存在地层倒转和重复的研究区域的三维地质建模。如果出现这种情况，则需要采用人工干预的方式进行建模。

四、其他三维地质建模方法

基于层面数据、剖面数据和钻孔数据的建模是三维地质建模方面的三种基本建模方法。此外还有基于多源数据耦合的三维地质建模方法、属性建模等。

基于多源数据耦合的三维地质建模，即耦合原始地质勘探数据（钻孔、平硐、地震剖面）和

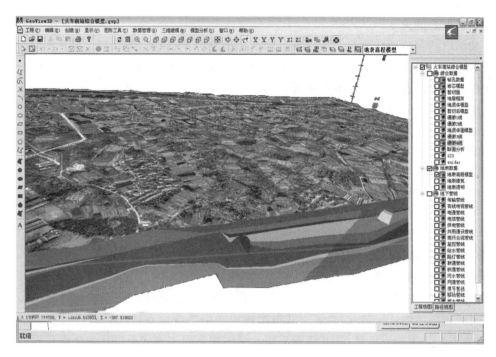

图 4-33 地表模型与地质体模型集成

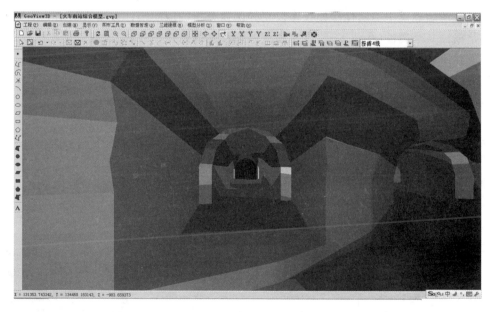

图 4-34 地质体模型的洞室剪切效果

二维解释剖面等多种来源的地质数据，应用曲面构造法或拓扑分析法进行三维地质建模。由于数据的多源性导致其数据结构难以统一，使其实现具有一定难度，但随着计算机技术的发展，人们更倾向于综合考虑有限的可利用数据进行模型动态重建，如天津大学钟登华的

VisualGeo,武汉地大坤迪科技有限公司的 QuantyView 等结合各自领域耦合多种数据源实现了三维地质模型的建立。

石油部门的盆地地质建模一般以角点网格模型或者 PEBI 模型为主。基于角点网格模型的地质体建模方法在油气盆地上应用较为广泛。以数字盆地的角点网格模型构建为例,盆地地质建模的工作流程包括以下五个主要步骤。

1)建立地层框架模型

根据地震资料构造解释和层序解释结果得到主要的地质界面(如地层界面、沉积间断面、储集层的顶底界面等)和断裂系统,采用计算几何的算法准确地描述空间曲面(地质界面和断层面)的拓扑关系,得到表达油气藏几何构型的地层框架模型。

2)建立地层实体模型

由于地层框架模型只有地质界面和断层面,不能描述油气藏的非均质性的横向变化。因此需要在此基础上,进一步地细化,通过定义层间的沉积结构进行三维空间内地层网格的构建,从而表达地层实体模型。

3)建立地质约束条件

根据井中地质资料和区域性地质资料的综合分析,可以获得对研究区域内沉积环境和沉积相空间展布规律的认识,同时也可以获得不同地层中特殊地质体(河道砂体、浊积扇体和裂缝体)的分布特征等地质信息,这些信息采用一定的数据表达方式可以作为属性建模过程中的地质约束条件。

4)属性数据的变异函数分析

油气藏地质建模中的属性建模技术以变异函数分析的地质统计方法为基础。变异函数分析目的是找出某个属性(孔隙度、渗透率和流体饱和度等物性参数)的区域变化规律,从而为确定性建模和不确定性建模提供数据内插和外推的控制条件。

5)岩石物理属性建模

地层实体模型将地层框架模型进行细化,建立三维地层网格(Stratigraphic Grid)。变异函数分析结果可以作为属性建模方法选择的依据,同时引入沉积相和岩相模型,采用确定性插值算法或随机模拟算法计算每个三维地层网格的属性值,最终得到油气藏岩石物理属性模型。

角点网格之所以在油气上应用广泛,一个比较重要的原因就是它可以较好地进行断层建模处理。如图 4-35 中 a 断层实际走向线为 AB 曲线,而模拟结果为 AabcdefB 折线,直角正

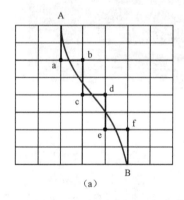
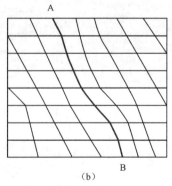

图 4-35 角点网格对断层的处理

交网格对于断层表达得不足。大斜度倾斜断层一直是传统的直角正交网格地质建模和数值模拟中的一个难点。角点网格是目前应用较广的一种结构化网格类型,角点网格系统建模方法克服了正交网格的缺点,先将断层作为一种重要属性建立断层模型,再根据井资料和地震资料建立地层模型,然后将断层模型和地层模型耦合建立格架模型。角点网格模型中的六面体的八个角点坐标是可变的,即可以改变其八个角点坐标来适合地质体形态变化。通过各个角点的退化,可以形成不同形状的地质体栅格单元,直至其退化为无效网格。通过退化处理,构造面可以依附在不同规则六面体的各个面上,通过面之间的拓扑关系,可以获取构造面信息。图4-36是以角点网格对盆地进行建模的实例。

图4-36 盆地三维建模的实例(角点网格模型)

思考题

1. 地质体三维建模的现状、特点及其困难是什么?
2. 三维地质体建模方法有哪些?建模流程包括哪些步骤?
3. 简述基于层面(多层 DEM 法)建模方法的思路和过程。
4. 基于剖面建模有几种思路?简述基于剖面推理建模方法的思路和过程。
5. 简述基于钻孔数据建模方法的思路和过程。
6. 盆地三维地质建模的特点和过程是什么?

第五章 典型的地学数据及其可视化方法

地学信息可视化技术的应用领域非常广泛。随着应用领域的不同,数据来源的不同(如来自计算机模拟还是来自测量仪器),所需要观察的数据也很不相同。而实现三维空间数据场可视化的算法却与数据类型有极大的关系。因此,我们有必要先讨论一下数据类型。

第一节 数据类型

用于可视化显示地学数据最广泛的数据类型有三种,分别是标量、矢量和张量。

一、标量

标量指可以用一个不依赖于坐标系的数字表征其性质的量。如密度、温度、质量等。标量没有方向。

在某一坐标系中,一个标量可以表示为 $f(x,y,z)$,而在一个新的坐标系中,该标量将表示为 $f'(x',y',z')$,由于标量的数值不依赖于坐标系,于是有:

$$f(x,y,z)=f'(x',y',z') \qquad (5-1)$$

这样就给出了标量的另一个定义:若对每一个直角坐标系 $oxyz$ 有一个量,它在坐标变换时满足上式,即保持其值不变,则此量定义了一个标量。

二、矢量

矢量指需要用不依赖于坐标系的数字及方向表征其性质的量。例如位移、速度、加速度等。

设:X 表示某一矢量。而 x_1,x_2,x_3 与 x'_1,x'_2,x'_3 分别是 X 在旧坐标系和新坐标系中的投影,显然 x'_1,x'_2,x'_3 与 x_1,x_2,x_3 之间有如下关系:

$$\begin{aligned} x'_1 &= a_{11}x_1+a_{12}x_2+a_{13}x_3 \\ x'_2 &= a_{21}x_1+a_{22}x_2+a_{23}x_3 \\ x'_3 &= a_{31}x_1+a_{32}x_2+a_{33}x_3 \end{aligned} \qquad (5-2)$$

或简写为 $X'=a_{ij}X$

这样就给出了矢量的另一种定义:对于每一个直角坐标系 $ox_1x_2x_3$ 来说有三个量 x_1,x_2,x_3,它们可根据上式变换到另一个坐标系 $ox'_1x'_2x'_3$ 中的三个量 x'_1,x'_2,x'_3,则此三个量定义了一个矢量。

三、张量

将矢量按以坐标变换为基础的定义加以推广,即可得到张量定义。如果对每一个直角坐标系 $ox_1x_2x_3$,有九个量 $X_{ij}(i=1,2,3;j=1,2,3)$,它可以按照以张量形式表示的下述公式转换为另一个直角坐标系中的九个量 $X'_{ij}(i=1,2,3;j=1,2,3)$,则这几个量定义了一个二阶张量:

$$X'_{ij}=a_{il}a_{jm}X \quad (l=1,2,3;m=1,2,3) \tag{5-3}$$

显然,二阶张量可以表示为一个 3×3 矩阵:

$$X_{ij}=\begin{bmatrix} x_{11} & x_{12} & x_{13} \\ x_{21} & x_{22} & x_{23} \\ x_{31} & x_{32} & x_{33} \end{bmatrix}$$

矩阵中的每一项 x_{ij} 称为二阶张量的分量。

二阶张量的定义可以推广到 n 阶张量中去,当 $n=0$ 时,张量的分量只有一个,它是一个标量。因此,可将标量视为零阶张量。当 $n=1$ 时,张量的分量有三个,它是一个矢量。因此,矢量可视为一阶张量。张量可用于流体力学的计算中,用以表示流体微团的微观变化。

根据数据类型相应的可视化技术的基本方法也可分为:①点数据场的可视化;②标量场数据的可视化;③矢量场数据的可视化;④张量场数据的可视化。

第二节 点数据场的可视化

点数据场的可视化实际上是对所描述的客观对象相应定义域中的点或点集,借助于某种模型将 N 维空间中的点集投影到二维平面上。

在实际应用中,较多的是有关一维、二维和三维空间点数据场的可视化处理。显然,一维点数据的处理是最简单的,通常可以直接在一维坐标轴上标注。二维点则可以采用某种数学模型,将二维点的两个值投影转绘到二维平面上,成为二维平面直角系中的一个点 (x,y) 或有序点集 $\{(x_i,y_i)\}$。对于三维点,也可采用某种投影方法将三维点的三个坐标值转换到三维图形空间的三个坐标轴上,用三维立体模型的方法显示其立体空间分布,即 $\{(x_i,y_i,z_i)\}$;或者将第三维深度信息用不同的灰度(或色彩)或光照度表示在二维平面上,生成假三维立体图。利用三维动画技术,还可以选择不同的视点,生成一系列的三维立体图,并通过旋转控制操作将系列三维立体图连成一个整体,实现空间对象不同角度的显示。

对于四维或更高维点数据场,通常可以采用 Andrews 提出的曲线分解投影法进行可视化处理。投影法即把多维信息投影到更小的子空间去进行绘制。Andrews 曲线法将每一个多维数据通过一个周期函数映射到二维空间中的一条曲线上,这种方法能够表示的信息维数较多。如图 5-1 所示。

该方法的基本原理是将 $N(N\geqslant4)$ 维空间的 N 个分量值 $(F_1,F_2,F_3,\cdots,F_n)$,用一个函数 $f(t)$ 表示:

$$f(t)=(F_1/\sqrt{2})+F_2\sin(t)+F_3\cos(t)+F_4\sin(2t)+F_5\cos(2t) \tag{5-4}$$

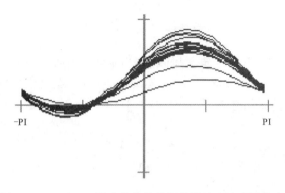

图 5-1　Andrews 提出的曲线分解投影法表达高维信息

将 $f(t)$ 函数在 $[-\pi,+\pi]$ 范围内的曲线绘制在二维平面上,也就是将 N 维点用一条形状相似的曲线来表示,通过比较一组曲线来确定 N 维点数据集中所含的不同信息。当然,也可以利用三维仿真技术,实现对第四维时间信息的表示。

在地球空间信息科学中,点数据场是一种比较常见而且非常重要的数据,除了各类控制点之外,还有各种实地观测数据和各种类型的采样数据,它们都是空间信息可视化处理的重要内容。如散列点的可视化过程(图 5-2)。①定义坐标系统;②将坐标系统和数据投影到显示空间中;③用点或符号显示元素的位置,用颜色来区分点上面属性信息;④可三维显示;⑤用户可控制视点。

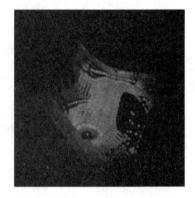

图 5-2　散列点的三维可视化例子

第三节　标量场数据的可视化

标量场数据的可视化是目前空间信息可视化中研究和应用最多的可视化方法。尤其是图形、图像显示技术等,都是基于标量场数据的可视化方法来实现的。

显然,最简单的是一维标量场数据,它可用插值函数 $F(x)$ 来表示,其可视化的基本方法是在二维平面坐标内,根据采样点的值来构造插值函数 $F(x)$,再根据 $F(x)$ 生成采样点之间的线段。为了实现较好的可视化效果,插值函数的选择非常重要。一般来说,插值函数的选择应该能保留原始数据集中的隐含属性,比如单调性、正态性等。在空间信息表达中常用的插值函数是三次样条插值函数。如果采样数据本身的精度较低,则可根据最小二乘法原理和方法构造插值函数。

空间数据处理中的二维标量场数据通常包括两大类,即平面格网点数据和不规则的散乱点数据。为了实现二维标量场数据的可视化,关键是拟构相应的插值函数。

对于平面格网点数据,可以采用双线性插值函数,其基本形式如下:

$$F(x,y) = a_1 + a_2 x + a_3 y + a_4 xy \tag{5-5}$$

在具体实施过程中,为了得到较好的效果,可采用双三次插值函数,基本形式如下:

$$F(x,y) = \sum_{i=0}^{3}\sum_{j=0}^{3} a_{ij} x^i y^i, 0 \leqslant x,y \leqslant 1 \tag{5-6}$$

双三次插值函数的特点是一阶导数连续,二阶导数存在。在空间数据处理中,常用的双三次插值函数是 Bezier 函数,具体算法参见文献。

对于不规则的散乱点数据,可以先将其划分为若干三角形格网或六角形格网等,然后再对三角形格网或六角形格网上的点数据采用双线性插值或双三次插值函数进行处理。空间数据处理中的 DEM 数据是不规则散乱点数据场处理较典型的应用实例。

值得一提的是,二维标量场数据的等值线内插是空间数据处理中二维标量场数据可视化应用最广泛的技术,如地形等高线、地磁等磁力线或等降雨量线等。有关这方面的算法和实现技术在计算机图形学教材中都有介绍,这里不再赘述。

三维标量场数据即一般所说的体数据,其可视化可采用曲面构造法来实现或者用规则和不规则网格的体元来显示。曲面构造法基本原理是将函数值 $F(x_i,y_i)$ 作为空间第三维数据,利用某种曲面模型对空间点集 $\{(x_i,y_i,F(x_t,y_i))\}$ 拟构一张逼近曲面,将该空间曲面投影到平面上,并通过消隐、纹理或明暗处理及旋转变换等来实现第三维属性的显示,甚至可以采用动画技术实现第三维属性的连续显示。有关这方面的算法和实现技术可以参考计算机图形学的有关著作。

一、二维标量数据的可视化

1. 图表

利用 Excel 等工具将简单的一维或二维标量数据通过下面这些图表形式表达出来:①面积图;②条形图和柱形图;③散点图;④饼图和圆环图;⑤阶梯线图表;⑥堆叠面积图;⑦分组图表等。

通过图表可以很快理解标量数据之间的对比关系,观察对比关系可以发现数据之间的内部联系和隐含关系。图表属于最简单的数据可视化方法。

2. 等值线

显示二维标量场数据的主要技术,如图 5-3 所示。等值线的定义为某个平面或曲面 D 上的标量函数 $F=F(P),P\in D$,对于给定值 Ft,满足 $F(P_i)=Ft$ 的所有点 P_i 按一定顺序连接起来,就是函数 $F(P)$ 的值为 Ft 的等值线。等值线的追踪算法参考有关书籍。

3. DEM 数字高程模型可视化

对地形的表达最早可追溯至象形符号、写景透视等,到 17 世纪等高线地形图,乃至 20 世纪 40 年代的航空影像,这一阶段地形表达以模拟为主。计算机技术的出现和计算机图形学的发展,使得地形表达发生了本质变化,特别是数字高程模型(Digital Elevation Model,DEM)和地理信息系统(GIS)技术的出现,地形可视化技术应运而生。地形可视化以 DEM 或数字地面

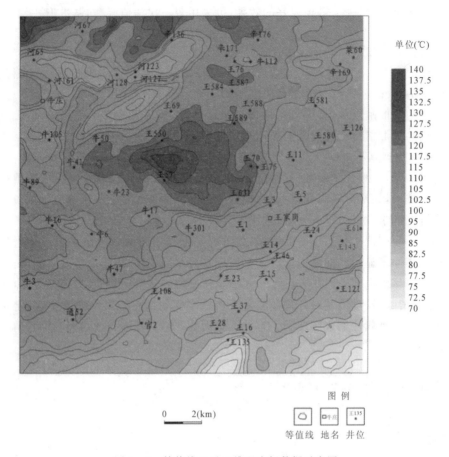

图 5-3 等值线显示二维温度场数据示意图

模型(Digital Terrain Model,DTM)为基础,借助计算机图像图形相关理论,研究地形的显示、仿真等。由于地形可视化的用途非常广泛,地形可视化成为近半世纪来各个行业领域经久不衰的研究主题,如动态地形简化、地形仿真、真实感地形环境、地形景观模型等。

目前针对 DEM 数据本身(非隐含信息)的可视化方法有晕渲图、叠加影像法、等高线法、分层设色法以及混合法(等高线与晕渲法的结合,晕渲法与分层设色的结合)等。

1) 晕渲图

通过光照下灰度的变化反映高度的变化,通常采用西北光照。传统地形晕渲的基本原理是:①确定光源方向;②计算 DEM 单元的坡度、坡向;③将坡向与光源方向比较,面向光源的斜坡得到浅色调灰度值,背光的斜坡得到深色调灰度值,两者之间的灰度值进一步按坡度确定,如图 5-4 所示。

2) 叠加影像法

将一幅起伏的 DEM 地形在三维图形引擎里面,通过纹理技术将一幅真实的地面正射影像贴在地形上,叠加影像后的 DEM 不仅能显示地形的起伏,还能反映真实的地面情况。这是三维地理信息系统常用的 DEM 可视化方法,如图 5-5 所示。

图 5-4 黑白晕渲图和彩色晕渲图实例

图 5-5 叠加正射影像的 DEM

3）分层设色法

在三维系统中，有时需要根据不同的高程赋予不同的颜色以达到生动显示不同高低范围的模型，如 DEM 等实体的分层设色可视化法。由选定的或者自定义的颜色表根据不同的高程自动赋予相应的颜色，达到最佳的渲染效果。如图 5-6 所示的 DEM 分层设色效果。

其基本原理如图 5-7 所示：通过给三维实体的坐标节点赋不同的颜色值，根据两点的颜色值（RGB 值）进行插值计算两点间的任意一点的颜色值，如下图所示的颜色立方体。各点都有颜色值后设置图形引擎 OpenGL 或者其他引擎，由图形引擎来完成两点之间进行颜色插值。

针对 DEM 数据本身的可视化方法还有混合法，比如等高线与晕渲法的结合，晕渲法与分层设色的结合，纹理法和等高线的结合。混合法的优点能够发挥多种方法的优势，让地形的特点得到充分的可视化。

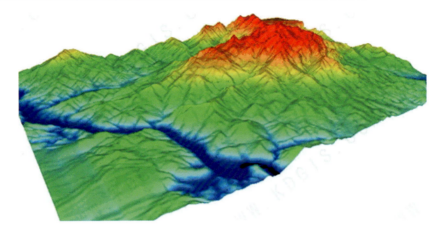

图 5-6　DEM 分层设色效果

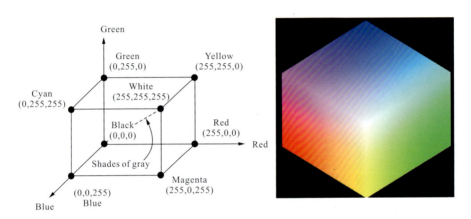

图 5-7　分层设色的基本原理

4. DEM 隐含信息的可视化

目前针对 DEM 的研究主要集中在大规模地形建模中数据的组织与调度、数据简化、地形纹理映射等 DEM 数据可视化技术本身，地形可视化表达手段也比较单一。常规平面等高线图在二维平面实现了三维地形的表达，但地形起伏需要进行判读，虽具量测但不直观。地形仿真和地形景观模型必须借助外部数据，如遥感影像、航空影像、地形纹理相片等。实际上，DEM 本身含有丰富的地形特征和结构信息，如坡度、坡向、曲率、地形结构线等。这些信息从不同的侧面刻画了地形地貌的本质特征。一直以来，这些信息没有在地形可视化中得到体现，如果把这些信息再次和 DEM 本身进行融合，即可实现不需要借助任何外部数据的 DEM 地形可视化自增强，为用户提供更加直观、准确、精细的地形认知，具有很好的应用价值（王春等，2009）。如表 5-1 所示，表中列出了地形因子的定义以及所隐含的水文方面的信息。

1）DEM 地形信息解译与地形可视化自增强

DEM 作为地形地貌数字化表达方式，有着诸多的优点，但是它缺乏纸质地图的一览性和直观性，所含有的信息更加隐蔽，地形信息的再现必须借助数字地形分析（Digital Terrain Analysis，DTA）技术。

表 5-1 DEM 地形因子及其隐含水文意义

属性	定义	所具有的水文意义
高度(Altitude)	高程值(Elevation)	气候、植被类型、势能(Potential Energy)
上坡高度(Upslope Height)	上坡面的平均高度	势能(Potential Energy)
坡向(Aspect)	坡面的方位(Azimuth)	日照、蒸发、动植物分布和聚集度
坡度(Slope)	倾斜度(Gradient)	坡面和地下水的流速、植被、地貌、土壤水分等
上坡坡度(Upslope Slope)	上坡面的平均坡度	径流速率(Runoff Velocity)
扩散坡度(Dispersal Slope)	扩散区平均坡度	土壤流失区流失率计算(Rate of Soil Drainage)
流域坡度(Catchment Slope)	集水区平均坡度	聚集时间(Time of Concentration)
上坡面积(Upslope Area)	较短等高面以上集水区面积	径流总量(Runoff Volume)、稳定态径流率(Steady-state Runoff Rate)
扩散面积(Dispersal Area)	坡面下较短等高面面积	土壤流失速率(Soil Drainage Rate)
流域面积(Catchment Area)	流域出口以上集水区面积	径流总量(Runoff Volume)
特定的集水区面积(Specific Catchment Area)	等高线间隔宽度内的上坡面积	径流量(Runoff Volume)、稳定态径流率(Steady-state Runoff Rate)、土壤水分、地貌(Geomorphology)
流路长度(Flow Path Length)	到流域内某点的水流流经距离	侵蚀速率(Erosion Rate)、产沙量(Sediment Yield)、聚集时间(Time of Concentration)
上坡长度(Upslope Length)	到流域内某点的平均流路长度	水流加速度的计算(Flow Acceleration)、侵蚀速率(Erosion Rate)
扩散长度(Dispersal Length)	流域内某点到流域出口距离	土壤流失区流失阻力(Impedance of Soil Drainage)
流域长度(Catchment Length)	从流域最高点到出口距离	坡面流的散布(Overland Flow Attenuation)
剖面曲率(Profile Curvature)	坡度剖面曲率	水流加速度(Flow Acceleration)、侵蚀/沉积速率(Erosion/Deposition Rate)
表面曲率(Plan Curvature)	等高线曲率(Contour Curvature)	水流汇聚和发散(Converging/Diverging Flow)、土壤水分

DTA 定义为在 DEM 上进行地形属性计算、地形特征提取及地学模型分析的数字信息处理技术。随着 DTA 思路与技术的完善,现在人们可以方便地从 DEM 数据中解译各类地形信息,如坡度、坡向、坡度变率、坡向变率、曲率、地形起伏度、粗糙度、切割深度、表面复杂度等。

其中，许多解译结果可以作为附加信息，镶嵌到地形晕渲图、等高线图等，增强地形可视化效果。表 5-2 列举了部分可用于地形可视化增强的地形曲面参数。除此之外，一些线状地形特征也可用于 DEM 地形可视化增强，如山脊线、山谷线、沟沿线等。

表 5-2 可视化增强过程常用的地形曲面参数

名称（标识符）	表达	地学意义
坡度（β）	$\beta = \arctan \sqrt{p^2 + q^2}$	地面点切平面与水平面的夹角，描述地形坡面的倾斜程度，相邻单元的坡度变化信息能有效凸显地形在垂直方向的三维形态特征
坡向（α）	$\alpha = \arctan(q/p)$	地面点法线在水平面投影与北方向之夹角，描述地形坡面的朝向，相邻单元的坡向变化信息能有效凸显地形在水平方向的转折变化特征
坡向变率（SOA）	$SOA = -\dfrac{SOA_1 + SOA_2 - \|SOA_1 - SOA_2\|}{2}$ $SOA_1 = Slope(Aspect(DEM))$ $SOA_2 = Slope(Aspect(-DEM))$ Slope 为坡度计算，Aspect 为坡向计算。	局部坡面单元内坡向的变化率，描述地形曲面在水平方向的转折变化的剧烈程度
坡度变率（SOS）	$SOS = Slope(Slope(DEM))$	局部坡面单元内坡度的变化率，描述地形曲面在垂直方向，相对于水平面的地形起伏变化的剧烈程度
平面曲率（CC）	$C_c = -\dfrac{q^2 r - 2pqs + p^2 t}{(p^2 + q^2)^{3/2}}$	也称等高线曲率，描述地形曲面在水平方向的转折变化的剧烈程度
剖面曲率（CP）	$C_t = -\dfrac{q^2 r - 2pqs + p^2 t}{(p^2 + q^2)(1 + p^2 + q^2)^{1/2}}$	坡度垂直方向曲率，描述地形曲面在垂直方向的起伏变化的剧烈程度

（地形曲面函数：$z = f(x, y)$，$p = \dfrac{\partial f}{\partial x}$，$q = \dfrac{\partial f}{\partial y}$，$r = \dfrac{\partial^2 f}{\partial x^2}$，$t = \dfrac{\partial^2 f}{\partial y^2}$，$s = \dfrac{\partial^2 f}{\partial x \partial y}$）

DTA 技术提供了 DEM 地形信息解译的基本工具，这些信息刻画了地形不同侧面的特征，有助于地形细节的表达，促进人们对地形的理解和认识。DEM 地形信息解译的结果就是广义上的数字地面模型——DTMs。图 5-8 描述了 DEM、DTA、DTMs 的逻辑关系。

与 DEM 一样，DTMs 实现了地形信息的数字化表达，但信息隐含、可读性较差，需要 DEM 地形可视化技术再现其内容。当前，基于 DEM 实现地形可视化可以采用多种方式，比较常用的有等高线显示、分层设色显示、地形晕渲显示、剖面显示、专题地图显示、立体透视显示、三维建模显示、三维景观显示、三维动态漫游等。与 DEM 地形可视化研究重点不同，DEM 地形可视化自增强不是研究可视化本身，而是利用数字地形分析的解译结果，如坡度、坡向、曲率等，让它们与 DEM 地形等高线、地形晕渲等进行有效融合，凸显不同地形特征和细节，实现集可量测性与直观性为一体的三维地形信息表达。

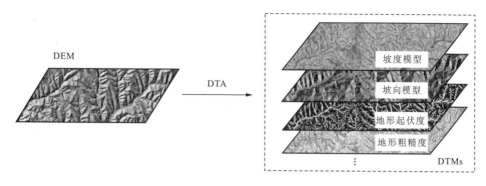

图 5-8　DEM、DTA 和 DTMs

从具体实现方法角度，DEM 地形可视化自增强方法可以采用直接基于 DEM 数据的地形可视化增强，以及基于坡度、坡向的地形可视化增强技术，基于细部雕刻技术的地形可视化增强技术等。① 直接基于 DEM 数据的地形可视化增强，主要采用高程变换、附着地形晕渲底图等方式增强等高线图、分层设色图等的三维立体效果。此外，调整分层设色方案也可以有效地增强分层设色图的地形可视化效果。② 基于坡度、坡向的地形可视化增强技术，依据坡度、坡向的变化，通过模拟太阳光对地面照射所产生的明暗程度，用深浅不同的色调表示地形起伏形态。可以采用的增强技术有明暗等高线、粗细等高线等。③ 基于细部雕刻技术的地形可视化增强技术在等高线图、地形晕渲图等底图上嵌入细节地形变化信息，如曲率、坡向变率、坡度变率、曲面复杂度等。细部雕刻技术实质上是把 DEM 地形信息解译结果 DTM 看作常规纹理，"贴"在通过 DEM 建立的三维地形模型上，从而形成具有更强立体感，易于地形信息认知的三维地形可视化模型。

2）DEM 地形可视化增强实例

以陕北韭园沟流域内雁沟小流域比例尺 1∶10 000 格网间距 5m 的 DEM 数据为例，讨论如何通过不同可视化技术的综合应用实现地形可视化的增强表达效果。图 5-9 是雁沟在韭园沟的地理位置图。

（1）直接基于 DEM 数据的地形可视化增强技术

图 5-10 是雁沟样区局部地形的常规平面等高线图与附加 DEM 地形晕渲的等高线图的对比。附着地形晕渲底图在不降低量测精度的同时增强了立体效果，克服了常规平面等高线图地形起伏需要进行判读的缺憾，可易于非专业用户识图和用图。

采用附加晕渲底图的方法增强可视化效果时，需要注意的是底图色调应以浅色为主，且底图不存在明显阴影。底图与等高线图、分

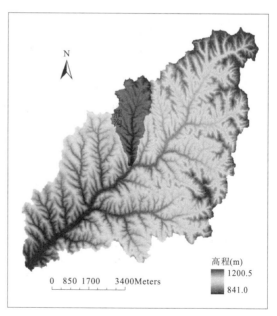

图 5-9　雁沟在韭园沟中的地理位置

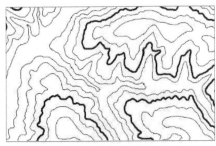
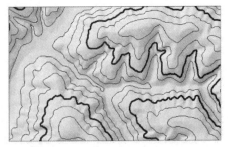

普通平面等高线图，等高距20m　　　　附有地形晕渲底图的等高线图，等高距20m

图 5-10　雁沟局部地形的等高线图

层设色图等前层之间所描述的地形信息，在空间位置和信息精细程度上应尽可能匹配。

图 5-11 是采用自然列点法获取的雁沟分层设色图。显然，附加地形晕渲和等高线的分层设色图更具立体感，对地形细节的描述也更为细致。变换分层设色方案可以获取更为丰富的地形可视化效果。

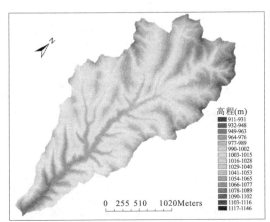
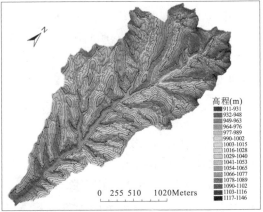

(a) 常规高程的分层设色图（左）与附加DEM地形晕渲和等高线的高程分层设色图（右）

(b) 局部放大图，常规高程的分层设色图（左）与附加DEM地形晕渲和等高线的高程分层设色图（右）

图 5-11　雁沟小流域高程分层设色图

图 5-12 是经过 DEM 高程放大后制作的地形晕渲图。经过高程拉伸变化，可以在一定程度增强地形的三维立体效果，更加直观地反映地形特征点、线，缺点是进行地形晕渲时会造成更多的阴影。

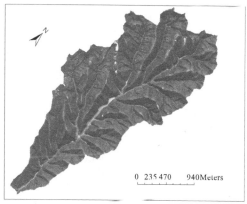

（a）基于原始DEM制作的地形晕渲图　　　　（b）高程放大5倍后制作的地形晕渲图

图 5-12　高程拉伸处理对 DEM 地形晕渲图的影响

2）基于坡度、坡向的地形可视化增强技术

（1）明暗等高线法图与粗细等高线图

常规平面等高线图中地形起伏需要进行判读，非专业人员很难直接感知地形三维形态，对此，1895 年波乌林(J. Pauling)最先提出明暗等高线法图以增强等高线图的立体效果。该方法将每条等高线首先分为受光面的阳坡段及背光面的阴坡段，受光部分的等高线饰为白色，背光部分的等高线饰为黑色，地图的底色饰为浅灰色。这样所制成的等高线地图利用了受光面白色等高线与背光面黑色等高线的明暗对比产生阶梯状的三维立体视觉效果。

图 5-13 是实验样区局部地形的明暗等高线图和粗细等高线图。从色彩知识中知道，不同明度的颜色置于浅底色上，深者愈深、浅者愈浅，因此，实际应用中等高线设色明度差不宜过大，而且应避免使用最长调的对比，以免造成生硬、空洞、简单化的感觉。灰色作为起衬托作用

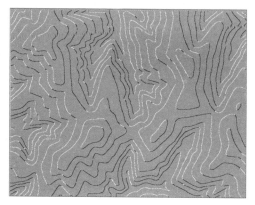
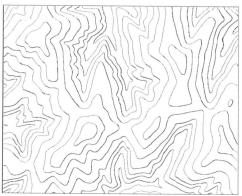

图 5-13　明暗等高线图(左)和粗细等高线图(右)

的底色,宜选择较为浅淡的颜色,一方面不会给读者造成刺目的感觉,另一方面对图上其他要素的干扰较小。实验证明,采用不饱和的复色效果良好。

粗细等高线法将背光面的等高线加粗,向光面的等高线绘成细线。与明暗等高线相比,粗细等高线图三维立体效果略差一点,但整体图面比较清爽,适合用作其他专题图的底图。

(2) 地形晕渲

利用 DEM 可以很方便地实现地形晕渲。传统地形晕渲的基本原理是:①确定光源方向;②计算 DEM 单元的坡度、坡向;③将坡向与光源方向比较,面向光源的斜坡得到浅色调灰度值,背光的斜坡得到深色调灰度值,两者之间的灰度值进一步按坡度确定。地形晕渲的核心目的是用深浅不同的色调形成地形起伏形态。实际上借助 DTA 技术可以有多种方法实现类似光照模拟的晕渲效果。图 5-14 是分别基于 DEM 数据、坡度 DTM、坡向 DTM 和高程标准差 DTM 模型制作的雁沟样区的地形晕渲图。

显然,图 5-14 展示的地形晕渲都具有明显的三维立体效果,但所反映的细节地形信息存在一些差别。与常规地形晕渲图相比,坡度晕渲图再现整体地形三维形态的同时,直观反映了地形坡面的陡峭程度;高程标准差灰度影像图更为精细地再现了地表形态的复杂程度,具有一些水墨画的艺术美;高程标准差光照模拟晕渲图凸显了实验样区的地形纹理特征;基于 DEM 高程标准差数据制作的光照模拟晕渲图凸显了沟谷网络的空间展布特征,对水土保持研究具有很好的意义;坡向晕渲图直观地再现了坡面朝向的空间分异,而且凸显了地形山脊线、山谷线的空间展布。

地形晕渲是一个富含技术与艺术的过程,在传统的地形速写图中,人们很注重这一点,在现代 DEM 地形晕渲中,如何实现艺术与精度的完美结合,有效凸显所表达的地形信息,是值得研究的问题。

(3) 基于细节雕刻技术的地形可视化增强技术

图 5-15 是采用表 5-2 中 SOA、SOS、C_C 和 C_P 曲面参数进行 DEM 地形晕渲细节雕刻获取的地形可视化效果。图 5-16 是图 5-15 的局部放大图。

虽然图 5-15(a) 与图 5-15(c) 都是对地形在等高线方向弯曲程度的描述,结合图 5-16 可以看出,图 5-15(a) 的雕刻更为突出地再现了宏观地形山脊山谷线的空间展布,图 5-15(c) 的雕刻更加清晰、直观地描述了细小地形山谷山脊线,对地形形态在等高线方向的细节转折变化描述得非常清楚。图 5-15(b) 与图 5-15(d) 都是对地形在垂直方向的起伏变化特征的描述,结合图 5-16 可以看出,图 5-15(b) 对细节变化的雕刻更为精细,微小的陡崖线都可以有效地反映,图 5-15(d) 对坡脚线等具有局部突变线的描述更为突出。通过在 DEM 地形晕渲图或等高线图上,嵌入 DTA 解译的地形曲面属性信息,能够有效增强整体地形结构与细部地形特征的可视化表达,究竟需要嵌入怎样的细节地形属性信息取决于应用目的,需要不断尝试。

DEM 是 GIS 赖以进行各类地学分析的基础,如何把专业的内容直观、准确地再现出来,是 DEM 和 DTA 推广及普及的基础,同时也是 GIS 走向社会化服务的基础。近年来,随着现代对地观测技术的发展以及数字地形数据发布的商业化和社会化,人们已有多种方式和途径获得 DEM 数据,成本也大大降低,如何对 DTA 分析过程与结果,进行集可量测性与直观性为一体的可视化表达,并且能够通过可视化分析,探测和挖掘更深层次的地学知识,是当前 DEM 与 DTA 推广与普及亟待解决的关键问题。

基于 DEM 的地形可视化自增强的基础是高质量 DEM 和简洁高效的可视化处理技术,前

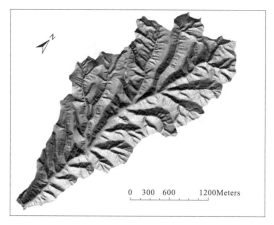

(a) 直接基于DEM数据制作的光照模拟晕渲图　　　　(b) 地面坡度的灰度影像图

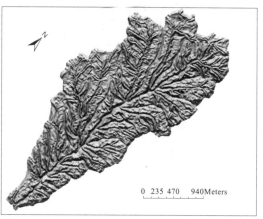

(c) DEM 7×7分析窗口的高程标准差的灰度影像图　　(d) 基于DEM高程标准差数据制作的光照模拟晕渲图

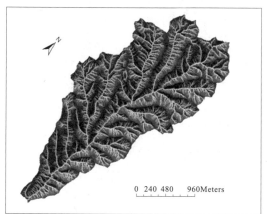
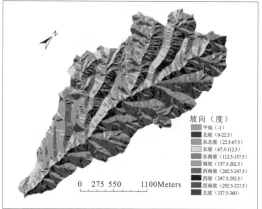

(e) 基于DEM汇流累积量提取的坡度模型的灰度影像图　　(f) 地面坡向的彩色分区晕渲图

图 5-14　基于不同数据源的地形晕渲图

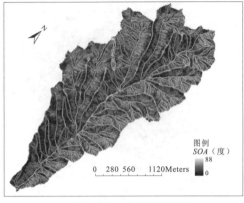
(a) 坡向变率SOA与地形晕渲叠加

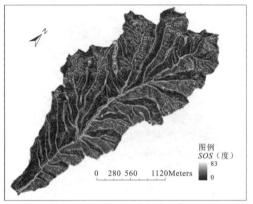
(b) 坡度变率SOS与地形晕渲叠加

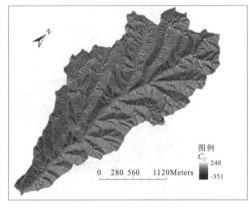
(c) 平面曲率C_c与地形晕渲叠加

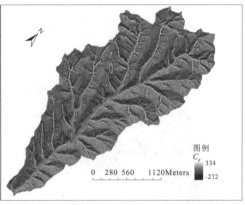
(d) 剖面曲率C_p与地形晕渲叠加

图 5-15 基于细节雕刻技术的地形可视化

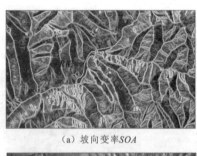
(a) 坡向变率SOA

(b) 坡度变率SOS

(c) 平面曲率C_c

(d) 剖面曲率C_p

图 5-16 基于细节雕刻技术的地形可视化(局部放大图)

者影响可视化的精度,而后者影响可视化的效果和速度。DEM 地形可视化是一门技术,同时也是一门艺术,目前还难以提供一种标准模式。实际上,除本节提到的方法外,还有更多的地形可视化自增强技术,如立体透视技术、三维景观技术、动态漫游技术等,这方面的研究还有待进一步完善与深化。

5. 影像显示

影像显示手段主要用于高密度点的二维标量场数据分布等,如 CT、地表形态数据等,其相关处理技术包括图像增强、图像特征提取和图像分割等。

图像增强主要是为了加强和突出图像的特征而采取的一种图像数据处理技术。常用的方法有直接对像素进行的点操作、对像素周围区域进行的局部区域操作及假彩色计算操作技术。点操作包括灰度变换法、直方图修正法和局部统计法。局部区域操作主要是图像的平滑和锐化,如中值滤波、低通滤波和高通滤波等。假彩色计算是将灰度映射到彩色空间上,以突出数据的分布特点。如图 5-17 所示。①用于显示二维标量数据 $z=f(x,y)$。②直接将二维元素映射成灰度或颜色。③举例:遥感影像、医学图像。

图 5-17 通过影像来显示二维标量数据

二、三维标量数据的可视化

三维标量数据一般以体数据的形式存在,体数据的来源如下。①测量,如医学仪器 CT、MRI 等。②计算,如流体力学、有限元分析。③几何实体的体素化,如油气储藏体、矿体等。

三维标量数据的可视化表达方式如下。①等值面。②规则网格。③曲线网格(Curvinear Mesh):直线网格的非线性变换结果。④块结构网格(Block Structured Mesh):由多块构成,各块内部网格一致,块间不一定一致。⑤非结构网格(Non-Structured Mesh):无逻辑关系,体可剖分为四面体、六面体、三棱柱等,需记录体元顶点,相邻关系需计算。⑥散列数据(Scattered Data):由三维离散点构成。

1. 等值面

显示三维标量场数据的主要手段之一。等值面的定义:某个空间域 D 上的标量函数 $F=F(P), P \in D$,对于给定值 Ft,满足 $F(P_i)=Ft$ 的所有点 P_i 按一定顺序连接起来,就是函数 $F(P)$ 的值为 Ft 的等值面(图 5-18)。

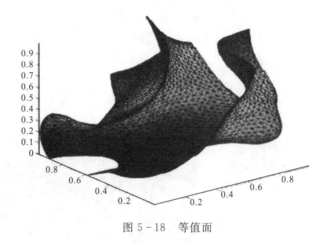

图 5-18　等值面

2. 规则网格

体数据的规则网格有体素（Voxel）、实体造型（CSG）和八叉树（Octree）等。体素可以是规则的立方体单元或长方体单元（图 5-19）。为了提高模型边界的精度，需要对网格实现进一步的局部细化处理，于是产生了八叉树结构模型（图 5-20）。规则网格在实体边界的表达上有精度不高的缺点。

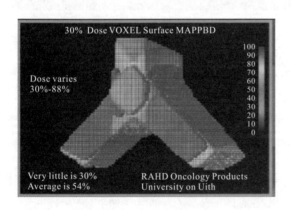

图 5-19　体素规则网格

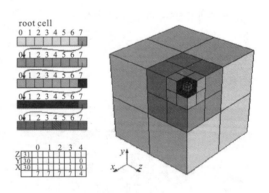

图 5-20　八叉树

3. 曲线网格

曲线网格有多种，对应的算法不同（图 5-21）。

4. 非结构网格

非结构网格（Non-Structured Mesh）内无固定的逻辑关系，可分为四面体、六面体、三棱柱等网格，需记录体元顶点，相邻关系需计算。这种网格不仅可以很好地描述空间实体的表面形态，而且可以通过各种数学插值表达空间实体的内部不均一性，能够较好地应用于地质矿山领域，实现复杂地质体的表达，如图 5-22 所示。

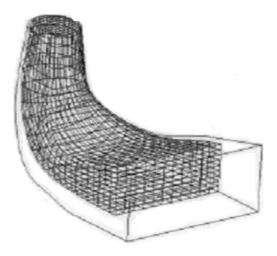

图 5-21 曲线网格可视化示例

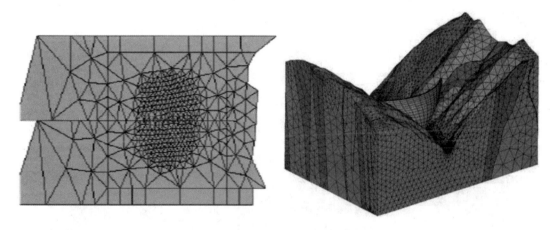

图 5-22 非结构网格表达三维标量场

5. 切片(Volume Slices)

在已经获得三维标量场数据的情况下,可以通过一系列的二维平面表达二维实体,医学等领域常见的有一种称为切片技术方法(图 5-23)。三维地质体建立完成后也可以通过切片或者剖面来表达地质体内部的细节(图 5-24)。具体过程如下。①选择适当坐标系统显示切片位置。②用影像显示。③投影至视面,交互。④可用于三维重建。

6. 体绘制技术

三维空间分布在离散网格点上的数据一般是由三维连续的数据场经过断层扫描、有限元分析或随机采样后作插值运算取得的。图形设备屏幕上的二维图像则是由存放在帧缓存中的二维离散信号经图形硬件重构而成。因此,直接体绘制技术就是将离散分布的三维数据场,按照一定的规则转换为图形显示设备帧缓存中的二维离散信号,即生成每个像素点颜色的 R、G、B 值。

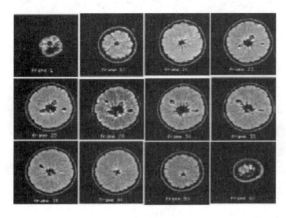

图 5-23 医学切片

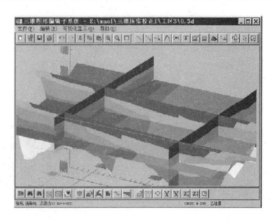

图 5-24 地质体切片(剖面)

熟悉采样理论的读者不难理解,要将一个离散分布的三维数据场转换为二维离散信号,需要进行重新采样(Resampling)。而且,不仅需要计算每一个数据值对二维图像的贡献,还需要将全部数据值对二维图像的贡献合成起来。因此,尽管有多种不同的直接体绘制算法,其实质均为重新采样与图像合成,其目的是用于表现本质上属于三维的现象,如 CT、天气分析等(图 5-25)。过程如下。①几何数据的三维投影。②将数据映射为某种云状物质的属性,如颜色、不透明度,然后通过描述光线与这些物质的相互作用产生图像。③直接进行可视化,而不转换为表面。④计算每个体元对最终图像的贡献,这些贡献值最终合成成为像元的颜色。⑤合成方法的不同构成不同体绘制方法的关键。

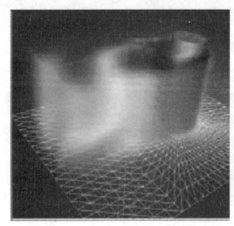 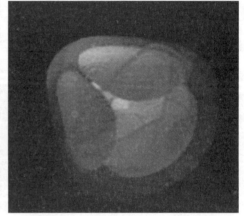

图 5-25 直接体绘制技术

第四节 矢量场数据的可视化

与三维标量场相比,三维矢量场的可视化更具挑战性,这主要是由于以下两个原因。首先,三维矢量场至今还没有一个直观的、普遍认同的表示方法。矢量不仅有大小,而且有方向,如何在二维屏幕上表示出三维方向的信息一直是困扰人们的一个难题。这实际上与人的视觉系统有关。三维矢量不适合于人们的视觉习惯,如一个箭头可表示一点的矢量,这是因为人们已习惯了这种表示。但大量的代表空间矢量的箭头集合在一起却往往导致图像杂乱无章,难以被人们接受,这个问题对于矢量场就更加突出。

其次,矢量场的数据一般都具有复杂的拓扑关系和较高的维数,如温度、密度、压强等标量,速度、重力等矢量,还有涡流张力等张量。这些物理量往往定义在离散的不规则网格的结点、中心或表面上。同时,在不稳定流场中,每一时刻都对应着不同的数值,这常常导致惊人的庞大数据量。

矢量是一种既有大小又有方向的量纲,因此矢量场数据的可视化与标量厂数据有所不同,它应该将矢量的大小和方向都同时显示出来。在空间信息处理中,矢量场数据的可视化通常有两种基本技术,一种是将矢量按一定的方向进行分组,获得 N 个组的分量值,然后借助于标量场数据的可视化技术显示每一分量的分布。比如气象研究中的风向频率分布、地质构造中的节理分布等。另一种方法就是直接对矢量的大小和方向同时进行显示。

根据空间数据处理的特点和可视化的基本技术,矢量场数据的几何图形表示方法通常包括点场数据表示、线场数据表示和面场数据表示三种。也可以按局部技术、全局技术和分类技术(特征可视化)来分。

点场数据的表示是最直接的方法,通常是对采样点上的每一点数据的大小和方向采用能表示大小和方向的图形方式给予表示,如箭头、有向线段等。

线场数据的表示是空间数据可视化中用得较多的一种方法,通常包括数据场线和质点轨迹线两种。数据场线是某一时刻 f 连接各点矢量的一条有向曲线,如大气环流线、电磁场中的磁力线等。质点轨迹线指某一质点经过该矢量场是一条轨迹,如计算流体动力学(CFD)中的质点运动轨迹等。计算流体动力学就是求流体偏微分方程,即 Navier-Strokes 方程的数值解,这些方程是航空学、汽车设计、气象预报和海洋学等应用研究的核心技术,也是流体力学的基础。

空间面场数据实际上是一条非场曲线经过矢量场的运动轨迹,面场比线场更容易表达矢量场内部的矢量分布。面场的拟构主要有两种方法,一种是采用线场连接生成面场,另一种是对矢量场进行拓扑结构的分解,通过拟构矢量场内部的几种拓扑结构分布模型来表达整个面场的总体分布。

一、矢量场可视化的基本流程

根据不同的原始数据和不同的显示要求,矢量场的可视化可能有许多不同的方法,但无论采用什么方法都至少包括三个主要步骤,这和标量场的可视化是一样的。这三个步骤是:①矢量数据的预处理;②矢量数据的映射;③绘制和显示。通过这三个步骤,就可将用户输入的原始矢量场数据按用户的要求转变成图形或图像等可视信息,以达到便于用户理解的目的。下面,分别介绍这三个主要步骤。

1. 矢量数据的预处理

矢量场可视化中的原始数据一般来自数值计算、工程实验或测量的结果。它的数据类型比较复杂,不仅包括温度、压强等标量数据,还包括速度等矢量数据,甚至涡流张力等张量数据。更为困难的是,由于科学计算领域的千变万化,这些数据点的分布也很不规则。显然,这样的原始数据是无法直接输入到可视化软件中加以处理的,因而必须研究行之有效的方法对这些数据进行预处理,转化为有利于后续可视化软件模块处理的形式。

由于矢量场具有数据点之间拓扑结构非常复杂以及数据量惊人庞大的特点,因而在矢量场可视化的预处理中,如何针对这两个特点,研究行之有效的预处理方法非常重要。

首先,对于复杂的拓扑结构,一种方法是采用六面体体元的组织方法。这种方法对于规则的和结构化的不规则矢量数据比较有效,通过将矢量数据所在的物理空间与规则的计算空间建立一一映射的关系,后续的可视化过程可直接在规则的计算空间完成,从而大大加快矢量场可视化的速度。对于非结构化网格则可通过重新采样的方法,先建立六面体体元的表示,再进行处理。但重新采样将产生较大的误差,而非结构化矢量场是很常见的,因而,可以以四面体为基本单元的三维矢量场数据组织方法,即进行空间域的三角化。由于四面体是最简单的凸多面体,任何其他类型的体元均可转化为四面体体元,因而采用这种方法后,无论拓扑结构多么复杂的数据场,均可转化为统一的表达形式,从而为矢量场数据拓扑结构的复杂性问题提供了一种有效的解决途径。

其次,面对惊人庞大的数据量,目前最有效的方法就是提取数据中的重要信息,减少数据量,即进行数据的过滤、特征的检测、抽取、增强等处理,这一过程也是在预处理阶段完成的。

2. 矢量数据的映射

矢量数据映射的目的是将预处理后的矢量数据转化为可通过图形予以显示的几何数据,这是矢量场可视化的核心。由于目前还没有一种直观的、普遍认同的三维矢量场映射方法,因而三维矢量数据的映射一直是三维矢量场可视化研究的热点所在,许多研究者对此进行了大量的研究,提出了各种各样的映射方法及相应的分类,如 Hesselink[HESSM] 的图标分类法等。在对人的视觉机理进行研究后发现,人们在看一个物体时,最容易识别的是物体的形状、颜色和纹理。已有的矢量场映射方法事实上都是将枯燥的数据映射为这三种可视元素,以达到便于用户理解的目的。

3. 矢量数据的绘制和显示

绘制和显示过程的任务是将映射后的几何数据和属性转换成图像数据并输出到显示设备,包括扫描转换、隐藏面消除、光照计算、透明、阴影、纹理映射等,这些都是计算机图形学中比较成熟的理论与算法,在本章中就不再讨论了。

二、矢量场可视化方法

矢量场可视化技术可以按局部技术、全局技术以及分类技术来划分。局部技术突出表现向量场中的局部信息,如数据探针(Data Probe)、平流(Advection);全局技术力图反映向量场整体信息,如矢量图(Vector Plot)和纹理方法(Texture-based Method);分类技术(特征可视化)由矢量数据导出其他信息并表现出来,如拓扑分析、涡核提取等。

1. 局部技术

1) 数据探针

数据探针顾名思义就是在局部点上设置一个探测点获取局部点的矢量信息。数据探针主要表达矢量的大小和方向,同时用图像方法表达向量所在位置的其他属性,如曲率、扭矩、加速度等,只能显示少量位置的信息,且用于关键点的重要信息探测。

2) 平流方法

具体过程如下。①示踪粒子:在流体中加入微粒(氢气泡、烟、染色剂等)并观察其流迹,从而获得矢量场信息。②模拟理想粒子(无大小、质量的质点)在流动中运动统称为平流方法或基于粒子的方法(Particle-based Method)如下。①场线(Field Line):处处与向量场相切的线。②迹线(Path Line):一个粒子在一段时间内的不同位置的连线。③脉线(Streak Line):流体固定点上连续释放的粒子所形成的连线。④对定常流动,三者一样,称为流线(Stream Line)。流线的例子如图5-26所示。

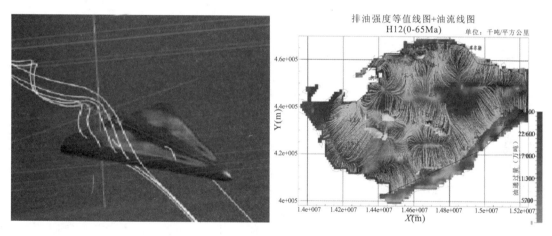

图 5-26 矢量场的流线可视化方法

2. 全局技术

全局技术就是将整个矢量场的信息都显示出来,典型的方法就是向量图(Vector Plot),如图5-27所示。向量图的过程如下。①最简单的全局可视化技术。②用图符指示向量场中各点的方向和大小,如线段、箭头、锥体等。③优点:简单、易读。④缺点:不够精致,特别对密集情况,对非规则数据,易产生错觉。

3. 分类技术(特征可视化)

矢量场的解常常是由定义于十万甚至百万个点上的若干物理量组成的,物理量中不仅包含矢量(三个分量),还有标量。面对这样庞大的数据量,很难找到一种可视化手段将其所蕴含的信息全部展现在二维屏幕上。为了解决这个问题,人们自然地想到两种解决办法:①增加可视化信息蕴含的内容;②减少数据量。由此产生了矢量场可视化中一条很有潜力的研究线索——分类技术(特征可视化)。几年来,特征可视化一直是矢量场可视化研究领域的一个热点。所谓特征,具有两方面的含义:①矢量场中有意义的形状、结构、变化和现象,如涡流、激波等;②从数据场中分离出来的用户感兴趣的区域。特征可视化就是通过对场中的这些特征,重点地进行可视化,从而减少可视化映射的数据量,却保持了量的准确性。在特征可视化中,通过提取特征的过程,可以得到一种可以代替原始数据的抽象可视表示,这种表示蕴含着更丰富的信息内容,使用户能忽略掉大部分冗余的、不感兴趣的数据。目前,在特征可视化方面已有的成果主要有以下几个方面。

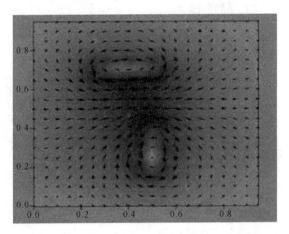

图 5-27 全局向量图可视化技术

1)矢量场拓扑结构分析法

自 1987 年人们开始这种方法的研究以来,已取得了一系列成果,其中最引人注目的是 Helman 和 Hesselink 提出的基于矢量场拓扑结构分析的矢量场可视化理论。Chong 等又给出了一个更一般的矢量场结构分类法,与此同时,Globus 等也给出了实现流场拓扑结构分析方法的具体细节。

流场拓扑结构分析法是建立在临界点理论基础之上的,这个理论一直被广泛地用于检测常微分方程的解。基于临界点理论,一个矢量场的拓扑由临界点和连接临界点的积分曲线和曲面组成。临界点是矢量的三个分量均为零的点,首先将矢量场中所有速度为零的点找出来,然后根据临界点附近速度场的特性对临界点进行分类。

矢量场拓扑结构分析法是特征可视化最成功的例子,正是它的提出,使人们认识到面对矢量场惊人的数据量,必须走特征可视化的道路。从而吸引了越来越多的人们从事特征可视化的研究。

2)流场中特征结构的可视化

这一类方法主要用于不稳定流场,通过对场中重要的特征结构进行寻找、跟踪来实现特征可视化(图 5-28)。由于涡流结构是流场中最为典型的结构,因而这种方法用得最多的是涡流结构的可视化。此外,还可把涡量等值面等重要的可反映流场特征的物理量作为寻找跟踪的对象。

具体过程如下。①将流场划分为不同区域的曲线(二维)或曲面(三维)。②该曲线或曲面通常是流场的流向或流表面,连接向量场的关键点。③方法的核心是关键点分析。④关键点是向量场中速度大小为 0 的点。⑤可由其邻近点的属性分类。

Silver 和 Zabusky 等曾发表了一系列识别、量化、跟踪流场重要结构的文章。他们采用计算机图像处理、数学形态学等方法先从二维或三维标量和矢量场中抽取出相关的不定形域(特征和对象),然后用质量、重心、极值、体积、矩阵、涡量、环量、温度、压力等量对这些特征进行量化,通过将特征之间的相互作用归结为延续、产生、消亡、分解、合并等类型,定义一些匹配的准则与机制,在相邻帧之间建立特征之间的对应关系,从而可将特征运动变化的历史显示出来。

图 5-28　涡流的特征分析

这种方法已经被用于矢量场中因果效应的研究。为了显示矢量随时间进化的情况。他们用椭球拟合高速度或高涡量的区域。这种方法在流场的特征跟踪中还是比较成功的,但由于流场变化的复杂性,在流场特征结构的匹配方面很难定义出完善、自动的匹配机制,尚需进一步探索。

Villasenor 和 Vincent 也在涡流结构的抽取上做了一些工作,他们用形态学的方法从三维不稳定矢量场中抽取出涡管的边界,然后采用螺旋线搜索技术对涡管进行跟踪。

Pagendarm 和 Seitz 提出了对场中不连续点进行探测和定位的算法,并用它来观察激波。他们用一个简单的积分表达式来寻找标量场中的高梯度区域,激波就出现在压力场中的梯度极大值处。

Kwan-Liu Ma 等在 1996 年的 Visualization 会议上对非结构化网格上三维激波的探测方法做了更深入地研究,提出了基于 Mach 数、基于密度梯度以及基于方向导数的三种探测方法,并详细比较了这三种方法的优缺点及各自的适用范围。

3) 基于选择的特征可视化

Walsum 和 Post 等则从另一个角度开展了特征可视化的研究,他们不是从数据场中抽取拓扑的或形态学的结构作为特征,而是将数据场中用户感兴趣的部分作为特征抽取出来。为此,他们提出了一种自动抽取用户感兴趣区域的技术,即基于选择的可视化技术。在这个技术中,用逻辑表达式将用户感兴趣的区域定义出来,然后选择出那些满足用户定义条件的网格点。通过这种选择,可以得到原数据集的一个子集,对这个子集进行可视化,就可以使用户将注意力集中在数据中重要的部分上,从而突出可视化的特征。

此外,还有一些特征可视化方法不是在预处理阶段先提取、选择特征,而是在可视化映射的过程中突出特征。Comte 对涡流中的相关结构做了研究,并在涡量场中用等值面显示马蹄型的涡流。Wilhelms 等也做了类似的研究,他们通过在单个速度分量的标量场中采用梯度来计算光亮度从而将马蹄型的涡流结构显示出来。

从以上的介绍可以看出,特征是基于数据来定义的,因而特征可视化严重依赖于所应用的领域,因此通用性是这项研究的一个重要内容。应尽可能地找到一种更通用的方法,允许用户根据他们特殊的应用领域和研究目的定义他们的特征和数据选择准则。尽管现在特征可视化还很不成熟,但它毕竟是矢量场可视化中极有前途的研究方向,应予以密切关注。

第五节　张量场数据的可视化

张量场主要应用在计算流体力学 CFD 和有限元分析中。三维空间的一个二阶张量可以表示为一个 3×3 矩阵，因此，一个张量场是由二维或三维场中一系列类似的矩阵组成。

不同维度与阶数的张量为具体的可视化操作带来了巨大的挑战。在科学数据可视化的常见情况下，三维二阶对称张量数据是我们需要进行可视化操作的对象，比如流体微团的变形率张量、流体面元的应力张量等。三维二阶张量包含九个分量，这九个分量的可视化必须建立在统一表现的基础上，才得以显示出整个张量在空间点的数据结构，甚至是物理意义，而不像标量场可视化那样，仅仅关注每个空间点的单一数据。在我们讨论的张量可视化的方法和实例中，三维二阶对称张量都是我们主要的、理想的研究对象。

张量数据可视化的方法主要可分为以下几类：图元类（Glyph）、特征类（Feature‑based）、艺术类（Art‑based）、体绘制类（Volume‑rendered）以及形变类（Deformation）。前两者是最常见的方法，在本章中会重点介绍。

一、图元法（Glyph）

图元法是一种利用包含信息的图像符号直接表示每个张量数据点的方法。在了解具体的图元法实现手段之前，我们有必要了解张量数据的基本数学结构。以流体力学中流体微团的变形率张量为例，流体微团的应变率张量是一个三维二阶实对称张量，通过矩阵形式表示：

$$S=\begin{bmatrix} \varepsilon_1 & \dfrac{1}{2}\theta_3 & \dfrac{1}{2}\theta_2 \\ \dfrac{1}{2}\theta_3 & \varepsilon_2 & \dfrac{1}{2}\theta_1 \\ \dfrac{1}{2}\theta_2 & \dfrac{1}{2}\theta_1 & \varepsilon_3 \end{bmatrix} \tag{5-7}$$

其中主对角线的 ε_1、ε_2、ε_3 代表坐标轴方向的变形速度，θ_1、θ_2、θ_3 代表坐标轴夹角的剪切应变率。由线性代数理论，存在正交矩阵 T，使得：

$$T^{-1}ST=\begin{bmatrix} \sigma_1 & 0 & 0 \\ 0 & \sigma_2 & 0 \\ 0 & 0 & \sigma_3 \end{bmatrix} \tag{5-8}$$

即使得原张量矩阵对角化。并且，矩阵 T 的三个列矢量分别是上述对角矩阵的互相正交的特征矢量（特征方向），σ_1、σ_2、σ_3 是与特征矢量相对应的特征值。通过这个数学变换，原张量数据所包含的信息，即六个独立分量，被等价变换为三个实特征值和对应的互相正交的特征矢量所包含的信息，而后者正是张量数据可视化的图元法主要依赖的理论基础。

在众多可供选择的图元中，三维椭球图元是最为常见的可视化元素。将椭球中心置于数据原点，椭球的三个主轴方向对应于三个特征矢量方向，三个轴长对应于相应的特征值大小。如此，张量场中每一规则格点的数据都可以通过取向、大小和形状不同的椭圆来对应表示，实现了多分量数据的统一可视化。

将椭球作为图元的方法有易见的优点:椭球的几何特征和张量数据结构的合理对应,因而容易辨别每个分离点的张量数据特征。但是,椭球图元也有其局限性:①特征值的符号无法通过椭球的几何特征表现,而只能通过颜色标记等其他方法区分;②椭球有其自身的光滑几何表面,不合适的视角很容易影响观者对特征方法和特征值数据的观察判定;③在三维情况下,密集的数据点容易发生堆积、层叠,从而影响视线;④单一图元表达的信息量局限于最基本的层面,无法表现出张量数据的互相关联和局域性特征。事实上,特征值符号、图元视角缺陷和区域结构缺乏这三个问题较为普遍地存在于使用离散型图元法的张量可视化问题。

因为缺乏对特征值符号的最优表现方法,椭球以及其他图元一般仅用于正定矩阵张量(所有特征值均为正)的可视化,如脑成像中的扩散张量等,而较少地应用于既有拉伸又有压缩的地应力问题。

为了克服椭球的视角问题,使用高级图元的方法被提出,如 Westin 使用的球、盘和棒的复合图元组合(图 5-29)。Kindlmann 使用超二次曲面图元将椭球、长方体、圆柱体的最佳特征整合在一起。这些方法都有效地丰富了图元法的可视化表现力。

图 5-29 椭圆半径、圆盘半径和棒长分别对应于最小特征值、中间特征值和最大特征值

二、特征法(Feature-based)

基于特征的可视化方法着眼于数据场对象特征的提取与再呈现,是一种呈现信息层面较高的方法。

最常用的能够表现张量场数据局域性特征的方法是 Delmarcelle 和 Hesselink 提出的超流线(Hyperstream Line)。超流线的概念衍生于矢量场中的流线(描述速度场的连续曲线),其数学结构基础同样基于我们在图元法中对三维二阶张量的特征矢量和特征值的分析。超流线通过以下方法生成:沿张量场的某一个特征矢量的轨迹作超流线的轨迹方向(主特征矢量对应于主超流线),垂直于轨迹方向的横截面积采用以另两个特征矢量的大小为轴长的椭圆形(简并情况下则为圆形),通过这样的图形扫过的空间区域表面就成为超流线,如图 5-30 所示。

首先,主超流线的轨迹在实际物理背景下,能够表示应力的传播或者动量的传递。我们还可以对超流线沿轨迹方向做不同的颜色标度,这样可以直观地表现出如主超流线轨迹方向的主特征值变化趋势。

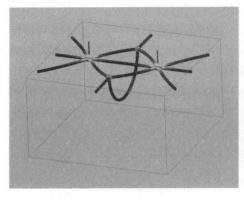
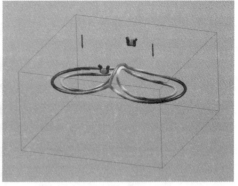

(a) 主超流线　　　　　　　　　　　　(b) 中超流线

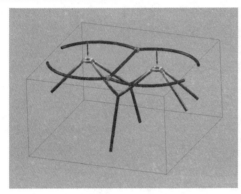

(c) 辅助超流线　　　　　　　　　　　(d) 三种超流线一起呈现

图 5-30　用超流线表现两个点压缩力引起的应力分布

其次，横截面的图形除了使用椭圆形（圆形）之外，还可以采用十字形，即通过两个正交轴的长度来表示对应的两个特征值大小。相比之下，前者的使用能够使得横向特征矢量简并的状况（对应与横截面为圆形）更容易判断，而后者的使用则能够更清晰地指明两个横向特征矢量的方向，但不适合用于特征矢量方向不唯一的情况。通过横截面在空间的连续变化，可以得到主特征矢量之外另两个特征矢量方向的区域信息。

因此，超流线方法的显著优点是表现出了标量场数据的连续变化。

尽管超流线在表现数据连续性上要优于图元法，但是充分表现局域特征的同时也牺牲了数据的细节。因此，如何能够兼顾大特征与小细节是一个需要解决的问题。

在图标法的基础上改进，Kindlmann 和 Westin 在可视化扩散张量时提出了图元堆积方法（Glyph Packing）。图元堆积的方法并非试图寻找更佳的几何图元组合来呈现最佳视图，而是在常规椭球坐标法上增加基于纹理的可视化方法。它抛弃了数据点分布的规则格子，避免了在视觉上造成的错误数据分布结构，而是将点坐标类比于粒子系统，通过基于张量场数据演算得到的势函数来计算图元"粒子"之间的相互作用，从而得到他们的平衡网络位置。规则格子和图元堆积这两种情况的可视化效果如图 5-31 所示。图元堆积的可视化方法，在点图元方法的基础上，自然地避免了数据点之间的交叠和空隙，更加有效地显现了张量场数据的连续变化特征,将传统的图元法提升到了得以表现特征的层次。

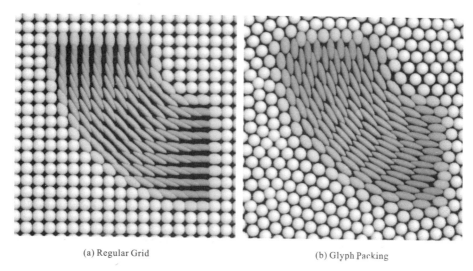

(a) Regular Grid　　　　　　　　(b) Glyph Packing

图 5-31　常规点图标方法与图元堆积方法的可视化结果对比

三、地质应力场张量可视化

地质的形变所涉及的应力张量是地质勘探中需要分析的一个重要物理量,因此其合理有效的可视化具有很大的工程应用价值。由于拉伸与压缩这两种正反作用力的存在,应力张量比起扩散张量有更复杂的表现形式。

许多有关应力张量的可视化工作可以归类于上文所提的几种基本方法,超流线、形变法是最为常见的可视化方法。Crossno 提出的地质应力可视化则是采用了一种非常规的方法——摩尔图,将已有的可视化手段与传统的科学分析工具相结合,将互动浏览方式引入张量数据的表现中。

摩尔圆是传统地质力学中广泛采用的用于应力坐标变换的图形方法。它不仅可以用于分析应力,还可以用来表示张量矩阵,如图 5-32 所示。

如图 5-32 所示,A、B、C、D 四个应力张量分别对应于复合圆或点,圆与 σ 轴的截点位置依次对应于相应大小的特征值,特征值的大小和处于坐标轴的正负位置则表明了相应的压缩力或拉伸力。最大特征值和最小特征值之差,即摩尔圆纵轴跨度,表现了剪切力的大小。复合圆中的阴影区域在物理意义上表明了无穷多经过此点的平面在这一点所能达到的应力分布情况。即拉伸或压缩、剪切的可能情况范围。因此这样的摩尔圆可以作为一种特殊的图元来表现这种特定情况下的张量数据。

因此,利用摩尔圆的张量表示方法以及互动式的有限元选择方式,可以将材料界面点的应力张量信息逐个表示出来,并且通过把颜色按照有限元的剪切程度大小进行从冷色系到暖色系的渐变编码,可以把应力场的局域变化趋势显示出来,如图 5-33 所示。

这种方法尽管较局限于地质应力领域的研究,但是为张量可视化在其他领域的特色发展提供了可借鉴的模式,即最大程度地利用具体领域已有的可视化工具,将其与新的可视化理念

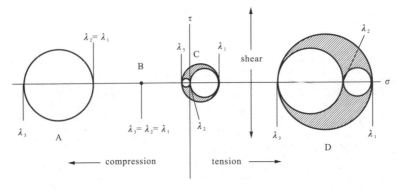

图 5-32 代表四个不同应力张量的摩尔圆

相结合,这样也可以达到很好的效果。

纵观张量可视化基本方法和科学应用,其发展前景可以涉及以下几个重要方面。

(1) 对张量数据的数学结构和物理意义的进一步理论发掘。科学的数据分析是成功可视化的前提。本节介绍了三维二阶对称张量的基本数学结构、形变率张量、扩散张量和应力张量的物理意义。如果要进一步可视化更复杂的张量数据,需要依赖对其数学和物理上的完备认识。

(2) 综合性手段的发展和运用。单一的可视化方法,如图元法、体绘制法等总存在其固有的缺点,综合多种可视化方法可以发挥各家的优点,也为观者提供更多获取可视化信息的渠道。

(3) 专业性可视化手段的丰富化。磁共振

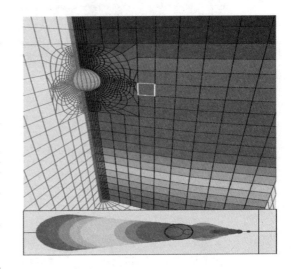

图 5-33 上图为经过颜色编码的材料边界有限元,下图为对应于所有颜色编码有限元的摩尔圆,其中黑色的摩尔圆对应于上图中选定的区域点

成像中的纤维束跟踪技术和地质应力形变中摩尔圆的可视化手段的使用,说明了在进一步研究普遍的张量可视化技术之外,研究并发掘具体领域的具有专业特色的可视化的价值。张量的可视化很大程度上跟科学计算与可视化相联系,因此根据具体科学领域的研究特点,采用合适的研究方法,能够更有效地促成张量可视化的新成果。

思 考 题

1. 简述标量、矢量以及张量的定义。
2. 标量场数据的特点是什么?其可视化有哪些方法?
3. DEM 地形因子有哪些?如何实现 DEM 隐含信息的可视化?
4. 矢量场数据的特点是什么?其可视化有哪些方法?
5. 张量场数据的特点是什么?其可视化有哪些方法?

第六章 地学三维可视化分析

地学三维可视化分析是在三维建模和各种可视化方法的基础上，对已建立的三维模型进行进一步的分析，在三维环境里面实现分析过程和分析结果的可视化。目前地学三维可视化分析功能很多，不能逐一展开介绍，本章选择地质空间和地理空间几种常用的可视化分析技术进行介绍，包括数字地形简化与显示技术、地形通视分析技术、地形多层次细节技术、空间几何关系分析技术、地质体矢量剪切技术、地下地上（地质地理）一体化剖切技术等。

第一节 数字地形显示与简化技术

三维动态数据的显示以及实时交互的实现都需要数据输入、投影变换、光照模型和纹理映射等一系列复杂的过程。尤其是数字地形数据量大，如果在数字地形上叠加其他专题信息，要想实时处理，除了依赖计算机硬件的提高之外，还必须采用相应的软件算法来提高速度和视觉效果。目前在这一领域的研究中主要有两个方向：一是数字地形的简化（Cignoni 1997；复青，1997）；二是采用细节分层技术来处理生成特殊的视觉效果（Xuerui Liu et al,1997）。

一、数字地形的显示与简化

1. 数字地形的显示

数字高程模型 DEM 是三维地形表达的基础，其数据结构主要为规则格网（Grid）和不规则三角形网 TIN。规则格网由于其在空间数据分析中的便利，在 GIS 中得到了广泛的应用，其中也用于创建三维地形图。但由于格网 DEM 的取样点是规则化分布的，造成了此类 DEM 的数据冗余量很大，当对规则格网 DEM 进行重采样时，则会造成地形失真，这一问题可以采用不规则三角网 TIN 模型来解决。TIN 模型能够保留地形特征点，防止简化数据时带来的地形失真，所以 TIN 模型更适合于实时三维地形的显示。

2. 规则格网 DEM 模型的简化

对于规则格网 DEM（即 Grid 模型）的简化可以通过重采样来实现，即按行和列以大于原分辨率的数值为步长对 DEM 重新插值采样，这样形成的新 DEM 在行和列上都比原 DEM 小，从而达到数据简化的目的，但如果步长太大会造成地形严重失真，明显"锯齿"化。可以采用小波简化的方法来解决。

规则格网 DEM 的另一个简化方法是从中取一个"重要点集"来构造 TIN 模型并进行简

化,然后再转换为规则格网 DEM。重要点集的抽取可以借鉴数字图像处理的方法。在数据图像处理中,常使用高通滤波器来提取图像的特征点,可以将规则格网 DEM 看作是一幅数字图像,使用空间高通滤波器来获取其重要点集。

3. 不规则三角网 TIN 模型的简化

TIN 模型的简化可以从两个方面进行:一方面,TIN 模型一般从数字化的等高线进行建模,在建模时可以删除坡度变化均匀的等高线,从而降低数据量;另一方面,可以从已经构造好并已优化的 TIN 模型中简化抽取新的 TIN 模型,然后判断各点与周围相邻点的关系,具体判断方法亦可采用前面提到的高通滤波器方法。图 6-1 是简化处理前后的 TIN 模型。

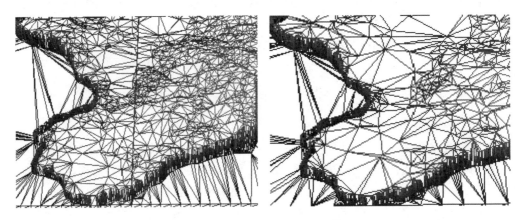

图 6-1　简化处理前后的 TIN 模型

二、地形可视性计算

地形可视性也称为地形通视性(Visibility),是指从一个或多个位置所能看到的地形范围或与其他地形点之间的可见程度。

地形可视性分析(Visibility Analysis)是地形分析的重要组成部分,也是空间分析中不可或缺的内容。很多与地形有关的问题都涉及到地形通视性的计算问题。例如火警观察站、雷达位置、广播电视或电话发射塔的位置、路径规划、航海导航、军事上的阵地布设、道路和建筑物的景观设计、日照分析等。通视性分析已经成为建筑规划、景观分析与评估、空间认知与决策、考古、军事等领域研究的重要课题之一。

通视性分析(Inter-visibility)和可视域分析(Viewshed Analysis)是地形可视性分析的两个最基本的内容,如图 6-2 所示。其中前者主要研究两点之间的是否可见,一般回答"是否能看到(Can I see that from here)"的问题,有时也称可见性分析或可视性分析;后者则研究在一点上所能看到的范围(或不能看见的范围),回答"能看到什么(What can I see from this location)"的问题。

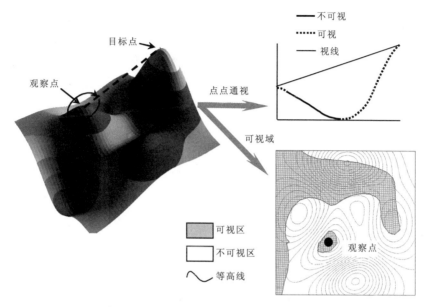

图 6-2 点点通视与可视域

1. 地形可视性基本特征

地形可视性具有如下三个基本特征。

(1)简单复杂性。地形可视性计算是简单性与复杂性一对矛盾体的集中体现。从概念上讲,地形可视性简单易懂,就是两点之间的通视问题,而且在纸质地图上通过手工的方式也比较容易实现;然而当地形以 DEM 表示时,地形可视计算就变得非常复杂,并且计算效率低下;形成原理简单、计算复杂矛盾体的特征。

(2)不可逆性。地形可视性不可逆性是指从一点能够看到另一点,但从另一点却不一定能够看到该点。如图 6-3(a),从点 A 可以看到点 B 的全部,但从点 B 却只能观察到点 A 的部分,并不能看到点 A 的全部。地形可视性的不可逆性在建筑物景观设计以及军事上的观察哨、隐蔽位置等设置上有着重要的应用。

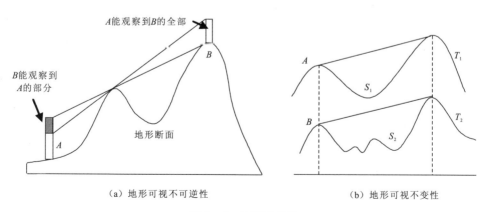

(a) 地形可视不可逆性   (b) 地形可视不变性

图 6-3 地形可视性

(3)可视不变性。可视不变性是指在不同的地形上产生的可视域是一样的,有时也称为地形的可视等通性。如图 6-3(b),A 点在地形表面上的可视范围为 S_1,B 点在另一地形表面上的可视范围是 S_2,由于地形表面 T_1 和 T_2 相似,因此 A、B 两点在两个表面上的可视域也一样。可视的不变性与地形性状相关(Nagy,1994),可用作地形数据无损压缩的一个标准。

2. 地形可视性计算实现

基于格网 DEM 的通视性计算由于目前格网 DEM 的应用比较广泛,围绕格网 DEM 所设计的通视性算法也比较多,主要有 Janus、Dynatacs、Modsaf、Bresenham 等。在本书中采用的是 Janus 算法。

1)Janus 算法

通视分析基本算法采用 Janus 算法,设视点为 $V(x_v,y_v)$,目标点位 $T(x_T,y_T)$ 实现步骤如下。

第一步:计算视点和目标点之间 X、Y 坐标平移坐标量 $\Delta x = x_T - x_V$,$\Delta y = y_T - y_V$,并选择其中最大者为视线划分依据,设其为 $\max\Delta = \max\{\Delta x,\Delta y\}$。

第二步:计算视线划分步长:$\text{step} = \text{int}(\frac{\max\Delta}{m})$,式中 m 为 DEM 单元格分辨率。

第三步:计算视线斜率,将视线用 step 进行划分。

第四步:沿视线对划分点扫描,并作如下工作。内插划分点的地形高程(采用下述双线性内插算法);将内插高程与视线高程进行比较,判断其可见性;如果地形点高程大于视线点高程,则亮点不通视返回;反之进行下一点判断。

2)双线性内插算法

在本书中对可视性分析进行了比较完整的整理,在基于 DEM 的三维地形表面完成了通视分析、可视域分析、路径视域分析、面状可视域分析,这些分析中都用到了 DEM 内插算法、地表通视分析,其中 DEM 内插算法、地表通视分析的算子如下。

DEM 双线性内插算法:设格网分辨率为 g,DEM 区域西南角坐标为 (x_0,y_0),则 P 点所在格网行列号 (i,j) 为:

$$\left.\begin{array}{l} i = \text{int}(\frac{y_p - y_0}{g}) \\ j = \text{int}(\frac{x_p - x_0}{g}) \end{array}\right\} \quad (6-1)$$

按照逆时针方向,依次四个点就为 (x_1,y_1,H_1)、(x_2,y_2,H_2)、(x_3,y_3,H_3)、(x_4,y_4,H_4)。

首先,内插点归一化:

$$\overline{x} = \frac{x_p - x_1}{g}, \overline{y} = \frac{y_p - y_1}{g} \quad (6-2)$$

第二步,内插点 P 的高程为:

$$H_p = H_1 + (H_4 - H_1)\overline{x} + (H_2 - H_1)\overline{y} + (H_1 - H_2 + H_3 - H_4)\overline{xy} \quad (6-3)$$

3. 实验结果与分析

在地形表面进行的通视分析基本上是用 Janus 算法的视线来判断两点之间是否通视,效果如图 6-4 所示。

图 6-4　点点通视分析结果

可视域分析则是在确定视点后,对某一区域内的所有点来进行点点通视判断,如图 6-5 和图 6-6 所示。

图 6-5　确定可视域分析的范围

路径可视域是在指定路径后,在该路径上取样点,以这些点为视点对满足条件的区域进行通视判断,得到路径可视域分析结果,面状可视域则是对面状区域内进行取样,得到分析结果,如图 6-7 所示。

Janus 算法不能保证将视线上的所有点都考虑到,但通过实际视线上的高程与地形对应点的高程对比来获得可视性,该算法测试点少,计算效率高。在 DEM 数据表示的地形上实现了通视分析、可视域分析、路径可视域分析和面状可视域分析,效率都能够有所保障。

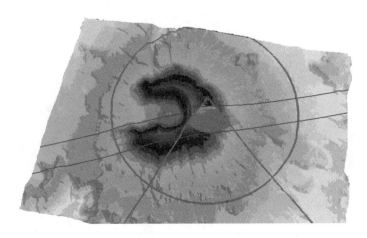

图 6-6 可视域分析的结果

 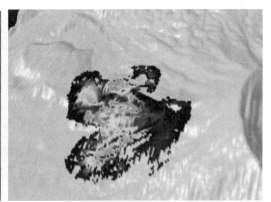

(a)路径可视域分析结果　　　　　　　　　　(b)面状可视域分析结果

图 6-7　路径可视域和面状可视域分析结果

三、地形细节分层技术(LOD,Level of Detail)

1. 技术的基本思想与应用举例

现代的图形工作站可以在与用户交互的过程中瞬时显示上万个封闭的或带纹理的多边形。但是,许多应用系统所包含的几何图形的复杂性还是远远超出了普通图形显示硬件的能力。这个问题在处理复杂的多边形表面模型时尤为明显,如数字高层模型和虚拟可视化。为了使计算机在处理复杂物体表面模型时还可以保持实时的显示速度,人们提出了 LOD(Level of Detail)技术。它使用多分辨率模型和近似多边形表面的方法使物体在离视点不同距离时产生不同精度的表面模型。可以在多维动态地图中根据人眼观察现实世界的基本规律和计算机的能力采用不同的空间分辨率和时间分辨率来表达同一地理实体,既可以提高实时显示速度又可以模拟"越近看得越清"的视觉规律。

1)基本思想

LOD 技术的基本思想是:同一个物体与眼睛距离不同,所看到的该物体的详细程度也不同。根据这一视觉规律,事先为同一物体构造一组详细程度不同的模型。计算机在生成三维图像时,以此模拟"越近看得越清"的视觉规律。

2)应用举例

图 6-8 是 LOD 技术应用的一个例子。从中可以看出,LOD 技术可以减少要显示的多边形数量,近处的地形表面分辨率变化不大,但通过减少距离远的多边形数量,降低分辨率,可以大大提高三维显示速度。

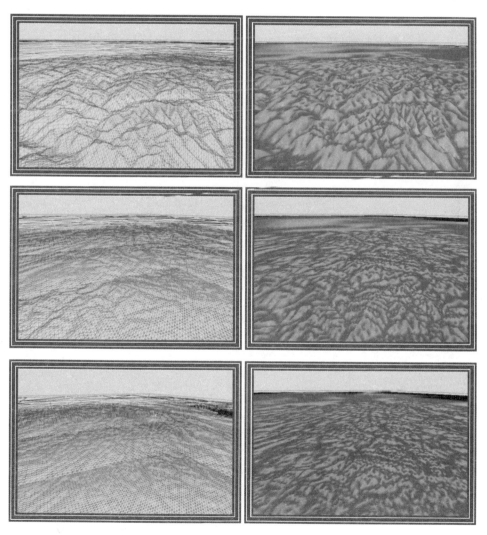

图 6-8　视点抬高时地形分辨率的变化情况(左边为线框显示,右边为实体绘制效果)

2. 技术的实现思想与过程

LOD 技术的主要实现思想和过程如下：①模型建立：对空间目标建造不同分辨率（详细程度）的模型并赋予唯一标识。②确立模型与视距（或比例尺）的关系：即不同的视距下对应不同分辨率的模型，近视距下采用分辨率高的模型，在远视距下采用分辨率低的模型。在实时显示时，通过计算机视点与目标中心的距离作为视距来确定应显示的模型。

3. 常用地形 LOD 生成算法

地形数据根据其数据结构不同可以分为 TIN 和 Grid 两种形式。使用 TIN 和 Grid 都可以用来建立多分辨率的地形 LOD。不规则三角网 TIN 模型由于三角形面中各点的位置是变化的，所以它可以使用比其他方式更少的多边形来表达任何精度的表面。但动态创建分层的 TIN 模型在算法的计算代价上是极其昂贵的。而规则 Grid 的结构形式比较简洁，在多分辨率的 LOD 技术中更容易进行数据重组织，只需要对格网的高程数值进行重采样就可以建立简化的分层模型，而 TIN 模型则需要重新三角网化，所以在 LOD 的算法中，Grid 更具有优势。表 6-1 是目前常用的地形 LOD 生成算法分类表及其优缺点。

表 6-1 地形 LOD 模型生成算法分类

结构	算法	提出者	优点	缺点
基于 TIN 的层次结构	层次模型（Hierarchial Model）	De Florian et al	能控制模型的简化误差	难以避免产生狭长三角形，没有考虑视点的位置信息，有视觉跳动现象
	自适应层次模型	Scarlatos and Pavlidis	部分避免产生狭长三角形	速度较低
	渐进模型（Progressive Mesh，PM 法）	Hoppe	无视觉跳动现象，视相关	速度较慢
基于 Grid 的树结构	四叉树模型	Von H B	层次清晰、结构规范，与空间索引统一，易构造与视点相关的模型	不适合非规则地形，可能出现区域边界不连续，可视化时可能出现空洞
	二分树模型	Evans W and Duchaineau M	层次较清晰，结构较规范，易构造与视点相关的模型	不适合非规则地形，速度较慢，跳动现象依然存在
混合结构	层次模型＋四叉树	杨必胜	合理控制模型简化误差，适合不同区域分别构建	需解决分区边界裂缝的拼接问题

基于 TIN 的层次结构 LOD 模型的生成算法包括层次模型算法、自适应层次模型法和渐进格网法。

1) 层次模型生成算法

De Florian 提出用层次结构描述地形 LOD 模型。在层次地形 LOD 模型中,用一分三 (Ternay)的方法在 TIN 中移去或增加点来构造层次 TIN 模型。设 τ_0 表示覆盖整个地形区域的根三角形;再在 τ_0 中插入一个最大误差点 P,将 τ_0 分裂成三个新三角形;然后,判断所形成新三角形的误差是否大于该层次的误差阈值;如果是,则继续插入新点并对该新三角形进行分裂,直到所有新三角形的误差均小于该层次的误差阈值,即完成该层次的地形 LOD 模型的构建。此后,可以进行下一层次的 TIN 模型构建。

2) 自适应层次模型法

Scarlatos et al 提出用自适应方法来建立层次 TIN 模型。与 De Florian 的三角形分裂规则不同,该算法将三角形的分裂分为五种情况。设三角形 t_i 的三个顶点为 V_1、V_2 和 V_3,所对的三条边分别为 e_1、e_2 和 e_3,令 t_i 和 e_1、e_2、e_3 的最大误差分别为 $E(t_i)$、$E(e_1)$、$E(e_2)$、$E(e_3)$,所对应的最大误差点分别为 p、p_1、p_2、p_3。若分裂误差阈值为 ε,则五种分裂情况如图 6-9 所示。

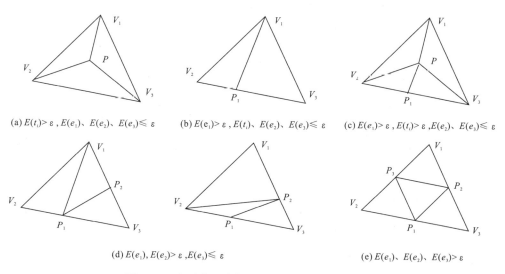

(a) $E(t_i) > \varepsilon$,$E(e_1)$、$E(e_2)$、$E(e_3) \leq \varepsilon$

(b) $E(e_1) > \varepsilon$,$E(t_i)$、$E(e_2)$、$E(e_3) \leq \varepsilon$

(c) $E(e_1) > \varepsilon$,$E(t_i) > \varepsilon$,$E(e_2)$、$E(e_3) \leq \varepsilon$

(d) $E(e_1)$,$E(e_2) > \varepsilon$,$E(e_3) \leq \varepsilon$

(e) $E(e_1)$、$E(e_2)$、$E(e_3) > \varepsilon$

图 6-9 自适应层次模型三角形分裂的五种情况

3) 渐进模型生成算法

Hoppe 将渐进格网(Progressive Mesh,PM)的概念引入地形 LOD 模型中,提出了渐进模型生成算法(PM 法)。该算法通过一系列的顶点分裂(Split)与合并(Collapse)实现对原始模型的变换,从而构建不同分辨率的 LOD 模型。该类算法能严格控制复杂模型的简化误差,并产生较好的图像效果。

TIN 顶点的邻接关系是算法的基础。如图 6-10 所示,顶点的分裂是通过增加一个顶点到原 TIN 中,从而产生更精细的 TIN 模型;顶点的合并则是通过删除一个顶点,从而产生更简略的 TIN 模型。即通过顶点的分裂与合并操作,得到一系列不同分辨率的层次模型(LOD)。

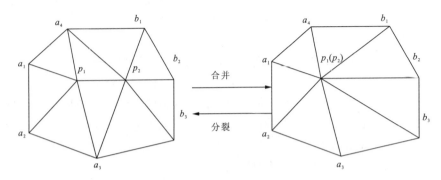

图 6-10 渐进格网(Progressive Mesh,PM)顶点的分裂与合并

基于 Grid 网格地形 LOD 模型的生成算法包括四叉树剖分算法、二叉树剖分算法和实时优化自适应网格。前两种方法如图 6-11 所示。

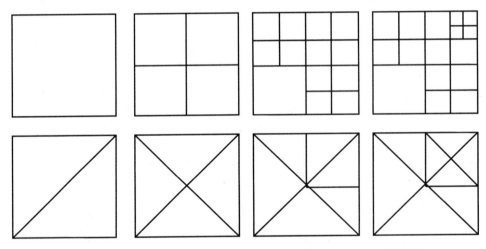

图 6-11 基于 Grid 网格地形 LOD 的四叉树剖分算法和二叉树剖分算法
(上图为四叉树剖分、下图为二叉树剖分)

1) 四叉树剖分算法

其实质是通过递归方法对地形进行自顶向下的四叉树分裂。在分裂过程中实时计算节点的误差；若该节点的误差大于规定的阈值，则该节点继续分裂。如此进行，直到所有节点的误差均小于给定的阈值。该算法要求地形格网的行列交点数满足 $(2^n+1)\times(2^n+1)$，而实际上经常不能满足，则可能造成父节点的四个子节点所对应区域的分辨率不一样，从而在区域交界处出现不连续，可视化时出现空洞现象。

四叉树模型生成算法的基本流程为：

第一步，判断 Grid 模型的行列交点数是否满足 $(2^n+1)\times(2^n+1)$ 的要求。若是，进行下一步；若非，则对格网重新采样或补网。

第二步，对原始模型进行四叉树分裂，同时记录其四个子块的行、列数目以及该顶点的误差。

第三步,进行递归运算,直到每个区域的长、宽大小均等于原始 Grid 模型的最小分辨率为止。

第四步,结束。

2) 二叉树剖分算法

Evans 等提出采用直角三角形二叉树剖分方法来建立层次网。该算法的实质是将矩形地形区域按对角线划分成两个直角三角形,判断每个直角三角形的误差是否大于给定的阈值,若大于,则使用该直角三角形的直角顶点和斜边的中点的连线对该三角形进行再次划分,使其变为两个三角形,重复上述方法直到所有的三角形误差都小于给定的阈值误差,则剖分操作停止,如图 6-12 所示。

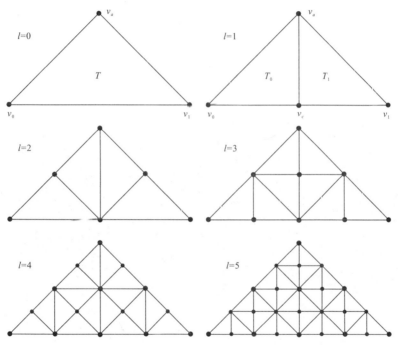

图 6-12 二叉树剖分算法

3) 实时优化自适应网格(Real-time Optimally Adapting Meshes, ROAM)

Duchaineau et al(1997)提出了著名的 ROAM 算法,该算法基于 GRID 网。依据视点的位置和视线的方向等多种因素,对于表示地形表面的三角形片元进行一系列的基于三角形二叉剖分分裂与合并,形成一颗二叉树,存储当前三角形的左邻三角形、右邻三角形、底部连接三角形等信息,以便后续三角形的分裂与合并,如图 6-13 所示,最终形成和原始表面近似且无缝无叠的简化连续三角化表面。

图 6-14 是地形 ROAM 网格实例。

4. LOD 模型中裂缝修正算法

该算法通过对原始大区域进行分块,减少了直接进行 LOD 建模的数据量,一定程度上可提高算法的运行速度,尤其为大规模并行计算提供了基础。但是,也正因为区域分块,不同区

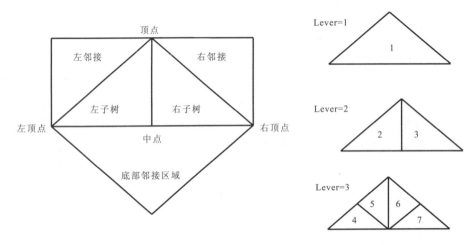

图 6-13 ROAM 网格剖分原理图

图 6-14 ROAM 网格实例

域离视点的远近不同而分辨率不同,导致三维可视化时在不同模型(Grid 和 TIN)子块的接边处出现"裂缝"或"漏洞",如图 6-15 所示。

产生原因如图 6-16 所示,某一子块区域的四个子区域 A、B、C 和 D 的分辨率不一致,A 区域的分辨率比其他区域分辨率高。如果在它们的公共边界上不做任何处理,则可视化时,在与 A 区相邻的 B、D 区域的公共边界上导致"缝隙"或"漏洞"。

图 6-15　实际 LOD 地形产生裂缝现象

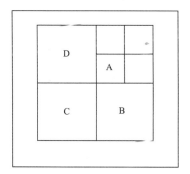 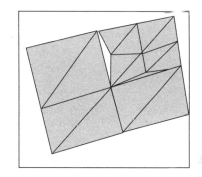

图 6-16　LOD 区域分块由于相邻区块精度不同导致裂缝的产生

如果将相邻区块公共边两边的三角形的精度提高即可缝合裂缝。也就是将公共边精度低的三角形进一步地剖分,使其精度和另外一个三角形精度一样,即可消除裂缝。如图 6-17 所示。

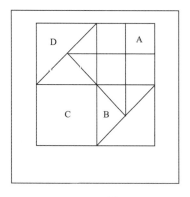 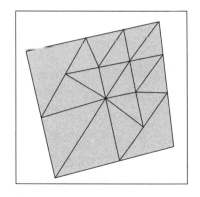

图 6-17　LOD 相邻区块裂缝的消除方法

5. 地形子场景块的视景体可见性选择

整个场景地形数据分块处理后,在地形的实时绘制过程中,每一帧显示处理的数据只占整个地形数据中的很小一部分。在某一瞬间,视点位置、视线方向、视角等参数确定时,只有处于视景体内(由近远裁剪平面、上下裁剪平面、视角裁剪范围确定)的场景块才参与地形场景绘制。

如图 6-18 和图 6-19 所示,场景块与视景体的位置关系包括场景块全在视景体内、部分在视景体内和完全在视景体外三种。在图中,全部或部分处在视景体内部的块都有绘制,其余的是完全处于视景体外的块不绘制。同时离视点越近的地形块分辨率越高,远离视点的地形块分辨率低,这样既不失去效果,又提高渲染速度,从而达到超大地形的实时漫游。

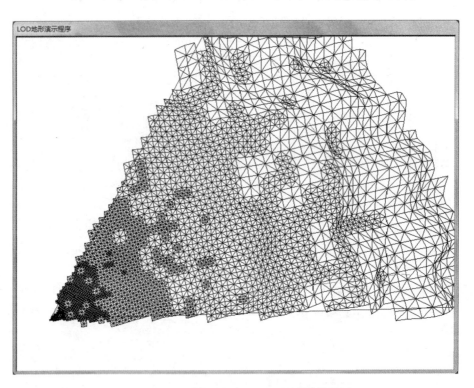

图 6-18　视景体与场景块可见性选择俯视图

在视景体可见块选择时,根据地形场景特点,算法考虑了远裁剪平面、视域范围和视向三个参数,而不考虑近裁剪平面和上下裁剪平面三个参数,场景瞬间视点位置 $P(X,Y)$,视角跨度为 α,视线方向 Nview 和远裁剪平面 Pfar。

在视景体参数已知的情况下,根据子场景块在视景体内(包括完全和部分在视景体内)和外两种情况,确定场景块在当前帧是否参与场景绘制。本算法通过计算待判断块四角点与视点方向、视线方向夹角和视角范围 α 的大小比较进行可见块的快速选取。①当场景块四角点与视点方向、视线方向夹角小于 $\alpha/2$,则该场景块完全在视景体内;②当场景块只有部分角点与视点方向、视线方向夹角小于 $\alpha/2$,则该场景块部分在视景体内;③否则该场景块完全在视

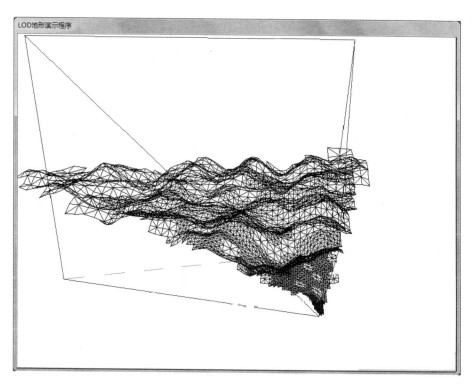

图 6-19　视景体与场景块可见性选择全景图

景体外。①、②两种情况下,场景块参与场景绘制,而③则不参与场景绘制。

大区域三维地形进行地形分块且在某一显示瞬间参与场景绘制的场景块已经选取后,地形显示时离视点越远的场景清晰度越低,离视点越近的场景清晰度越高。

6. 存在问题与解决办法

LOD 技术在实际应用时有两个需要解决的问题。

(1)会发生"跳跃"现象:随着视距的变换,不同分辨率模型在切换时会发生"跳跃"现象,可以将两个模型进行加权融合,并使用透明技术使前一模型逐渐消失,新的模型逐渐出现,使两个模型变换更加自然。

(2)不能连续光滑显示:由于数据地形范围比较大并且是连续的,不同密度的格网地形连续光滑地显示是不可能的,在实践中除采用分辨率渐变的形式来显示地形,即在视距较近时,数字地形分辨率降低很小,视距较远时,分辨率降低较大,同时还需采用"雾化"处理来屏蔽分辨率不同造成的视觉失真。

第二节　地理空间分析可视化技术

地理信息系统技术的日益革新为众多应用领域创造了丰富的地理空间信息财富,使地理空间数据的存储、检索、制图和显示功能越来越完善,但同时越来越多的复杂应用问题也对GIS产生了更多新的要求。各种类型的GIS中存储了海量的地理空间数据,且数据还在以指数级方式不断增长,迫切需要高效、精确、科学地分析这些数据,以找出数据所蕴涵的寓意,进而了解事物的性质与规律,为科学决策提供必需的信息。所以,开发一些工具来进行一般性地理空间数据分析和复杂的地理空间对象模拟,以将数据"点石成金"是一项艰巨而又紧迫的任务。因此,GIS领域由原来重点关注数据库创建和系统开发建设,逐渐转向重点关注空间分析和空间建模。

空间分析是基于地理对象的位置和形态特征的空间数据分析技术,其目的在于提取和传输空间信息(郭仁忠,2001)。空间信息的九个基本内容包括:空间位置、空间分布、空间形态、空间关系、空间质量、空间关联、空间对比、空间趋势、空间运动。空间分析是 GIS 区别于其他类型系统的一个主要的功能特征。空间分析的研究对象:空间分析主要通过对空间数据和空间模型的联合分析来挖掘空间目标的潜在信息。

一、空间量算分析

空间量测与计算是指对 GIS 数据库中各种空间目标的基本参数进行量算与分析,如空间目标的位置、距离、周长、面积、体积、曲率、空间形态以及空间分布等。空间量测与计算是 GIS 中获取地理空间信息的基本手段,所获得的基本空间参数是进行复杂空间分析、模拟与决策制定的基础。

基本几何参数量测包括对点、线、面空间目标的位置、中心、重心、长度、面积、体积和曲率等的量测与计算,如图 6-20 所示。这些几何参数是了解空间对象、进行高级空间分析以及制定决策的基本信息。①空间位置借助于空间坐标系来传递空间物体的个体定位信息,包括绝对位置和相对位置;②空间量测的中心多指几何中心,即一维、二维空间目标的几何中心,或由多个点组成的空间目标在空间上的分布中心。中心/质心对空间对象的表达和其他参数的获取具有重要意义;③重心是描述地理对象空间分布的一个重要指标。从重心移动的轨迹可以得到空间目标的变化情况和变化速度;④长度是空间量测的基本参数,它的数值可以代表点、线、面、体间的距离,也可以代表线状对象的长度、面和体的周长等;⑤面积在二维欧氏平面上指由一组闭合弧段所包围的空间区域;⑥体积通常是指空间曲面与一基准平面之间的容积。

对于空间目标物的分析除了量测其基本几何参数外,还需量测其空间形态。地理空间目标被抽象为点、线、面、体四大类,点状空间目标是零维空间体,没有任何空间形态;而线、面、体空间目标作为超零维的空间体,各自具有不同的几何形态,并且随着空间维数的增加其空间形态愈加复杂。在空间分析中需要通过空间量测获取空间目标具体、量化的形态信息,以便反映客观事物的特征,更好地为空间决策服务。在描述空间对象时,除了将它们作为个体考虑其几何形态、物体属性外,还要从宏观上把握它们在空间上的组合、排列、彼此间的相互关系等特征,即空间分布特征。空间分布的研究内容主要有分布对象和分布区域两个方面。空间分布对象是指所研究的空间物体和对象,空间分布区域是指分布对象所占据的空间域和定义域,包括点、线、区域模式的空间分布。

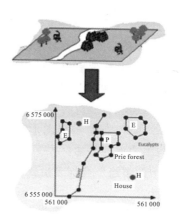

$$d = \sqrt{(x_2-x_1)^2+(y_2-y_1)^2+(z_2-z_1)^2}$$

$$S_\triangle = \sqrt{p(p-a)(p-b)(p-c)}$$

$$S_t = \frac{1}{6} \begin{vmatrix} 1 & 1 & 1 & 1 \\ x_1 & x_2 & x_3 & x_4 \\ y_1 & y_2 & y_3 & y_4 \\ z_1 & z_2 & z_3 & z_4 \end{vmatrix}$$

> 考虑一个多面体,表示为S,它封闭空间中的一个简单的互连区域R。设多面体的n个面称为S_i,其中$0<i<n$,设每一个S_i都有指向外的单位长度法线n_i和顶点$P_{i,j}$,其中$0<j<m(i)$,当从外面观察时,它们是逆时针排序的,顶点的总数$m(i)$取决于面i。任意多面体所包围的体积公式为:
>
> $$\text{Volume}(R) = \frac{1}{6} \sum_{i=0}^{n-1} ((n_i \cdot p_{0,i}) n_i \cdot \sum_{j=0}^{m(i)-1} (p_{i,j} \times p_{i,j-1}))$$

图 6-20 两点间距离、三角形面积、四面体体积、任意多面体体积的计算

二、空间几何关系分析

地学空间目标及其错综复杂的空间关系共同构成了客观现实世界,空间分析从某种角度上就是从这些空间目标之间的空间关系中获取和传输空间信息及新知识的分析技术。空间几何关系主要是指由空间目标几何特征所引起或决定的关系,即与空间目标的位置、形状、距离、方位等基本几何特征相关联的空间关系。空间几何关系分析主要包括邻近度分析、叠置(加)分析、网络分析。

邻近度(Proximity)是定性描述空间目标距离关系的重要物理量之一,表示地理空间中两个目标地物距离相近的程度。

缓冲区是指为了识别某一地理实体或空间物体对其周围地物的影响度而在其周围建立的具有一定宽度的带状区域。缓冲区分析是对一组或一类地物按缓冲的距离条件,建立缓冲区多边形,然后将这一图层与需要进行缓冲区分析的图层进行叠加分析,得到所需结果的一种空间分析方法。从数学的角度看,缓冲区分析的基本思想是给定一个空间对象或集合,确定其邻域,如对象Oi的缓冲区定义为:$Bi = \{x \mid d(x,Oi) \leqslant R\}$,即半径为$R$的对象$Oi$的缓冲区。可分为基于矢量或栅格数据的缓冲区建立方法。根据研究对象影响力的特点,缓冲区可以分为均质与非均质两种。另一角度,现实世界中很多空间对象或过程对于周围的影响并不是随着距离的变化而固定不变的,需要建立动态缓冲区,根据空间物体对周围空间影响度的变化性质,可以采用不同的分析模型。

叠置(加)分析是指将同一地区、同一比例尺、同一数学基础,不同信息表达的两组或多组

专题要素的图形或数据文件进行叠加,根据各类要素与多边形边界的交点或多边形属性建立具有多重属性组合的新图层,并对那些在结构和属性上既相互重叠又相互联系的多种现象要素进行综合分析和评价;或者对反映不同时期同一地理现象的多边形图形进行多时相系列分析,从而深入揭示各种现象要素的内在联系及其发展规律的一种空间分析方法。空间要素指的是矢量数据模型中的点、线、面等要素类,空间要素的图形叠加首先应考虑要素类型。输入的图形要素可以是点、线或者多边形,叠加图层必须是多边形,输出图层具有与输入图层一致的要素类型。因此,矢量数据图形要素的叠加处理按要素类型可分为点与多边形、线与多边形、多边形与多边形的叠加。根据叠加结果要保留不同的空间特征,常用的 GIS 软件通常提供了三种类型的多边形叠加分析操作,即并、叠和、交。举例:全国水文监测站分布图与政区图叠加查询统计。

网络分析依据图论和运筹学原理,在计算机系统软、硬件的支持下,将与网络有关的实际问题抽象化、模型化、可操作化,根据网络元素的拓扑关系(线性实体之间、线性实体与结点之间、结点与结点之间的连接、连通关系),通过考察网络元素的空间、属性数据,对网络的性能特征进行多方面的分析计算,从而为制定系统的优化途径和方案提供科学决策的依据,最终达到使系统运行最优的目标。在机器实现中,邻接矩阵表示法、关联矩阵表示法、邻接表表示法是用来描述图与网络常用的方法。根据功能划分,网络分析主要包括路径分析、连通分析、资源分配、流分析、动态分段、地址匹配等方法。

三、地形及景观分析

三维地理空间数据分析是 GIS 空间分析的一个重要组成部分,是当前 GIS 技术与应用的热点研究领域,也是数字地球和数字城市建设的重要技术基础。三维地理空间数据涉及三维景观建模、三维景观分析与计算等内容,结合三维可视化技术,可以实现真实地理环境的完全再现。

三维 GIS 数据模型可分为基于体模型、面模型和混合模型三大类。体模型数据结构侧重于三维空间体的表达,适于空间操作和分析,但存储空间较大,计算速度较慢;面模型数据结构侧重三维空间表面的表达,通过表面描述实现三维空间目标表示,便于显示和数据更新,不足之处是空间分析难以进行;混合模型数据结构是将两种或两种以上的数据模型加以综合,形成一种具有一体化结构的数据模型。

对三维数据进行可视化表达包括三维场景的显示、多角度观察、放大、漫游、旋转、任意选定路线的飞行及可见点的判别等方面。另外,也可以对三维数据模型通过叠加影像数据进行纹理贴合以增加模型的逼真性。创建三维可视化场景的工具主要是 OpenGL 或 VRML。

经过建模处理以后的各类地物,要想真实地显示在计算机屏幕上,还需要经过一系列必要的变换,包括数学建模、三维变换、选择光照模型、纹理映射等。地形飞行漫游是指以多种飞行高度、飞行速度、视角或固定飞行路线对地形进行观察,其效果如同用户坐在飞机上对地区进行实地观察。

对 2.5D 的地形表面空间分析主要包括:①空间查询:三维坐标、高程;②地形因子分析:距离、面积、体积、表面曲率、坡度坡向等;③等值线分析:在 Grid 或 TIN 数据中绘制等值线(或等高线);④日照阴影分析:光源从某个特定角度照射表面时,表面所产生的明暗效果有助于增加三维表面的深度视觉效果,对分析某位置的太阳辐射特别有用;⑤专题栅格图分析:坡度、坡向的栅格图分析、栅格数据重分类图;⑥剖切分析:在 DEM 格网上进行剖面图绘制,用于分析区域的地貌形态、轮廓形状、地势变化、地质构造和地表切割强度等;⑦通视分析:以某一点为观察点,研究某一区域通视情况;⑧流域分析:流域是将水和其他物质排向共同出口的区域,又称为盆地或集水地,高程格网和栅格数据运算用于流域分析,能够获取流域和河网等在水文过程中非常重要的地形要素。

基于地形的坡度和坡向等地形因子的计算分析主要公式如下:

设地形曲面为: $z = f(x, y)$

坡度(Slope) $= \mathrm{arctg} \sqrt{f_x^2 + f_y^2}$

坡向(Aspect) $= 180 - \mathrm{arctg} \dfrac{f_y}{f_x} + 90 \dfrac{f_x}{|f_x|}$

剖面曲率(Profile Curturve) $= -\dfrac{f_{xx} f_x^2 + 2 f_{xy} f_x f_y + f_{yy} f_y^2}{(f_x^2 + f_y^2)(f_x^2 + f_y^2 + 1)^{3/2}}$

平面曲率(Contour Curturve) $= -\dfrac{f_{yy} f_x^2 - 2 f_{xy} f_x f_y + f_{xx} f_y^2}{(f_x^2 + f_y^2)^{3/2}}$

切曲率(Tangential Curturve) $= -\dfrac{f_{xx} f_y^2 - 2 f_{xy} f_x f_y + f_{yy} f_x^2}{(f_x^2 + f_y^2)(f_x^2 + f_y^2 + 1)^{1/2}}$

第三节 地质体三维可视化技术

三维地质体建模的目的不仅是显示地质数据,更重要的是应充分利用三维虚拟的可视化设计环境对地质数据进行空间分析、评价、查询等操作,为研究应用服务,提高工作效率。目前,国内外的成熟软件系统普遍存在的问题是三维地质数据的可视化显示功能比较强大,而对空间地质数据进行可视化分析能力相对缺乏,这也是今后研究的重点课题。对空间地质数据可视化分析主要包括趋势面分析、坡度计算、剖面计算、开挖分析、等值线分析、储量计算、空间数据查询以及空间统计分析等。

(1)趋势面分析是根据采样数据拟合一个数学模型,用该数学曲面来反映空间分布的变化情况。

(2)坡度计算在地形描述及各类工程中有很多用途。

(3)剖面计算以及开挖分析主要是针对构建的地质体进行任意角度切割、切片以及开挖,以便观察地质体内部属性特征。

(4)等值线分析用于直观地显示数据的空间分布和变化特征。

(5)储量计算对矿产资源进行储量计算与分析。

(6)空间数据查询为地质学者提供实时的几何参数查询、空间定位查询、空间关系查询等。

(7)空间统计分析主要用于空间数据的分类、综合评价及预测。

以上地质体可视化手段关键技术在于海量空间数据环境下的三维实体布尔运算和地上、地下一体化剖分方法。下面分别阐述。

一、海量空间数据环境下的三维实体布尔运算

1. 海量空间数据环境下的三维实体布尔运算研究现状

George Boole 是英国的数学家,在 1847 年发明了处理二值之间关系的逻辑数学计算方法。在布尔代数学中,变量仅有 0 或 1 两种数值,布尔运算产生的结果取决于两个变量之间的逻辑关系,布尔运算包括取反、联合、相交、相减、异或等。布尔方法的产生促进了近代数学中构造几何学和集合论的产生和发展,并成为了电子计算机数值运算和逻辑运算的基础方法。随着近代计算机技术的飞速发展,布尔方法已经在机械制造业、计算机图形学、计算机辅助设计、广告、美术设计等各方面得到了广泛的应用。也是地质体可视化的重要手段之一。

实体布尔方法已被广泛应用于三维 CAD 和虚拟现实中,CSG(Constructive Solid Geometry)在图形处理操作中引用布尔逻辑运算方法使用简单的基本图形组合产生新的形体。实体交、并、差布尔运算是实体造型领域最为重要、最为复杂的问题之一,是实体造型中构造复杂实体的必要手段之一。

对于二维布尔运算,目前研究得比较多也比较广泛,也相对比较成熟,但对于三维空间的布尔运算,由于算法和计算量相对复杂,精度控制困难,所以一直研究比较少。Yvon Gardan 和 Estelle Perrin 从理论上细致描述了三维布尔运算的降维方法,但其有很多局限性,比如对奇异问题以及精度问题没有解决。

实体布尔运算是三维矢量剪切算法应用到体与体之间时的特殊情况,目前文献中介绍的实体布尔算法都是基于降维、链环法等传统方法进行研究,算法复杂,难以应用到海量的空间数据中。作为商业三维建模软件必备的功能,无论是国际上具有代表性的几何造型软件,还是国内自主版权的几何造型系统,当处理海量数据模型或是模型相对复杂时都会不同程度地出现死机现象,或者出现孔洞等错误。稳定可靠的海量空间数据环境的 3D 布尔算法技术含量非常高,研发难度非常大。运用 BSP 树划分空间,可以提高处理海量数据的效率。

2. 实体布尔运算原理及算法概述

1)布尔运算原理

一般的剪切都在点、线、面与体模型之间进行,当这种运算应用于两个体对象时,就被称为布尔运算。基本的操作包括反、交、并、差、异或等几种运算,其中反与交为两种基本运算,其他几种运算都是基于这两种运算进行的。如图 6-21 所示。

布尔运算的原理与体模型矢量剪切相同,区别在于布尔运算只是针对实体对象,以体 A 与 B 分别构建 BSP 树结构,对体 B 和 A 区分为"内"和"外"两部分,根据不同的运算要求对这些分区后的多边形重组为"体"对象,得到最终运算结果。而在剪切操作中,剪切对象和被剪对象可以为面对象,也可以为体对象。

2)算法描述

假设结果体 $S=$ 被运算体 A<OP>运算体 B;其中:<OP>表示并 $\cup$,交 $\cap$,差—运算;被运算体 A 分成 A in B 和 A out B,运算体 B 分成 B in A 和 B out A。

交运算:$C=A\cap B=B\cap A$;取 A in B 和 B in A 以及 $A\cap B$ 中的同法向部分(同向共面部分)。

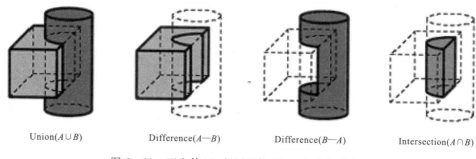

图 6-21　正方体(A)与圆锥体(B)布尔操作示意图

并运算：$C=A\cup B=B\cup A$；取 A out B 和 B out A 以及 $A\cap B$ 中的同法向部分。

差运算：$C=A-B=A\cap\sim B$；取 A out B 和 B in A 以及 $A\cap B$ 中的反法向部分（反向共面部分）。

均衡差：$A\Delta B=(A-B)\cup(B-A)$；取 A out B 和 B out A 以及 $A\cap B$ 中的反法向部分。

根据以上分析可以看出，结果体不会产生新的平面，它上面的任何一个面要么是原 A 体的面，要么是原 B 体的面，除了法向可能相反外，平面的几何位置不变，只是平面的顶点序列发生变化。结果体中面的法向量与原体面的法向量同向或者反向。三维实体交、并、差布尔运算算法很多，大多是以正则集合理论为基础针对多面体的，它的主要工作及难点是运算结果的拓扑信息的重构。

交运算：

（1）利用包围盒判断法排除两物体不相交的情况

包围盒判断法可分为以下两步：

第一步，求出体 A 与体 B 各自的包围盒，比较包围盒是否相交。

第二步，如果上述条件不满足，需要将体 A 上的每一个面与体 B 进行相交判断，求出体 A 中面的最小值和最大值，如果用包围盒不能判断出面体的相交关系，则转到面面求交——进行判断。

（2）面面求交求出交点和交边

（3）交边连接成环

以下简单介绍其步骤：

第一步，依次访问面上的各条边，统计各端点的度，这里的度是指一个顶点所连接的边数。

第二步，遍历各条边，删除度为 1 的顶点所连接的边，即删除悬挂边。

第三步，找到第一条没有被访问的边，记录边的两个端点。把边的始点作为起点，在未被访问的边中寻找与边的终点号相同的边，要求这两条边不共线并且三个点所围成的平面的法向量与原面的法向量同向，这样保证顶点的走向正确。

第四步，依次搜索面上的各条边，直到所有边都被访问。

（4）环组合成面

第一步，依次取 Ring1 的每个顶点判断点是否在 Ring2 组成的封闭区域内，程序中用射线法判断点是否在面内。

第二步，以同样的方式判断 Ring2 的每个顶点是否在 Ring1 组成的封闭区域内。

第三步，通过以上的判断，如果 Ring1 的每个顶点都在 Ring2 围成的封闭区域外，或者

Ring2 的每个顶点都在 Ring1 围成的封闭区域外,则把这两个环记作两个交面加入交面表中。

第四步,如果 Ring1 的每个顶点都在 Ring2 围成的封闭区域内,或者 Ring2 的每个顶点都在 Ring1 围成的封闭区域内,则用内外环连接算法把两个环连接成多个面加入交面表中。

(5)对两物体的交面进行判断分类

(6)面剖分成三角形

通过以上步骤得到的所有交面进行三角剖分,删除三点共线的面,所有的三角面组成体 A 与体 B 进行交运算后的结果体 S。

两个实体的差运算可利用数学上的集合运算公式 $A-B=A\bigcap B\sim B$,求出实体 B 的补集后利用实体求交算法求出;并运算则取 $A-B$ 中在体 A 上的交面及 $B-A$ 中在体 B 上的交面进行适当的处理后通过合并直接得出。

3)实体布尔运算流程

实体模型的布尔运算流程除了与体模型的剪切过程相同外,还增加了反、交、并、差、异或等几种运算规则,根据不同的需求生成相应的结果模型。流程如图 6-22 所示。

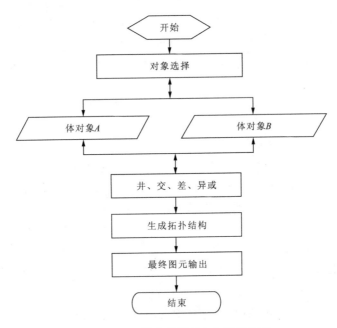

图 6-22 三维实体模型布尔运算流程

3. 基于 BSP 树的实体模型剪切算法

1)实体模型剪切原理

实体模型的剪切原理在模型输入、分解、重构各过程均与面剪切、面模型相同。由于体模型封闭性的要求,在完成了剪切模型对被剪切体模型的剪切操作后,还要用实体模型对面模型进行分解,保留位于体内部的面片,与剪切后的面片重构,生成新的封闭的体模型的几何形态。

2)实体模型剪切流程图

实体模型的矢量剪切运算主要包括剪切集选择、剪切对象构建、三角形内外测试、被剪三角形分解、剪切后模型重构、结果输出这六个步骤。剪切流程如图6-23所示。

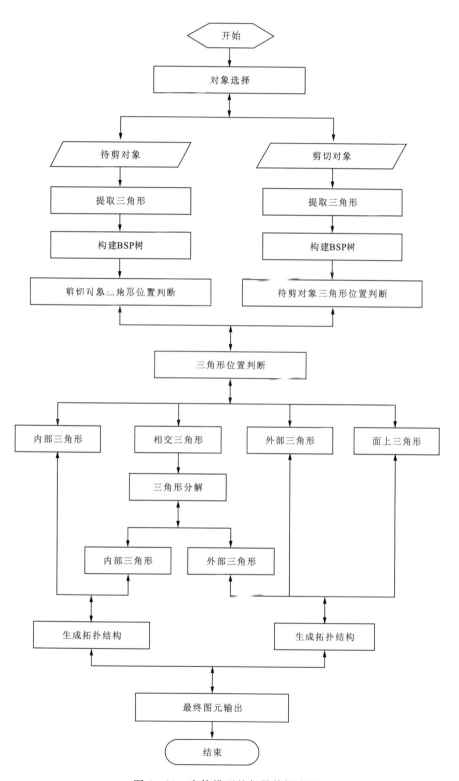

图6-23 实体模型的矢量剪切流程

3)实体模型剪切类型

(1)面剪切实体

面剪体可以应用于地形、巷道、采区等面对象对矿体、地质体对象的剪切操作,面剪切体运算依据面对象的法线方向在空间中把被剪体对象分解为上下两部分,形成剪切后的两个体对象。比如在矿山模型的建立过程中,需要考虑矿体与巷道,露采模型与数字地形,露采边坡与生产道路之间各个方向的矢量剪切。如图 6-24 所示。

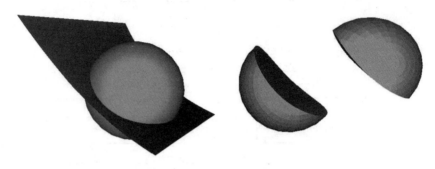

图 6-24 面剪切体效果图

(2)体分解面

体分解面操作与面剪体不同的是依据体对象的法线方向在空间中把被剪面对象分解为相对于体对象的"内部"和"外部"两个对象。体分解面主要应用于地质切片、品位剖面等操作。如图 6-25 所示。

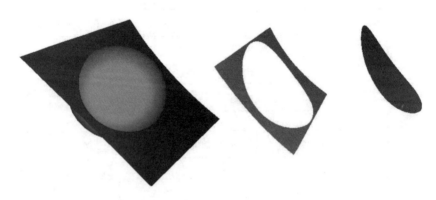

图 6-25 体分解面效果图

4. 基于 B-Rep 模型的矢量剪切算法

从几何学角度看,矢量剪切可分 X 方向、Y 方向、Z 方向和任意方向剪切。其基本方法原理为:取出所有图形数据点,判断此点是在剪切面的哪一侧,保留在其中一侧的数据点,舍弃在另一侧的数据点;然后求出剪切面与所保留图形的交点,并将这些交点按照图形的拓扑关系形成相应的填充区。例如,矢量剪切平面方程为 $a \cdot x + b \cdot y + c \cdot z + d = 0$,则 $a \cdot x + b \cdot y + c$

$\cdot z+d<0$ 和 $a \cdot x+b \cdot y+c \cdot z+d>0$ 分别代表了矢量剪切平面两侧的图形。一旦确定保留其中一侧,便同时舍去了另一侧。

实体矢量剪切的实现是 B-Rep 模型(Boundary Replacement,边界代替法)和多种插值方法模拟而成的。所谓边界替代法即用实体的边界来代替实体,各边界的联系通过几何拓扑关系来建立。这种拓扑关系是实现矢量剪切的依据。图 6-26 中的单体是由四个曲表面和两个填充区端面围成,上、下曲表面为地层界面,左、右曲表面为断层面或相界面,前后填充区端面为沉积相在地震剖面上的形态。假如将此单体编号为 d0,则可以将两个填充区端面编号为 d0,四个曲表面编号分别为 d0b1、d0b2、d0b3、d0b4。为了矢量剪切计算方便,规定上曲表面编号为 d0b1,下曲表面编号为 d0b2,左曲表面编号为 d0b3,右曲表面编号为 d0b4。当矢量剪切面裁剪到此单体时,可让计算机按上述方法原理分别对它与各面的相交情况进行判断,求解出边界交点,再保存交点的空间数据及属性数据,舍弃相应的图形,然后将按交点的上下左右关系形成剪切后的填充区。有多个单体时,可以根据单体的编号(如 d0)来区分各单体的交点,分别形成对应的填充区,并赋予相应的属性,这样就保存了原来的拓扑关系。

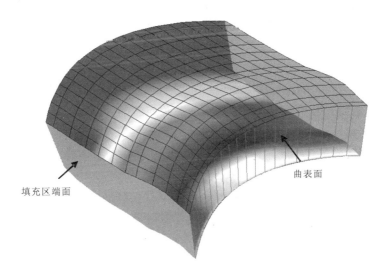

图 6-26 实体的空间拓扑关系

5. 基于三维 BSP 树的多面体布尔运算算法

1) BSP 树空间分区原理

BSP 树就是用来对 N 维空间中的元素进行排序和查找的二叉树。用它来划分整个空间时,树中的任意一个节点表示一个凸的子空间。每个节点包含一个"超平面",将这个节点表示的空间分割成两个子空间。每个节点除了保存其两个子节点的引用以外,还可以保存一个或多个元素。对于 N 维空间,超平面为 $N-1$ 维的对象。通常,用 BSP 树来表示二维或者三维空间,这时,空间中的元素分别指的是线段和多边形。

2) 用 BSP 树对模型进行切割

BSP 树建立后,用 BSP 树对任意模型进行切分。这里以切割一个三角形为例进行说明。目标是把一个三角形分割成在模型内部和在模型外部的两部分,当然这个模型现在已经被表示成 BSP 树了。首先，与根结点的超平面进行比较。如果在超平面前，则和左子树的超平面继续比较，如果在超平面后，则和右子树的超平面继续比较，直至叶子结点。由叶子结点来决定该三角形是在模型的内部或外部。如果三角形在叶子结点的前面，那么该三角形就在模型的外部，否则就在模型的内部。当然，这是最简单的情况，三角形在比较的过程中没有被分割。如果三角形与超平面相交，就需要用超平面将其分割成两个或三个三角形。分割后三角形加入到待处理序列中去，等待被处理。对于三角形和超平面的相交情况，三角形被分割了，分割后的三角形被加入到待处理序列中去，所以说待处理的三角形数量在不断变化。这样以来就很难分析它的时间和空间复杂度。

3）算法描述

实体布尔运算是计算机图形学运算数学方法，通过对实体模型进行交、差、并来逼近实体模型实际空间形态的一种边界切割取舍的方法。在复杂实体建模中需要进行实体模型的布尔运算，通过这种切割取舍运算，还原实际空间上相切的不同地质实体的空间关系。布尔运算能够使不同实体间的吻合空间关系表现得淋漓尽致。在许多算法中，布尔操作不仅仅能展现多面体对象之间的运算结果，还能提供一种方法来描述对象的物理处理过程。如在机械加工过程中，可以用集合运算的不同结果来检验刀具和夹具之间的碰撞，以验证设计结果的正确性。

假设多面体存储在顶点-边-面表中，并且面的顶点是有序的，使得面的法线对应于顶点的逆时针方向，其本质为封闭的不规则三角网。在图形学中，空间的相对位置是以图形对象的法线来判定的，根据法线方向相应地分为法线正向和负向两部分。

多面体的布尔运算包括多面体的反、交、差、异或。其中，反运算和交运算是基础运算，其他的运算可用它们来表示。一个多面体 P 的反表示为 $\neg P$，而多面体 P 和多面体 Q 的交表示为 $P \cap Q$。多面体的并为 $P \cup Q = \neg(\neg P \cap \neg Q)$，多面体的差为 $P - Q = P \cap \neg Q$，而多面体的异或为 $P \oplus Q = \neg((\neg(P \cap \neg Q)) \cap (\neg(Q \cap \neg P)))$。所以，布尔运算最小的编码方法是：首先实现反和交，然后根据这两种运算来实现其他的运算。

（1）反运算

多面体的反运算即改变多面体内部和外部标识。若系统底层采用结构面顶点访问顺序而隐式定义法线方向的方法，则直接转换结构面上顶点的顺序，用右手准则可以判定出得到的法线方向指向相反的一侧；若对象底层定义了法线方向，则可以直接将法线向量乘以 -1 使其反向。反运算虽然处理起来比较简单，但它作为布尔运算的基础运算之一，直接影响并、差、异或运算的正确性。实现过程伪码为：

```
Polyhedron Negation(Polyhedron P)
{
        Polyhedron negateP;
        NegateP.vertices = P.vertices;
        NegateP.edges = P.edges;
        for(each face F of P)
        {
            // 反转每个面的顶点的次序
            Face F';
```

```
            for(i = 0; i< F.numVertices; i++)
                F'.InsertIndex(F.numVertices - i - 1);
                    NegateP.faces.Insert(F');
        }
        return negateP;
}
```

(2) 交运算

多面体的交运算即获取两个输入多面体共同包围的的子多面体。如果多面体对象 A 和 B 在空间相交,则在交线位置将每个对象分为内外两部分,A 对象位于 B 对象内部的一部分,以及 B 对象位于 A 对象内部的一部分,组合成新的多面体对象,就是两个多面体交运算的结果。如果两对象在空间中并不是几何相交,那么交运算的结果就是空对象,伪码如下:

```
Polyhedron Intersection(Polyhedron P,Polyhedron Q)
{
    Polyhedron intersectPQ;
    for(cach face F of P)
    {
    // 用 Q 树分解 F 每一个结构面
        GetPartition(Q.bsptree,F,inside,outside,coinside,cooutside);
        for(each face S in(inside or coinside))
        intersectPQ.faces.Insert(S);
    }
    for(each face F of Q)
    {
    // 用 P 树分解 Q 每一个结构面
        GetPartition(P.bsptree,F,inside,outside,coinside,cooutside);
        for(each face S in(inside or coinside))
        intersectPQ.faces.Insert(S);
    }
}
```

这种方法的核心是通过将多面体的每一个面 F 与另一个多面体的相交来对其分区,即通过 BSP 树结构,将多边形分解为正负两个区域,算法中最复杂的部分是处理当多边形与分区平面重合时的情形,在这种情况下,问题可以简化为计算二维多边形的相交和差。

(3) 并运算

多面体的并运算与交运算不同的是,并运算将多面体对象 A 和 B 相对于彼此的外部对象组合成新对象,也就是说,并运算结果的内部区域是原来两个体的内部区域的联合。如果两对象在空间中并不是几何相交,那么并运算的结果本质上就是两对象直接组合的结果。伪码如下:

```
Polyhedron Union(Polyhedron P,Polyhedron Q)
{
```

return Negation(Intersection(Negation(P),Negation(Q)));
}

(4) 差运算

多面体的差运算,即计算包含在第一个输入的多面体之内,而不包含于第二个输入的多面体之内的多面体。两个多面体的差运算结果是一个实体,其内部区域是原来两个体的内部区域的差。伪码如下:

Polyhedron Difference(Polyhedron P,Polyhedron Q)
{
    return Intersection(P,Negation(Q));
}

(5) 异或运算

多面体的异或运算即计算这两个多面体的差的并。两个多面体的异或运算结果是一个实体,其内部区域是原来两个体的差的并。伪码如下:

Polyhedron ExclusiveOr(Polyhedron P,Polyhedron Q){
    return Union(Difference(P,Q),Difference(Q,P));
}

4) 实验测试与结果分析

(1) 实体集合交运算

打开数据模型,选中所要分析的实体集。如图 6-27 所示,选择某地层实体和隧道实体。

图 6-27 布尔运算前的地层实体与隧道实体

对两实体进行交运算后,获取地层实体与隧道实体的交集,其运算效果如图 6-28 所示。它显示了隧道在该地层中的空间实体形态,为分析隧道遇地层情况以及进行隧道设计提供了直观的模型依据。

图6-28 地层实体与隧道实体的集合交运算效果

(2) 实体集合并运算

针对图6-27中的地层实体与隧道实体进行并运算,其运算效果如图6-29所示。它展示了地层实体与隧道实体共同占据的空间实体形态。

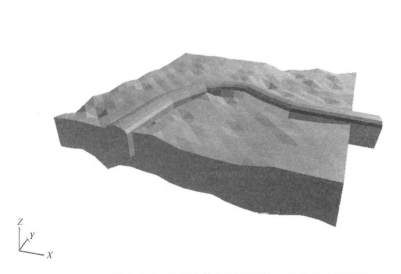

图6-29 地层实体与隧道实体的集合并运算效果

(3) 实体集合差运算

针对图6-27中的地层实体与隧道实体进行集合差运算,其运算效果如图6-30所示。它展示了地层实体被隧道实体刻挖后的空间实体形态。与此类似,也可用隧道实体与地层实体进行集合差运算,获取隧道实体被地层刻挖后的空间实体形态。

图 6-30　地层实体与隧道实体的集合差运算效果(地层实体-隧道实体)

(4)实体集合均衡差(异或)运算

打开数据模型,选中所要分析的实体集。根据需要,选择均衡差运算对象。如图 6-31 所示,选择两个地层实体(注:此处为了突出运算结果的可视化效果,将图中的上层地层实体以线条方式显示,并与下层地层实体有部分重合区域)。

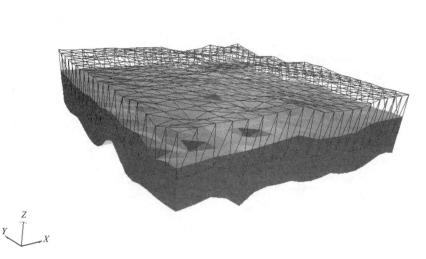

图 6-31　布尔运算前的两个地层实体

对两实体进行异或运算后,其实体均衡差运算效果如图 6-32 所示,它展示了两个地层实体异或运算后的空间实体形态。

图 6-32　两个地层实体的均衡差运算效果

6. 小结

在三维建模中,复杂实体往往不能一次生成,一般都是由相对简单的多个实体通过并(Union)、求差(Subtract)和求交(Intersect)的布尔运算,对它们进行组合,最终形成用户需要的实体。实体间的布尔运算是三维软件必备的功能之一,作为一种通用的计算几何算法应用于商业的 CAD、CAM 和 GIS 分析中。

基于 BSP 树的海量数据的实体布尔运算算法具有高效、准确、健壮的特点。将该方法应用到三维地学建模中,探索一种基于此算法的复杂地质体模型重构技术方法,可以非常好地解决基于复杂边界约束下模型的快速重构问题。利用实体间的布尔运算功能,可以快速、精确地生成含夹层、断层、透镜体等不能用传统方法生成的三维地质体模型,并且还可以实现任意形状实体模型在任意空间位置的真三维工程量扣减计算,彻底解决错层工程量快速准确计算的问题。三维实体布尔运算扣减算法速度快,零误差,可以快速准确地计算任意建筑结构的工程量。

二、地上、地下一体化剖切分析方法

1. 地上、地下一体化剖切原理与方法

地上、地下一体化剖切是指对地上、地下一体化模型(包括建筑、管线、地层、隧道等目标)进行任意的裁切(任意角度的平面或者折面)。一体化剖切旨在显示出模型切片的内部结构特征和属性信息,包括建筑轮廓线、地层信息、管线分布、隧道方位等。

地上、地下一体化剖切的基本思路是根据切面的覆盖范围来迅速获取场景中需要参与运算的对象,根据数据的属性,将不同的模型进行转换、归类从而进行相应地处理,最后以切片的形式显示最终结果,并可以对结果进行属性查询。

地上、地下一体化剖切的关键技术是对象检索技术、快速求交运算、三维不规则三角网构建技术。

地上、地下一体化剖切分析的对象是真三维场景下的一体化数据模型,它包含了地上(建筑设施、城市小品)、地下(地层、隧道、管线)、地表所有真实场景中的地物类型。进行剖切分析之后生成的切片可以直观地显示不同地物的内部信息,方便用户查看。例如隧道的形态位置、地层的分布走向、建筑的轮廓结构、管线的流向埋深等。据此,可以了解在同一切面位置上的上下结构(建筑及其下部地层岩性和结构、管线埋设位置),方便日后在规划设计中的决策支持,方便、直观、全方位地了解某一地区的真三维场景下的数据特征。

地上、地下一体化剖切分析的主要思想是迅速获取场景中所需参与分析的对象,不同类型的对象具有不同的数据结构,需要进行合理的转换,为方便运算可将体模型转化为表面模型进而转化为三角网模型,管线数据以线模型存储,可以根据半径信息转化为圆柱体进而将表面离散为三角网。根据三角形的相交关系得到切面与被裁切对象之间的交点,进行追踪生成轮廓线,构成拓扑关系,对于地层切面根据三维离散点及边界约束生成三角网,管线得到切面轮廓。其技术路线如图6-33所示。

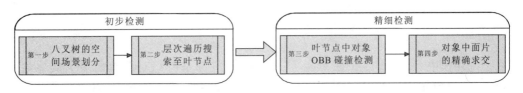

图6-33 一体化剖切检测

2. 地上、地下一体化剖切算法描述

地上、地下一体化剖切的核心算法描述如下。

(1)确定切面形式:①平面;②旋转折面;③文件输入形式。

(2)根据切面覆盖的范围(AABB外包围盒)选取场景中地物外包围盒与之相交的作为预设参与分析的对象。

(3)将选中的对象求其OBB包围盒,并与切面OBB进行相交检测,排除一批不相交的对象从而对剩余对象进行下一步的操作。

(4)将确定参与分析的数据转换成简单的集合实体模型,生成带有拓扑信息的表面三角网模型,生成临时对象分别存放几何与属性信息(简单对象如点、线,需要重新构建;复杂对象如面、体,直接转化即可)。

(5)每个对象作为个体参与切面的运算,保持其结果与属性的一一对应。

(6)建筑与管线以轮廓线方式显示,地层以切片显示。将每个对象都运算完毕后生成结构,并列出对应属性方便查询。

其实现流程如图6-34所示。

3. 实验测试与结果分析

在场景中加载地上、地下一体化模型数据,选择"一体化剖切分析"菜单选项,在弹出的对

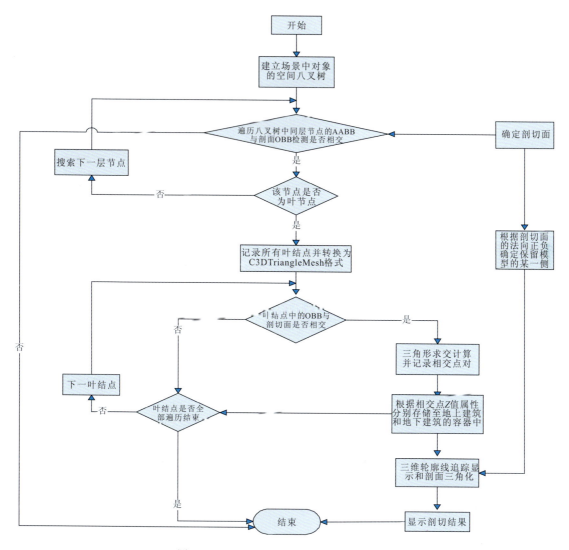

图 6-34 地上、地下一体化剖切实现流程

话框中选择切面的形式,用鼠标选取平面或者折面(折面选择后需要输入旋转参数与旋转点)之后可以进行剖切运算,运算完毕后弹出结果选择对话框,根据用户需要选择轮廓线显示或者切面显示,并可以设定偏移量将结果偏离原位置来显示。为了方便用户查看,可以隐藏参与分析的特定对象或是整个场景中的对象,地层切片可以按对象显示。其分析结果如图 6-35 所示。

图 6-35 是折面的一体化剖切结果,不同的建筑群以不同的颜色进行轮廓线的显示,地层根据原始数据的属性不同进行切片显示,相交管线根据半径大小以圆环的形式显示,其中相交管线以高亮形式显示。地上、地下一体化剖切分析除了可显示地下地质体被剖切的分析结果外,还能可视化隧道、管线、地上建筑、室内模型等其他模型的剖切分析效果,如图 6-36、图 6-37、图 6-38 和图 6-39 所示。

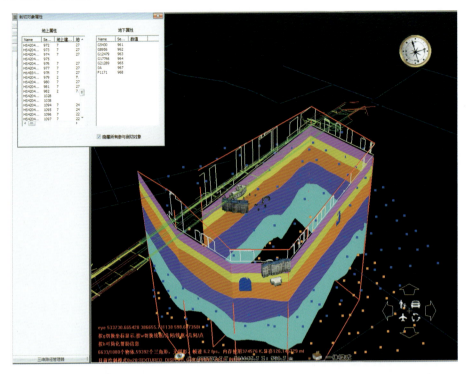

图 6-35 对建筑、管线、地层、隧道进行一体化剖切的结果

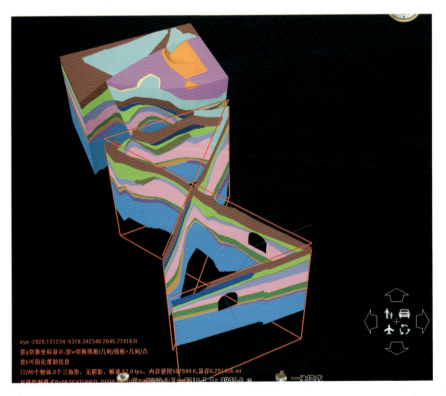

图 6-36 隧道开挖后的地层折面剖切结果

第六章 地学三维可视化分析

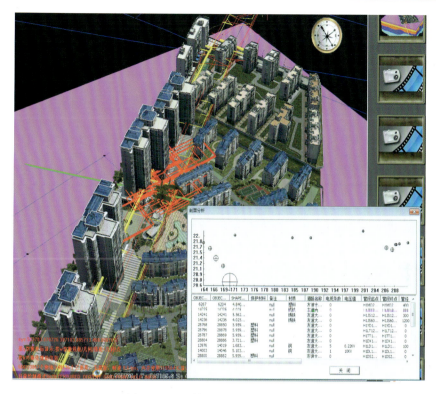

图 6-37 对管线进行剖切后的结果

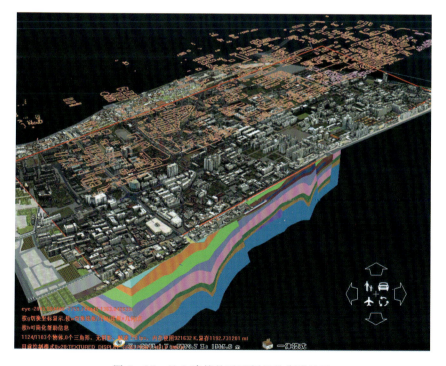

图 6-38 地上建筑的平面剖切轮廓线显示

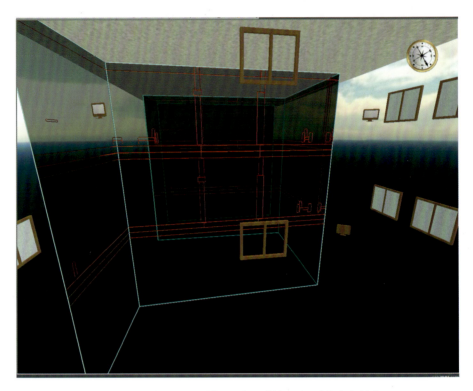

图 6-39 精细的室内模型的折面剖切后得到的内部结构

4. 小结

地上、地下一体化剖切分析功能可以方便地对一体化模型中的不同数据对象进行分析,获取对象的内部机构和属性信息,方便用户进行分析,提供决策支持。

思考题

1. 地形简化方法常用的有哪几种?
2. 地形通视分析的内容和意义是什么?Janus 算法的基本思路是什么?
3. 地形 LOD 技术有哪些实现方法?
4. 简述基于 BSP 树的矢量剪切算法的原理及过程。
5. 简述基于 B-Rep 模型的矢量剪切算法的原理及过程。
6. 简述地上、地下一体化剪切的原理和方法。

第七章　地学三维可视化实现工具

实现地学三维可视化最直接的手段就是利用 3D 图形引擎及其编程语言来编程实现。目前，使用较为广泛的 3D 图形引擎有 OpenGL、Direct3D、OpenSceneGraph、Java3D 和 VRML，它们可以方便地实现对 3D 模型的建造，可以制作各种各样的 3D 图形，方便地实现各种三维图形的交互操作等。这五种实现方法提供的基本图形操作技术大致包括：①物体绘制技术；②变换技术；③着色技术；④光照模型技术；⑤反走样技术；⑥混合技术，即半透明和透明的处理技术；⑦雾化技术；⑧纹理映射技术；⑨交互操作和动画技术等。由此可见，利用 OpenGL、OpenSceneGraph、Direct3D、Java3D 和 VRML 实现三维建模和编程是目前的首选技术，也是虚拟地学环境可视化系统实现中的关键技术。下面我们分别叙述这五种三维图形实现语言。本章将同时介绍地质三维可视化平台 Quanty View 及其二次开发方法。

第一节　OpenGL 技术

OpenGL 自 1992 年问世以来，已经成为目前最新的开放式的三维图形标准。OpenGL 语言在操作系统方面是与平台无关的，并独立于硬件。用 OpenGL 编写的程序不仅可以在 SGI、DEC、Sun、HP 等图形工作站上运行，而且可以在普通微机环境下运行。许多计算机公司已经把 OpenGL 集成到不同的操作系统中，如 UNIX、Windows 等。

OpenGL 是显示设备与图形的软件接口，实际上是一个三维图形和模型库，更是一个 API 库。OpenGL 本身是一个与硬件无关的编程接口，可以在不同的平台上加以实现。OpenGL 并不提供三维造型的高级命令，它只提供一些基本的图元：点、线、面和规则体元素，由这些基本元素进行复杂建模。

一、OpenGL 的函数库和命令格式

OpenGL 的函数库总括为如下几类：基本库、实用库、辅助库、Windows 专用库和 Win32 API。在 Windows 安装目录的 System32 子目录下的动态链接库 Opengl32.dll 和 glu32.dll 分别对应着 OpenGL 的基本库和实用库；而在 Visual C++6.0 的安装目录的子目录 VC98\LIB 下三个静态库 Opengl32.lib、glu32.lib 和 glaux.lib 分别有 OpenGL 的基本函数库、实用函数库和辅助函数库。这一切为利用各种语言进行 3D 编程提供了极大的方便。

OpenGL 的基本库函数都是以"gl"为前缀的；实用库函数都是以"glu"为前缀；辅助库的所有操作函数都是以"aux"为前缀；Windows 专用库函数以"wgl"开头；而 Win32 API 函数没有专用前缀。

在 OpenGL 中有 115 个核心函数,这些函数是最基本的,它们可以在任何 OpenGL 的工作平台上应用。这些函数用于建立各种各样的形体,产生光照效果,进行反走样以及进行纹理映射和投影变换等。由于这些核心函数有许多种形式并能够接受不同类型的参数,实际上这些函数可以派生出 300 多个函数。

OpenGL 的实用函数是比 OpenGL 核心函数更高一层的函数,共有 43 个函数。这些函数是通过调用核心函数来起作用的。这些函数提供了十分简单的用法,从而减轻了开发者的编程负担。OpenGL 的实用函数包括纹理映射、坐标变换、多边形分化、绘制一些如椭球、圆柱、茶壶等简单多边形实体等。这部分函数像核心函数一样在任何 OpenGL 平台都可以应用。

OpenGL 的辅助库是一些特殊的函数,共有 31 个函数,这些函数本来是用于初学者做简单的练习之用,因此这些函数不能在所有的 OpenGL 平台上使用,在 Windows NT 环境下可以使用这些函数。这些函数使用简单,它们可以用于窗口管理、输入输出处理以及绘制一些简单的三维形体。为了使 OpenGL 的应用程序具有良好的移植性,在使用 OpenGL 辅助库的时候应谨慎。

Windows 专用库函数共包含六个 WGL 函数,专门用于连接 OpenGL 和 Windows NT,这些函数用于在 Windows NT 环境下的 OpenGL 窗口能够进行渲染着色,在窗口内绘制位图字体以及把文本放在窗口的某一位置等。这些函数把 Windows 和 OpenGL 糅合在一起。

Win32 API 函数包含五个 Win32 函数,用于处理像素存储格式和双缓冲区,显然这些函数仅仅能够用于 Win32 系统而不能用于其他 OpenGL 平台。

二、OpenGL 的运行机理

1. OpenGL 的工作流程

整个 OpenGL 的基本工作流程如图 7-1 所示。

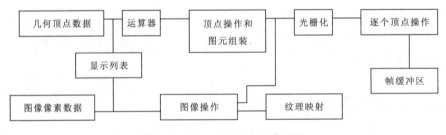

图 7-1　OpenGL 基本工作流程

其中几何顶点数据包括模型的顶点集、线集、多边形集,这些数据经过流程图的上部,包括运算器、逐个顶点操作等;图像数据包括像素集、影像集、位图集等,图像像素数据的处理方式与几何顶点数据的处理方式是不同的,但它们都经过光栅化、逐个片元(Fragment)处理直至把最后的光栅数据写入帧缓冲器。在 OpenGL 中的所有数据包括几何顶点数据和像素数据都可以被存储在显示列表中或者立即可以得到处理。OpenGL 中,显示列表技术是一项重要的技术。

OpenGL 要求把所有的几何图形单元都用顶点来描述,这样运算器和逐个顶点计算操作都可以针对每个顶点进行计算和操作,然后进行光栅化形成图形碎片;对于像素数据,像素操作结果被存储在纹理组装用的内存中,再像几何顶点操作一样光栅化形成图形片元。

整个流程操作的最后,图形片元都要进行一系列的逐个片元操作,这样最后的像素值送入帧缓冲器实现图形的显示。

2. Windows 下 OpenGL 的运行机制

OpenGL 的作用机制是客户(Client)/服务器(Sever)机制,即客户(用 OpenGL 绘制景物的应用程序)向服务器(即 OpenGL 内核)发布 OpenGL 命令,服务器则解释这些命令。大多数情况下,客户和服务器在同一机器上运行。正是 OpenGL 的这种客户/服务器机制,OpenGL 可以十分方便地在网络环境下使用。因此 Windows 下的 OpenGL 是网络透明的。

正像 Windows 的图形设备接口(GDI)把图形函数库封装在一个动态链接库(Windows 下的 GDI32.DLL)内一样,OpenGL 图形库也被封装在一个动态链接库内(OPENGL32.DLL)。受客户应用程序调用的 OpenGL 函数都先在 OPENGL32.DLL 中处理,然后传给服务器 WINSRV.DLL。OpenGL 的命令再次得到处理并且直接传给 Win32 的设备驱动接口 DDI,这样就把经过处理的图形命令送给视频显示驱动程序。图 7-2 简要说明了这一过程。

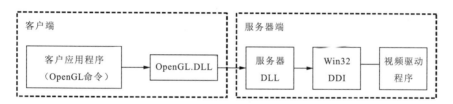

图 7-2 OpenGL 在 Windows 下的运行机制

在三维图形加速卡的 GLINT 图形加速芯片的加速支持下,两个附加的驱动程序被加入这个过程中(图 7-3)。一个 OpenGL 可安装客户驱动程序(Installable Client Driver,ICD)被加在客户这一边,一个硬件指定 DDI(hardware-specific DDI)被加在服务器这边,这个驱动程序与 Wind32DDI 是同一级别的。

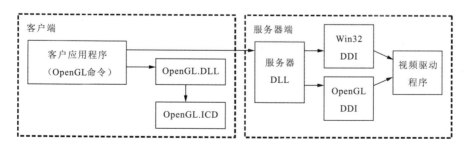

图 7-3 在三维图形加速下 OpenGL 运行机制

三、OpenGL 的基本程序结构

用 OpenGL 编写应用程序，就相当于在应用程序中添加了一个三维函数库。一般包括以下几部分。①窗口的定义。规定了三维图形在窗口坐标系中的显示位置，定义窗口的大小和性质；②初始化。包括清缓冲区、定义光照模型、定义纹理映射、安装显示列表、定义雾化、定义视口等；③绘制和显示图形。包括三维建模、设置物体在立体空间的运动轨迹、变换 OpenGL 的状态变量、协调合理地结合应用 OpenGL 的各种基本操作、实现完美的三维图形显示。为了说明 OpenGL 的主体结构，下面为用标准 C 调用 OpenGL 函数编制的一段程序样本。

```c
#include <GL/gl.h>
#include <GL/glu.h>
#include <GL/glaux.h>
#include <stdio.h>
void myInit(void)
void CALLBACK display(void)
void CALLBACK nyReshape(Glsizei w,Glsizei h)
//
//初始化工作,设定清屏颜色
void myInit(void){
    glClearColor(0.0,0.0,0.0,0.0);
}
//绘制场景
void CALLBACK display(void){
    glClear(GL_COLOR_BUFFER_BIT);
    glColor4f(0.2,0.6,1.0,1.0);
    glRotatef(60.0,1.0,1.0,1.0);
    auxWireCube(1.0);
    glFlush();
}
//
//定义视口的大小和三维场景的视景体
void CALLBACK myReshape(Glsizei w,Glsizei h){
    glViewport(0,0,w,h);
}

//调用 5 个 aux 为前缀的函数,完成窗口和事件的管理
void main(void){
    auxInitDisplayMode(AUX-SINGLE| AUX_RGBA);//定义窗口的显示属性
    auxInitPosition(0,0,400,400);//定义了程序执行窗口的位置和大小
```

```
    auxInitWindow("sample.c");
    myInit();
    auxReshapeFun(myReshape);//当图形输出窗口大小变化时主程序自动调用这个函数
    auxMainLoop(display);//每次窗口建立、移动、改变形状和其他事件发生时需重新
                        //绘制场景
}
```

四、Visual C++2010 实例程序

以 Microsoft Visual Studio 为开发工具,基于 OpenGL 图形库开发三维可视化的地学信息系统是比较快捷的方式。以下通过 Microsoft Visual C++2010 建立基于 OpenGL 图形库的单文档应用程序框架为例,实现了一个简单的三维可视化系统。

1. 使用 MFC AppWizard 建立单文档的应用程序框架,并加入 OpenGL 图形库

用 MFC AppWizard 创建一个单文档的 MFC EXE 项目,工程名称假设为"ExOpenGL",Application Type 选择"Single Document",Project Style 选择"MFC Standard"。如图 7-4 所示,在工程属性设置中的"Additional Dependencies"中添加"opengl32.lib; glaux.lib; glu32.lib"等 OpenGL 图形库。

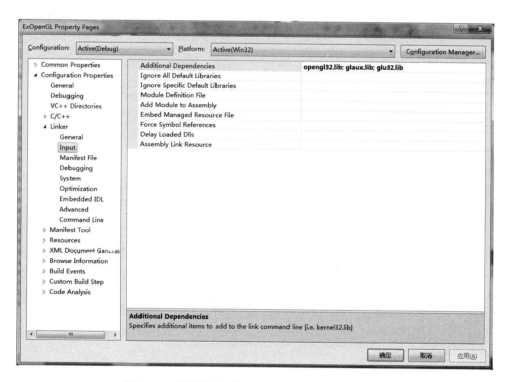

图 7-4 应用程序框架设置中添加 OpenGL 图形库

并在视图类的 ExOpenGLView.h 中增加 OpenGL 图形库的文件包含：
```cpp
#pragma once

#include <GL\GL.h>
#include <GL\GLU.h>
#include <GL\GLaux.h>

class CExOpenGLView : public CView
{
……
};
```
给工程添加一个位图资源 IDB_BITMAP_SHOW 对应某个图片，用于本例中的纹理贴图。

2. 通过 Class Wizard 给视图类添加成员变量及成员函数，并增加 WM_CREATE、WM_SIZE、WM_ERAZEBKGND、WM_KEYDOWN、WM_DESTROY 等消息响应函数

ExOpenGLView.h 的主要程序代码内容如下：
```cpp
class CExOpenGLView : public CView
{
……
public:
    void initializeRC();    // 初始化 OpenGL Render Context
    void destroyRC();       // 删除 OpenGL Render Context
    void displayScene();    // 渲染场景
    // 读资源位图
    BYTE*  gltResourceBMPBits(UINT nResource, int * nWidth, int * nHeight);
    void loadTextureImage();// 导入纹理图片
public:
    CClientDC*  m_pDC;   // DC
    HGLRC m_RC;  // OpenGL RC
    // 相机参数：眼睛位置，视点，向上方向
    double m_eyePosition[3], m_eyeCenter[3], m_eyeUpdirection[3];
    int m_viewport[4];   // 视口参数(xloc, yloc, width, height)
};
```
ExOpenGLView.cpp 中的成员函数代码主要如下：
```cpp
#include "Resource.h"
#include <math.h>

#define PI 3.1415926
```

```cpp
// 读资源位图
BYTE *    CExOpenGLView:: gltResourceBMPBits (UINT nResource, int * nWidth, int * nHeight)
{
    HINSTANCE hInstance;    // Instance Handle
    HANDLE hBitmap;    // Handle to bitmap resource
    BITMAPINFO bmInfo;
    BYTE * pData;

    // Find the bitmap resource
    hInstance = GetModuleHandle(NULL);
    hBitmap = LoadBitmap(hInstance, MAKEINTRESOURCE(nResource));

    if(hBitmap == NULL)
        return NULL;

    GetObject(hBitmap, sizeof(BITMAPINFO), &bmInfo);
    DeleteObject(hBitmap);

    hBitmap = LoadResource(hInstance,
        FindResource(hInstance, MAKEINTRESOURCE(nResource), RT_BITMAP));

    if(hBitmap == NULL)
        return NULL;

    pData = (BYTE * )LockResource(hBitmap);
    pData +=  sizeof(BITMAPINFO)-1;

    * nWidth =  bmInfo.bmiHeader.biWidth;  //bm.bmWidth;
    * nHeight =  bmInfo.bmiHeader.biHeight; //bm.bmHeight;

    return pData;
}

// 导入纹理图片
void CExOpenGLView::loadTextureImage()
{
    BYTE * pBytes;
```

```cpp
    int nWidth,nHeight;

    pBytes = gltResourceBMPBits(IDB_BITMAP_SHOW,&nWidth,&nHeight);

    glTexEnvi(GL_TEXTURE_ENV,GL_TEXTURE_ENV_MODE,GL_DECAL);

    glTexParameteri(GL_TEXTURE_2D,GL_TEXTURE_MIN_FILTER,GL_LINEAR);
    glTexParameteri(GL_TEXTURE_2D,GL_TEXTURE_MAG_FILTER,GL_LINEAR);
    glTexParameteri(GL_TEXTURE_2D,GL_TEXTURE_WRAP_S,GL_REPEAT);
    glTexParameteri(GL_TEXTURE_2D,GL_TEXTURE_WRAP_T,GL_REPEAT);
    glTexImage2D(GL_TEXTURE_2D,0,GL_RGB8,nWidth,nHeight,0,
        GL_BGR_EXT,GL_UNSIGNED_BYTE,pBytes);
}

// 初始化 RC
void CExOpenGLView::initializeRC()
{
    HDC hdc = m_pDC -> GetSafeHdc();
    //初始化像素格式
    PIXELFORMATDESCRIPTOR pfd = {
        sizeof(PIXELFORMATDESCRIPTOR),      // pfd 结构的大小
        1,                                   // 版本号
        PFD_DRAW_TO_WINDOW |                 // 支持在窗口中绘图
        PFD_SUPPORT_OPENGL |                 // 支持 OpenGL
        PFD_DOUBLEBUFFER,                    // 双缓存模式
        PFD_TYPE_RGBA,                       // RGBA 颜色模式
        24,                                  // 24 位颜色深度
        0,0,0,0,0,0,                         // 忽略颜色位
        0,                                   // 没有非透明度缓存
        0,                                   // 忽略 Alpha 偏移位
        0,                                   // 无累加缓存
        0,0,0,0,                             // 忽略累加位
        32,                                  // 32 位深度缓存
        0,                                   // 无模板缓存
        0,                                   // 无辅助缓存
        PFD_MAIN_PLANE,                      // 主层
        0,                                   // 保留
        0,0,0                                // 忽略层,可见性和损毁掩模
    };
```

```
    int pixelformat = ::ChoosePixelFormat(hdc,&pfd);//选择像素格式
    BOOL rt = SetPixelFormat(hdc,pixelformat,&pfd);
    m_RC = wglCreateContext(hdc);    // 创建 RC
    wglMakeCurrent(hdc,m_RC);        // 关联 DC 与 RC
}

// 删除 RC
void CExOpenGLView::destroyRC()
{
    wglMakeCurrent(NULL,NULL);
    if(m_RC)
    {
        wglDeleteContext(m_RC);
        m_RC = NULL;
    }
}

// 绘制场景
void CExOpenGLView::displayScene()
{
    glClearColor(1.0f,1.0f,1.0f,1.0f);   // 背景为白色
    glClear(GL_COLOR_BUFFER_BIT | GL_DEPTH_BUFFER_BIT | GL_STENCIL_BUFFER_BIT);
    glDrawBuffer(GL_BACK);
    glEnable(GL_COLOR_MATERIAL);
    glEnable(GL_DITHER);
    glShadeModel(GL_SMOOTH);
    glEnable(GL_DEPTH_TEST);  // 深度测试
    glFrontFace(GL_CW);
    glPolygonMode(GL_FRONT_AND_BACK,GL_FILL);

    glViewport(m_viewport[0],m_viewport[1],m_viewport[2],m_viewport[3]);
    glMatrixMode(GL_PROJECTION);
    glLoadIdentity();
    int w= m_viewport[2],h= m_viewport[3];
    if(w==0)    w=1;
    if(h==0)    h=1;
    gluPerspective(45.0,(double)w/(double)h,0.01,1000.0);
```

```
glMatrixMode(GL_MODELVIEW);
glLoadIdentity();
wglUseFontBitmaps(wglGetCurrentDC(),0,256,1000);
glListBase(1000);
glColor3ub(255,0,0);
glRasterPos3f(-20.0f,35.0f,-100.0f); // 文字的三维位置
char info[] = "Three-dimensional visualization by OpenGL.";
glCallLists(strlen(info),GL_UNSIGNED_BYTE,info);

gluLookAt(m_eyePosition[0],m_eyePosition[1],m_eyePosition[2],
    m_eyeCenter[0],m_eyeCenter[1],m_eyeCenter[2],
    m_eyeUpdirection[0],m_eyeUpdirection[1],m_eyeUpdirection[2]);

// 绘制一个红色的平面
glPushMatrix();   // 压入堆栈
    glBegin(GL_POLYGON);
    glColor3ub(255,0,0);
    glVertex3d(-1.0,-1.0,-1.0);
    glVertex3d( 1.0, 1.0,-1.0);
    glVertex3d( 1.0, 1.0, 1.0);
    glVertex3d(-1.0,-1.0, 1.0);
    glEnd();
glPopMatrix();   // 弹出堆栈

// 绘制一个绿色的半透明平面
glBlendFunc(GL_SRC_ALPHA,GL_ONE_MINUS_SRC_ALPHA);
glEnable(GL_BLEND);
glPushMatrix();   // 压入堆栈
    glColor4ub(0,255,0,125);   // 最后一个分量 alpha 表示透明度
    glBegin(GL_POLYGON);
    glVertex3d(-1.0, 1.0,-1.0);
    glVertex3d( 1.0,-1.0,-1.0);
    glVertex3d( 1.0,-1.0, 1.0);
    glVertex3d(-1.0, 1.0, 1.0);
    glEnd();
glPopMatrix();   // 弹出堆栈
glDisable(GL_BLEND);
```

```cpp
// 绘制一个带纹理的平面
glEnable(GL_TEXTURE_2D);
glPushMatrix();    // 压入堆栈
    glBegin(GL_POLYGON);
    glTexCoord2f(0.0,0.0);
    glVertex3d(-2.0,  2.0,0.0);
    glTexCoord2f(1.0,0.0);
    glVertex3d(-2.0,-2.0,0.0);
    glTexCoord2f(1.0,1.0);
    glVertex3d( 2.0,-2.0,  0.0);
    glTexCoord2f(0.0,1.0);
    glVertex3d( 2.0, 2.0,  0.0);
    glEnd();
glPopMatrix();    // 弹出堆栈
glDisable(GL_TEXTURE_2D);

// 绘制一个茶壶
glPushMatrix();    // 压入堆栈
    glTranslatef(0.0,0.0,2.0);
    glRotatef(90.0,1.0,0.0,0.0);
    glColor3ub(0,0,255);
    auxSolidTeapot(0.5);
glPopMatrix();    // 弹出堆栈

// 绘制文字
wglUseFontBitmaps(wglGetCurrentDC(),0,256,1000);
glListBase(1000);
glRasterPos3f(1.0f,1.0f,1.0f); // 文字的三维位置
glCallLists(34,GL_UNSIGNED_BYTE,"This is an example of OpenGL text.");

glFlush();    // 执行
SwapBuffers(m_pDC -> GetSafeHdc());// 把后台的绘制交换到前台显示
}
// CExOpenGLView 消息处理程序

int CExOpenGLView::OnCreate(LPCREATESTRUCT lpCreateStruct)
{
    if(CView::OnCreate(lpCreateStruct)==-1)
        return -1;
```

```
    m_pDC = new CClientDC(this);
    if(! m_pDC) return 0;

    initializeRC();        // 初始化 RC
    loadTextureImage();    // 导入纹理图片,以进行纹理贴图

    // 初始化其他参数
    m_eyePosition[0]= -8.0,   m_eyePosition[1]= 0.0,   m_eyePosition[2]= 4.0;
    m_eyeCenter[0]= -0.0,    m_eyeCenter[1]= 0.0,     m_eyeCenter[2]= 0.0;
    m_eyeUpdirection[0]= 0.0, m_eyeUpdirection[1]= 0.0, m_eyeUpdirection[2]= 1.0;
    m_viewport[0]= 0, m_viewport[1]= 0, m_viewport[2]= 100, m_viewport[3]= 100;

    return 0;
}

void CExOpenGLView::OnDestroy()
{
    CView::OnDestroy();

    destroyRC();    // 删除 RC
    if(m_pDC) delete m_pDC;
}

BOOL CExOpenGLView::OnEraseBkgnd(CDC* pDC)
{
    return TRUE;
}

void CExOpenGLView::OnSize(UINT nType, int cx, int cy)
{
    CView::OnSize(nType, cx, cy);
    m_viewport[2] = cx, m_viewport[3] = cy;
}

// CExOpenGLView 绘制

void CExOpenGLView::OnDraw(CDC* /* pDC*/)
{
```

```
        CExOpenGLDoc*  pDoc = GetDocument();
        ASSERT_VALID(pDoc);
        if(! pDoc)
            return;
        displayScene();    //绘制三维场景
}

void CExOpenGLView::OnKeyDown(UINT nChar,UINT nRepCnt,UINT nFlags)
{
        switch(nChar)
        {
        case VK_LEFT:    //按下左箭头,视图向左旋转10度
            {
                double dSin = - sin(10.0* PI/180.0),dCos = cos(10.0* PI/180.0);
                double dE[3] = {(m_eyePosition[0] - m_eyeCenter[0]),
                                (m_eyePosition[1]- m_eyeCenter[1]),
                                (m_eyePosition[2]- m_eyeCenter[2])};
                m_eyePosition[0] = m_eyeCenter[0]+(dE[0]* dCos + dE[1]* dSin);
                m_eyePosition[1] = m_eyeCenter[1] +(- dE[0]* dSin + dE[1]* dCos);
                Invalidate(FALSE);
            }
            break;
        case VK_RIGHT:    //按下右箭头,视图向右旋转10度
            {
                double dSin = sin(10.0* PI/180.0),dCos = cos(10.0* PI/180.0);
                double dE[3] = {(m_eyePosition[0]- m_eyeCenter[0]),
                    (m_eyePosition[1]- m_eyeCenter[1]),
                    (m_eyePosition[2]- m_eyeCenter[2])};
                m_eyePosition[0] = m_eyeCenter[0] + (dE[0]* dCos +dE[1]* dSin);
                m_eyePosition[1] = m_eyeCenter[1] + (- dE[0]* dSin +dE[1]* dCos);
                Invalidate(FALSE);
            }
            break;
        default:;
        }
        CView::OnKeyDown(nChar,nRepCnt,nFlags);
}
```

其可视化效果如图7-5所示。该例子演示了OpenGL基本的几何图形、文字等绘制以及纹理贴图、视图旋转操作等。

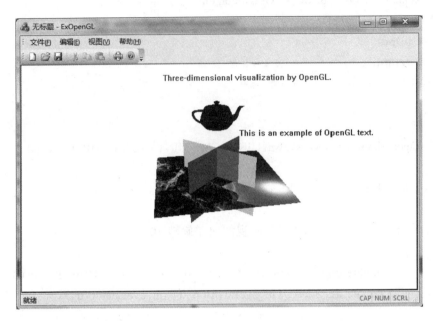

图 7-5 基于 OpenGL 的三维可视化图形系统示例

第二节 Direct3D 技术

Direct3D 是 DirectX 的一个重要组件,是微软 Windows 平台上的主要三维图形和多媒体开发工具。Direct3D 用与设备无关的方法完成对视频加速硬件的访问。立即模式和保留模式是 Direct3D 的两种使用方式。对于与加速硬件通信的 3D 应用程序的开发来说,立即模式是一种与设备无关的方法。立即模式对场景的管理是基于顶点、多边形和控制它们的命令的,它允许直接访问变换、光照和光栅化等三维图形流水线。如果硬件不提供三维渲染功能,Direct3D 则通过软件仿真功能来完成。它是 3D 应用程序开发工具,在应用程序与硬件之间尽可能达到高性能的必选模式。本节的内容只针对立即模式。

一、Direct3D 立即模式的层次结构

Direct3D 不管采用保留模式还是立即模式,它们与图形硬件的通信模式相类似。在与 HAL(硬件抽象层)交互之前,软件仿真硬件功能的选用是由用户程序所决定的。由于 DirectDraw 表面上是用作渲染和 Z 缓冲的,Direct3D 实质上是 DirectDraw 对象的接口,所以 HAL 被称为 Direct3D/DirectDraw HAL。Direct3D 立即模式的层次结构如图 7-6 所示。

二、对 Direct3D 接口的访问

以 DirectX 7.0 为例,Direct3D 的 API 主要由 IDirect3D7、IDirect3Ddevice7 和 IDirect3Dvertex

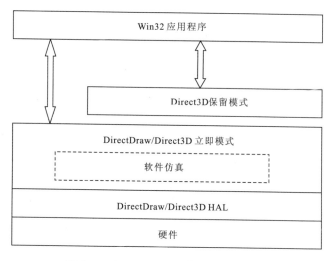

图 7-6　Direct3D 立即模式的层次结构

Buffer7 三个 COM 接口组成。其中 IDirect3D7 是用于获得其他接口的根接口。虽然 lDirect3D7 接口的命名类似于其他的前辈,支持并拓展了 DrawPrimitive 机制,但是并不支持传统的接口。它与前辈有一个显著的区别,就是没有创建光照、材质和视口对象的方法,而是把它们放入 IDirect3Ddevice7 接口所采用的方法中,这种方法把光照、材质和视口作为设备内部结构的一部分,而不作为独立的对象。

在 C++中编写 Direct3D 应用程序时,首先调用 DirectDrawCreateEx 创建一个 DirectDraw 的设备(图 7-7),此时才有支持 Direct3D7 的能力(如果用 DirectDrawCreate 函数创建 DirectDraw 对象并不支持 Direct3D7),然后用 IUnknown::QueryInterface 方法得到 IDirect3D7 接口的指针。

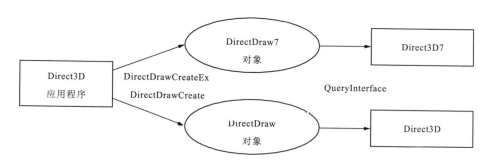

图 7-7　Direct3D 应用程序对接口的访问

三、Direct3D 设备

Direct3D 设备是 Direct3D 的渲染组件,它封装并存储了渲染状态。从层次结构上看,Direct3D 由三个模块组成:变换模块、光照模块和光栅化模块,它目前支持四种类型的设备:

HAL设备、有加速变换和光照支持的设备HAL、软件仿真的RGB设备和基准光栅化处理器。前两种设备用于运行应用程序,最后一种用于支持性能测试。

一个应用程序必须与其所运行的硬件的能力相对应,Direct3D的渲染能力是通过3D硬件或者软件仿真硬件来实现的。硬件加速比软件仿真更为有效,应用程序的目标应定位在硬件加速之上,但对于低档机不得不使用软件仿真。

1. 设备接口

Direct3D中的设备有四个COM接口:IDirect3DDevice、IDirect3DDevice2、IDirect3DDevice3和IDirect3DDevice7。C++程序只有通过这些设备接口才能操纵和使用Direct3DDevice对象的渲染状态和光照状态。在以上的四个接口中,前三个接口由一个老的设备对象来展现,后一个接口由一个新的设备对象来展现。新的设备对象具有优化的性能,但并不能向后兼容。所以,新老设备对象之间不能相互穿越接口的边界。以前那种采用向后兼容的缓冲编程技术在新的接口设备对象中已不再存在,但是采用了简单的DrawPrimitive模型,极大地简化了渲染场景所需要的代码。DrawPrimitive渲染方法适用于IDirect3DDevice接口以后的所有接口,DirectX7.0中的Direct3D立即模式引入了IDirect3DDevice7接口,该接口提供了极大的简易性和硬件加速。

IDirect3DDevice2和IDirect3DDevice3接口实现了一种设备对象模型,在这种模型中,Direct3DDevice对象已经从DirectDraw表面分离出来,像光照、材质和视口在概念上都可以与一个或更多的渲染场景设备相关联。因为设备从DirectDraw表面中分离出来,所以Direct3D设备对象可以使用更多的DirectDraw表面作为渲染。

Direct3D设备是一个状态机,应用程序设置光照、渲染和变换模块,然后在渲染期间通过Direct3D设备传送数据。对于光栅化模块的控制是通过设备渲染状态来实现的,如使用什么类型的明暗处理方法、雾化的特征和其他光栅化处理器的操作等。渲染状态大约包括当前纹理、防锯齿状态、纹理寻址状态、纹理包装状态、纹理边沿、纹理透视状态和纹理过滤状态等。

2. 设备的使用

设备的使用包括四个步骤:选择Direct3D设备、创建Direct3D设备、设置变换和渲染。

(1)选择Direct3D设备:应用程序可以查询硬件,检测它所支持的Direct3D设备的信息和类型。在C++中,对于每个系统所安装的Direct3D设备,Direct3D要调用D3DenumDeviceCallback7函数选择一个合适的设备。具体选择的算法为:首先禁止与当前显示深度不匹配的设备和不能做GOURAUD明暗三角形的设备,然后发现一个硬件设备符合上面两点则使用它。需要注意的是,在调试模式下不能使用这个硬件设备。

(2)创建Direct3D设备:由一个Direct3D对象所创建的所有渲染设备都共享相同的硬件资源。为了在C++应用程序中创建一个Direct3D设备,应用程序必须首先通过调用DirectDrawCreateEx函数创建一个DirectDraw对象,并获得IDirect3D7接口的一个指针。然后调用IDirect3D7::CreateDevice方法来创建一个Direct3D设备,通过这个方法将IDirect3DDevice7接口的指针传送给应用程序。

一些流行的硬件设备要求渲染目标和深度缓存表面要有同样的深度。在这样的硬件上,应用程序使用8位、16位和32位渲染目标表面,则附属的深度缓存对应的分别为模板缓冲、

16 位和 32 位的深度缓存。对于有这种要求的硬件，应用程序就会失败，在这种情况下，可以使用 DirectDraw 的方法 IDirectDraw7::GetDeviceIdentifier 来跟踪。

（3）设置变换：在 C++ 中使用 IDirect3Ddevice7::SetTransform 方法来变换。此方法有两个参数，其中第一个参数有三种可能的设置：D3DTRANSFORMSTATE_WORLD、D3DTRANSFORMSTATE_VIEW 和 D3DTRANSFORMSTATE_PROJECTION。

（4）渲染：在应用程序中渲染一个三维场景的方法是使用 DrawPrimitive 渲染技术，其核心步骤包括顶点分组、开始和结束一个场景、清楚表面、渲染图元、渲染状态等。

第三节　OpenSceneGraph

OSG（OpenSceneGraph）是一个开源的场景图形管理开发库，主要为图形图像应用程序的开发提供场景管理和图形渲染优化功能。它使用可移植的 ANSI C++编写，并使用已成为工业标准的 OpenGL 底层渲染 API。因此，OSG 具备跨平台性，可以运行在 Windows、Mac OS X、大多数类型的 UNIX、Linux 操作系统以及 iOS 和 Android 等上。在 OSG 中，大部分的操作可以独立于本地 GUI，但是 OSG 也包含了针对某些视窗系统特有功能的支持代码，这主要是源于 OpenGL 本身的特性。OSG 是公开源代码的，它的用户许可方式为修改过的 GNU 宽通用公共许可证（GNU Lesser General Public License，LGPL）。

一、OpenSceneGraph 的历史和发展

在 1998 年，受雇于 Silicon Graphics（SGI）的软件设计顾问 Don Burns 与受雇于 Midland Valley Exploration 的 Robert Osfield 开始合作，对仿真软件进行改善。Robert 倡导开源，并提议将 SG 作为独立的开源场景图形项目继续开发，由自己担任项目主导。项目的名称改为 OpenSceneGraph，当时共有九人加入了 OSG 的用户邮件列表。

2000 年底，Brede Johansen 为 OpenSceneGraph 作出了第一份贡献，即添加了 OSG 的 OpenFlight 模块。同样在 2000 年，Robert 离开了原来的工作单位，作为 OpenSceneGraph 的专业服务商开始全职进行 OSG 的开发工作。在这段时间，他设计并实现了今天的 OSG 所使用的许多核心功能，并且是在完全没有客户和薪酬的情况下完成的。Don 到了 Keyhole 数字地图公司（现在是 Google 的 Google Earth 部门），于 2001 年辞职，他也组建了自己的公司——Andes Computer Engineering，位于加利福尼亚州，公司成立后继续进行 OSG 的开发工作。

随着这几年开源的不断发展，OSG 的模块和第三方附加库不断完善，OSG 已具备对高性能渲染、海量地形数据库、地理信息及多通道等的支持。

2008 年初成立了 OsgChina——OSG 中国官方网（http://www.OsgChina.org），作为国内目前最大的专注于 OpenSceneGraph（OSG）发展和研究的网站和论坛，以及 OSG 英文官方站点（http://www.openscenegraph.org）的唯一中文镜像站，一直致力于为国内 OSG 爱好者和开发者们提供一个交流和相互学习的无障碍平台，并且不断地收集、整理、归纳、创新，形成了愈加完备的 OSG 学习者资源集散中心，有数以千计的注册会员作为坚实后盾。

OsgChina 日常工作人员由国内资深开发者 FreeSouth、FlySky、Array 和 Hesicong 等组成,他们为 OSG 在中国发展提供强大的技术支持。同时,OsgChina 将举办定期或不定期的 OSG 相关会议和研讨活动,邀请国内外的开发者和企业代表参加,与会者可以在会上展出自己的作品,宣传自己的品牌和理念。OsgChina 还向与会者提供工作和进修机会,并开展各种专题讲座和学习会活动(http://bbs.OsgChina.org)。

二、OSG 组成模块

通过前面的介绍已经了解,OpenSceneGraph 及其扩展位于系统的 API 一级,即系统的底层绘图硬件和相应的软件驱动程序之上封装了 OpenGL,并对其余的底层图形显示方式予以支持,利用 OpenSceneGraph 可以轻松地开发其上层的应用程序。OSG 的层次结构如图 7-8 所示。

OSG 主要包括四个库,下面分别进行介绍。

1. OSG 核心库(Core Library)

核心库是 OSG 的核心,也是其存在且不断得到发展的根本原因。它的主要功能就是实现最核心的场景数据库的组织和管理、对场景图形的操作以及为外部数据库的导入提供接口等。它主要包括以下四个库。

(1)osg 库:基本数据类,负责提供基本场景图类,构建场景图形节点,如节点类、状态类、绘制类、向量和矩阵数学计算以及一般的数据类。同时,它包含一些程序所需要的特定功能类,如命令行解析和错误调试信息等。

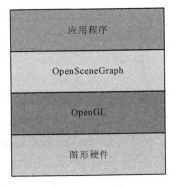

图 7-8　OSG 的层次结构

(2)osgUtil 库:工具类库,提供通用的公用类,用于操作场景图形及内容,如更新、裁剪、遍历、数据统计及场景图的一些优化。

(3)osgDB 库:数据的读写库,负责提供场景中数据的读写工作,提供了一个文件工具类。注意,OSG 中场景图管理是通过遍历场景图层次结构来完成大部分的数据处理工作的。

(4)osgViewer 库:是在 OSG 2.0 后逐步发展稳定的一个视窗管理库,可以集中各种窗体系统,提供 OSG 与各种 GUI 的组合。因此,它是跨平台的 3D 管理窗口库。

2. OSG 工具库(NodeKit)

OSG 工具库主要是对 OSG 核心库中 osg 库的扩充,是对 OSG 核心库的一个补充,它实现了一些特定的功能。它主要包括以下六个库。

(1)osgFX 库:特殊效果节点工具,用于渲染特效节点,包括异性光照特效(osgFX::Anisotropic Lighting)、凹凸贴图特效(osgFX::BumpMapping)、卡通渲染特效(osgFX::Cartoon)、刻线特效(osgFX::Scribe)和立方图镜面高光特效(osgFX::SpecularHighlights)等。

(2)osgParticle 库:粒子系统的节点工具,用于模拟各种天气或者自然现象效果,如雨效、雪效和爆炸模拟等。

(3)osgSim 库:虚拟仿真效果的节点工具,用于特殊渲染,如地形高程图、光点节点和

DOF 变换节点等。

（4）osgTerrain 库：生成地形数据的节点工具，用于渲染高程数据，如 TIF、IMAGE 和 DEM 等各种高程数据格式。注意，OSG 通过一个开源库 GDAL 读取这些高程数据。

（5）osgText 库：文字节点工具，用于向场景中添加文字信息，它完全支持 TrueType 字体。

（6）osgShadow 库：阴影节点工具，用于向场景中添加实时阴影，提高场景渲染的真实性。

3. OSG 插件库

OSG 插件库是 OSG 的一个非常重要的特点。通过各种第三方库的支持，OSG 能够直接或间接地导入 3D 模型或图片等场景数据，可以省去大量绘制图形的工作，从而极大地方便开发者。具体支持的各种数据格式可参见第五章。

4. OSG 内省库（osgIntrospection）

OSG 内省库提供了一个与语言无关的运行程序接口，确保了 OSG 可以在更多的环境下运行。osgIntrospection 库允许软件系统使用反射式和自省式的编程范例与 OSG 交互。应用程序和软件可以使用 osgIntrospection 库和方法迭代 OSG 的类型、枚举量和方法，并且不需要了解 OSG 编译和链接时的过程，即可调用这些方法。Smalltalk 和 Objective-C 等语言包括了内建的反射式和自省式支持，但是 C++ 的开发者通常无法运用这些特性，因为 C++ 并未保留必要的元数（Metadata）。为了弥补 C++ 的这一不足，OSG 提供了一系列自动生成的、从 OSG 源代码创建的封装库。用户程序不需要与 OSG 的封装直接交互，它们将由 osgIntrospection 整体进行管理。由于 osgIntrospection 及其封装的结果，许多的语言如 Java、TCL、Lua 和 Python，都可以与 OSG 进行交互。

综上所述，OSG 的组成模块如图 7-9 所示。

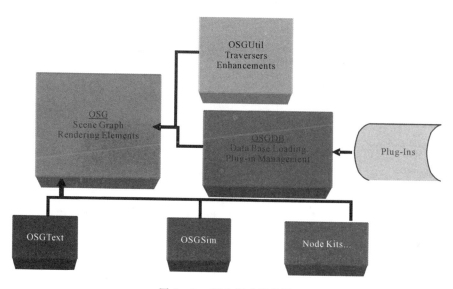

图 7-9 OSG 组成模块图

三、OSG 的获取与安装

下面首先向读者介绍一些 OSG 安装及编译的知识,这些也是开源引擎使用的基本技法。在以后的开发过程中,读者可能会用到很多其他的基于 OSG 开发的开源引擎,这些基本技法可以帮助读者学习、提高,同时它将贯彻读者学习的整个过程。

OpenSceneGraph 源代码的获取方式比较简单,只需要读者打开 IE 浏览器,在地址栏输入"http://www.openscenegraph.org",然后单击 Downloads 下的 Current Release(最新稳定版本)或者 Developer Releases(开发版)超链接,在打开的网页中单击相应的超链接进行下载即可。如果读者机器上没有浏览器或者读者懒得上网找的话,需要下载一个迁出源文件的工具 tortoisewin32svn.exe,正确且完全安装以后,新建一个空的文件夹,右击,在弹出的快捷菜单中选择 SVN CheckOut 命令(这样签出的源代码可以保持随时更新),打开 Checkout 对话框,在 URL of repository 下拉列表框中输入 SVN 地址"http://www.openscenegraph.org/svn/osg/OpenSceneGraph/tags/OpenSceneGraph-2.7.4",然后单击 OK 按钮,读者将立刻得到 OSG 的最新源文件。

获取了源代码以后,还有一项非常艰巨的工程,即编译 OSG。对于 OSG 初学者来说,编译 OSG 是一件比较痛苦的事情,具体参考网站上 OSG 编译资料。OSG 的安装比较简单。OSG 中国官方网站(http://www.OsgChina.org)会在官方发布最新的 OSG 稳定版本后第一时间制作一个安装包,该安装包含有 OSG 常用的插件库(基于 VS2005SP1 或者 VS2008,详细的信息见安装包说明)。下载完毕后,读者可以直接进行安装,安装完毕后,在 cmd 中输入如下命令:

osgVersion   //显示当前版本信息
OpenSceneGraph Library 2.6.0   //输出信息

然后输入"osglogo",会出现如图 7-10 所示的渲染效果,表示安装成功。

图 7-10 osglogo 运行截图

第四节 Java3D 技术

Java 语言是美国著名的计算机公司 Sun 开发的计算机语言,问世于 1995 年,自从 Java 问世以来,许多人利用它来编写各种计算机程序,尤其是与网络有关的应用程序。Java 的主要版本最初为 1.0,后来出现了 1.1,1998 年底 Sun 又推出了 1.2,Javal.2 习惯上又称 Java2。与前面版本的 Java 相比,Sim 公司不断地给 Java 增添新的功能,如多媒体功能(JMF)、3D 功能(Java3D)、硬件系统开发功能(JINI)等。

三维图形技术是随着计算机软、硬件技术的发展而变化的,其鼻祖是 SGI 公司推出的

OpenGL 三维图形库。Java3D 是在 OpenGL 的基础上发展起来的,可以说是 Java 语言在三维图形领域的扩展,其实质是一组 API,即应用程序接口。

Java3D 现在有两个版本:①针对 SGI 公司的 OpenGL 图形库的 OpenGL 版本:Java 3D1-1-win32-opengl-jdk.exe;②针对微软公司的 Direct3D 图形库的 DirectX 版本。

应用 Java3D 编制程序,仅按照面向对象的思想,在程序的合适位置摆放相应的对象,就可以快速地编写出三维多媒体应用程序。

一、Java3D 中的类

Java3D 是在 OpenGL 的三维图形库及 VRML 的基础上开发出来的一个 API 集,里面包含了几乎所有编写 Java 交互式三维应用程序所需的最基本的类和接口。主要存放在程序包 javax.media.j3d 中,是 Java3D 的核心类。另外还提供一个有助于快速编程的应用类型的包(utility 包)com.sim.j3d.utils,主要是能大大地提高程序的编写效率。除了核心类和 Utility 包之外,还有 java.awt 和 javax.vecmath,分别用于定义显示用的窗口和矢量计算处理。

Java3D 的类根据作用可分为 Node 和 NodeComponent。而 Node 又分为 Group 及 Leaf 两个子类。Group 类用于将形体按照一定的组合方式组合到一起;Leaf 类包含 Light、Sound、Background、Shape3D、Appearance、Texture 及其属性等内容,还包括 ViewPlatform、Sensor、Behavior、Morph、Link 等,类似于 VRML 中的节点,是 Java3D 场景中的重要组成部分;NodeComponent 类用来表示 Node 的属性,它并不是 Java 场景图的组成部分,而是被 Java 场景图所引用来修饰某些 Leaf 类对象。

二、Java3D 的场景图结构

Java3D 的数据结构和 OpenGL 的数据结构一样,采用的是场景图的数据结构,但 Java3D 继承了 Java 语言的特点。Java3D 的场景图是 DAG(Directed-Acyclic Graph),其特点是具有方向的不对称性。Java3D 的场景图(图 7-11)由 Java3D 的运行环境直接转变成具有三维显示效果的显示内存数据,从而在计算机上显示出三维效果,显示内存中不断接收 Java3D 的运行最新结果,从而产生三维动画。

在 Java3D 的场景图中,最底层是 VirtualUniverse 节点,每个场景图只能有一个这样的节点;而其上的 Local 节点可以有多个,但只有一个是当前被显示的节点;每个 Local 节点上可以有 BranchGroup 或 DirectionalLight 或 BackGround 或 View 节点中的一个或若干个;在建立了形体(Shap)和它的外观和几何信息之后,可以将之摆放在节点 TransformGroup 上;如果要摆放在坐标原点上,则可将形体直接摆放在 BranchGroup 节点之上。这样,就建造起了一个比较完整的三维场景图。

三、Java3D 程序的组织和构建

Java3D 完整程序由三个主要部分组成。
(1)内容分支部分:即为拥有三维物体、背景、声音和灯光内容的分支。所有的内容都摆放

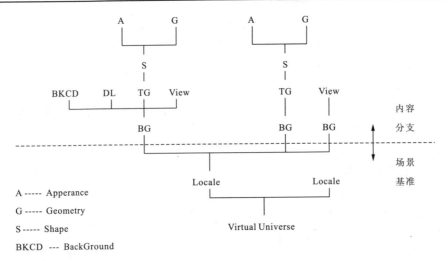

图 7-11 Java3D 的场景图结构

在一个 BranchGroup 的对象里。一般情况下，三维形体要摆放在空间的某一位置，所以需要在 BranchGroup 里面生成一个 TransformGroup 对象用于坐标变换，此时要将形体、材质和相关的其他对象放在 TransformGroup 对象中作为 TransformGroup 对象的组成部分。此外，在 BranchGroup 对象里还需放置与背景和灯光有关的对象。最后将内容分支中的内容组装在一起，形成场景类的一个方法。

内容分支的建造非常灵活，场景的不同主要是内容分支的差异。以下为一段生成场景的样本（可当作场景类的一个方法）。

```
public BranchGroup createScenceGraph | //构建内容分支部分的方法
BranchGroup objRoot = new BremchGroup();
TransformGroup objTrans = new TransformGroup();
BoundingSphere bounds = new BoundingSphere(new Point3d(0.,0.,0.),100.);
Color3f bgColor = new Color3f( 1.0f,1.0f,1.0f);
Backgroud bg = new Backgroud(bgColor);
Bg.setApplicationBounds(bounds); //设定声音的有效范围
objRoot.addChild(bg);
Color3f directionalColor = new Color3f( 1.f,1.f,1.f);
Vector3f vec = new Vector3f(0.f,0.f,- 1.f);
DirectionalLight directionalLight = new DirectionalLight(DirectionalColor,vec);
directionalLight.setInfluencingBounds(bounds); //设定灯光的有效范围
objRoot.addChild(directionalLight);
Appearance app = new Appearance(); //构造 CORE 的外表形态
Material material = new Material();
Material.setEmissiveColor(new Color3f(1.f,0.f,0.f ));
App.setMaterial(material);
Cone cone = new Cone(.5f,1.f,1,app);
```

ObjTrans.addChild(cone);
objRoot.addChild(objTrans);
ObjRoot.compile();
Return objRoot;
}

(2)场景基准部分：首先设置一个 BorderLayout，并将一个 Canvas3D 对象放置在 BorderLayout 的相应位置；然后利用 Canvas3D 对象生成一个 SimpleUniverse 对象，并利用 SimpleUniverse 对象的 GetViewingPlatform().setNominalViewingTransform()方法设置 SimpleUniverse 对象的观察点；最后利用 SimpleUniverse 对象的 addBranchGraph()方法，将(1)中方法生成的场景加入到 VirtualUniverse 中。

所有的 Java3D 应用程序的场景基准部分的构造方法是相同的或基本相同的。以下为一段样本程序(可当作场景类的一个方法)。

public SimpleConeO{ //构造场景基准部分的方法
    setLayout(new BorderLayout());
    Canvas3D c = new Canvas3D(null);
    add("Center",c);
    BranchGroup scene = createSceneGroup(); //调用(1)中方法生成场景内容 Simple-Universe u = new SimpleUniverse(c); //创建 VirtualUniverse u.
    getViewingPlatform().setNorainalViewingTransform(); //设置视点
    u.addBranchGraph(scene);
}

(3)程序的启动部分：按照 Java 程序的结构，既可以将整个程序组成 applet 的形式，也可以将之组装成 application 的形式[此时需要 main()函数]，这根据应用需求而定。对于 Application 形式，其样本程序如下。

public static void main(String[] args){
    new MainFrame(new SimpleCone(),400,300);
}

总之，将以上前两部分或三部分当作一个类的方法，再加上若干个 import 语句部分，即可构成一个完整的 JavaApplet 程序或 JavaApplication 程序。

第五节　VRML 技术

虚拟现实造型语言 VRML(Virtual Reality Modeling Language)和超文本语言 HTML 是紧密相连的，是 HTML 在 3D 领域的模拟和扩展。由于 VRML 在 Internet 具有良好的模拟性和交互性，从而显示出强大的生命力。

VRML 是实现以上 VR 的最为理想的语言。就本质来说，VRML 为一种描述性的语言，其对场景的绘制工作完全由相应的浏览器或 Plug-in 来完成。也就是说，除了对场景用 VRML 语法进行精确地描述之外，VRML 浏览器或 Plug-in 插件的性能也直接影响着它所描述的场景的展示效果。由此可见，利用 VRML 的三维物体构造规则进行场景建模才是 VRML 技术使用的关键点和难点。

一、VRML 文件的基本结构

VRML 的文件特征是由 VRML 规范决定的，这种规范的最新版本为 VRML2.0（VRML97）。VRML 文件主要包括文件头、造型（定义节点和引用节点）、脚本和路由等部分，但不是每一个 VRML 文件都必须包括这些部分，只有文件头是每个 VRML 文件必须的部分。

1. VRML 文件头

位于文件的第一行，且为：
♯ VRML V2.0 uft8
说明该文件为符合 VRML2.0 规范和 UFT-8 字符集的 VRML 文件。

2. VRML 的节点

(1)节点的基本组成：节点是 VRML 的最基本组成部分，VRML 的主要内容是节点的定义和节点的层层嵌套。VRML2.0 的节点可分为九类：GroupingNodes、Sensors、Appearance、SpecialGroups、Geometry、Interpolators、CommonNodes、Geometryproperties、Bind-ableNodes。节点的基本组成如下：

节点的类型名{
　　域 1 域 1 的值
　　域 2 域 2 的值
　　……
}

节点中域有以下的特点：①无序性。即各域之间不分先后顺序。②可选性。即各个域都有自己的省缺值。

此外，域值是有类型的。在 VRML 中域值的类型包括 SFFBool、SFFloat/MF-Float、SFColor/MFColor、SFRotation/MFRotation、SFString/MFString、SFVec2f/MFVec2f、SFVec3f/MFVec3f、SFInt32/MFInt32、SFImage、SFTime、SFNode/MFNode。其中以 SF 开头的是单值类型，而以 MF 开头的是多值类型。

(2)节点的定义和引用：在 VRML 中可以为一个节点定义一个名称，然后在该文件的后续部分可以多次引用。这对需要创造多个造型的 VRML 特别有用。被定义的节点为原始节点，节点的域在原始节点中应已设定，在引用中这些域值不能修改。

3. 路由

路由(Route)的作用是将多个不同的节点绑定在一起，使场景具有动感和交互性。大多数的节点具有输出接口 EnentOut 和输入接口 EnentIn。且一些节点通常具有多个不同的输入和输出接口。EnentOut 和 EnentIn 也具有一定的数据类型。

路由绑定两个节点后，被绑定的两个节点一直处于休眠状态，直到被触发时事件可以从一个节点传递给另外一个节点。通过多个节点的绑定来创造复杂的路线,以便完成场景中更为复杂的交互。

另外,VRML 文件中包含有注释行,它是以♯开头的语句。VRML 浏览器会将注释行和空行一起忽略掉。

二、VRML 的基本功能

VRML 的基本功能主要是通过节点来实现的,这些功能节点如下。

(1)基本几何造型和外观控制节点:在 VRML 中提供的基本几何造型有长方形、圆柱体、圆锥体和球体,这些几何造型的外观通过专门的节点 Appearance 来控制,包括颜色和纹理等。几何造型节点和外观节点组成控制节点(Shape 节点)。可见由 Shape 节点就可以创建出虚拟世界中的单个几何造型,然后通过 Group 节点就可以将单个造型节点分组并结合在一起,这样可以将这些分组节点当作一个整体来进行操作。

(2)文本造型节点:通过 Text 节点指定的 Shape 节点的 Geometry 域,就可以创建出相应的三维文本造型。

(3)空间定位旋转和缩放节点:在 VRML 中通过坐标系的平移和旋转可以创建不同位上和方向上的空间坐标系,然后在新的坐标系中创建空间造型,这样就完成了对不同位上和方向上的几何造型的创建。这些功能由 Transform 节点来完成。

(4)空间背景节点:现实世界的空间会由于云等原因的影响而显示出不同的特点,在 VRML 中是通过 Background 节点来指定所需空间的背景的。

(5)大气效果节点:在 VRML 中通过 Fog 节点可以创造出现实世界中空间雾的颜色和浓淡效果。

(6)声音节点:在虚拟现实世界中,音乐分为背景音乐和动作音乐。背景音乐为环境音乐,动作音乐是伴随着各种动作而发出的声音。VRML 通过 AudioClip 节点和 Sound 节点将声音文件 MIDI 和 MAV 引入虚拟世界中。

(7)光源节点和光照效果:现实世界中存在三种类型的光源(点光源、平行光源和聚光光源),在 VRML 中可以通过 PoimLight 节点、DirectionalLight 节点和 SpotLight 节点及其域值的设定分别加以实现。

(8)空间视点控制和浏览者控制节点:浏览者的空间视点和浏览者本身的控制是通过 Viewpoint 节点和 NavigationInfo 节点来实现的。Viewpoint 节点包括视点的空间位置、空间朝向和视野范围等;NavigationInfo 节点包含了浏览者在空间移动的各种参数。

(9)锚节点:在浏览器中 Anchor 编组节点所创建的各种窗口,就可以进入到相应的 URL 地址上打开新的网页。

(10)文件内联节点:在节点内可以嵌入其他的 VRML 文件。

(11)节点控制节点:在 VRML 中通过 Group 节点将一组相关的节点组合在一起,形成某个特定的空间场景,以便对其进行整体操作。此外,还有完成转换编组的 Switch 节点和完成布告牌编组的 Billboard 节点。

(12)高级造型和外观控制节点:在现实世界中物体的造型千变万化,有相当一部分造型无法用以上介绍的基本造型来完成。这些复杂造型在 VRML 中是通过 VRML 提供的高级造型方法来实现的。这些造型节点有点、线、面造型节点(PointSet、IndexedLineSet 和 IndexFace-Set)、海拔栅格造型节点(ElevationGrid)和挤压造型节点(Extrusion)。

高级外形控制主要包括表面纹理贴图控制、造型表面明暗控制和细节层次控制。

(13)传感节点和动画节点:在 VRML 中,传感节点(TimeSensor、PlaneSensor、TouchSensor、SphereSensor、CylinderSensor、VisibilitySensor、ProximitySensor 和 Collision)在内插节点(PositionInterpolator、ColorInterpolator、ScalarInterpolator、OrientationInterpolator、CoordinateInterpolator 和 Normal Interpolator)的配合下,完成动画和交互功能。

(14)脚本节点:虽然在 VRML 中可以通过传感节点和内插节点的配合使用来完成生动的空间效果。但是在 VRML 中,还存在着功能更为强大的空间控制节点——Script(脚本)节点。在 Script 节点中可以利用 Java 或者 JavaScript 语言编写的程序脚本来扩展 VRML 的功能。

VRML 通过以上的节点达到对场景及其景物的全面描述。然而,要完成对场景的显示还需 VRML 浏览器的支撑。有两种情况:一种是利用专门的浏览程序;另一种是在 Web 浏览器中增加 Plug-in,达到对包含 VRML 的超文本语言 HTML 文件的解释和展现。后一种情况的实质相当于为 VRML 设计了专门的"浏览器",以便扩展 Web 浏览器的三维功能。

三、VRML 的基本程序结构示例

下面为一段包含节点定义的简单 VRML 程序。从中可看出程序的基本结构。

```
# VRML V2.0 utf8 #   文件头
NavigationInfo{ # (节点)顶灯设置
     headlight TRUE
}
DEF myMaterial Material { # (节点)造型材质的定义
     diffuseColor 1 .5 0
     shininess .5
     specularColor 0 0 .5
}
Anchor { # (节点)打开新的网页,并浏览 nyfirst.wrl 中的内容
     url "myfirst.wrl"
     description "Reload this page"
     children{
          Shape {
               appearance Appearance {
                    material USE myMaterial
               }
               geometry Box { size .3 .3 .3}
          }
     }
}
```

四、VRML 的应用

VRML 采用了标准格式来描述三维环境,并嵌入到 Web 网页中,通过插件来提供包括变换视点、飞行、控制速度等功能,大大提高了用户与三维模型的交互性。现在常用的浏览器,如 Netscape 的 Communicator 和 Microsoft 的 IE 都有 VRML 浏览插件,可以直接浏览带有 VRML 的网页。

VRML 还可以在网页中对科学、社会数据进行三维可视化表达,可以使用户更直观地了解各种现象和变化,有利于科学数据的挖掘。王全科等使用 VRML 开发了三维动态交互地图可视化的原型系统,用于表达北京市在 20 世纪 90 年代的人口变化,在功能上实现了不同时间的三维动态显示和变化(王全科、刘岳,2001)。

以上介绍的几种三维编程工具语言都各有其特点,应用的领域也各不相同。

OpenGL 是 SGI 开发的三维图形库,是第一个在计算机领域广泛使用的三维函数库,广泛应用于三维应用程序的编制。由于它的设备无关性和在 UNIX、Windows 等不同操作系统间可以方便移植、易于使用等特点,大部分三维可视化软件都是基于 OpenGL 开发的,在高端的图形工作站大都采用这种技术。

Direct3D 是 Microsoft 公司开发的三维函数库,是 DirectX 多媒体编程环境的一个重要组成部分。它基于 Windows 操作系统的 COM 接口,利用微软公司在操作系统上的优势,Direct3D 在充分利用硬件资源,加快三维渲染速度方面具有很好的性能。大部分三维游戏都由 Direct3D 开发或同时支持 Direct3D 的硬件加速,在许多大型逼真的三维游戏软件的开发上,微软公司本身也出了不少精品,如帝国时代、地牢围攻等。

OSG (OpenSceneGraph)是一个开源的场景图形管理开发库,主要为图形图像应用程序的开发提供场景管理和图形渲染优化功能。其最大的特点就是开源及其跨平台性,伴随着开源的特点,目前功能模块逐渐丰富完善,涉及到各种专业渲染模块。

Java3D 结合了 Java 语言的优势,充分利用面向对象的思想,具有快速编写和跨平台的特点。

VRML 是一种模型描述语言,在网页中与 HTML 语言融合。它本身没有建立应用程序的能力,但它提供了一种在网络环境下描述三维场景的标准语言体系。VRML 由客户端安装的插件(Plug-in)来解释执行并建立三维场景,提供给 Internet 用户进行浏览、交互的功能。但由于受 Internet 传输带宽的影响,只能支持小规模数据的三维模型和比较简单的功能。

第六节　QuantyView 地质三维可视化平台

一、QuantyView 平台简介

QuantyView(原名 GeoView)是由中国地质大学(武汉)的武汉地大坤迪科技有限公司研发的具有完全自主版权的国产三维可视化地质信息系统软件平台,如图 7-12 所示。它建立

于基层单位（数据采集点）或主管部门，可以对各种地质数据进行收集、存储、管理、处理和使用的基础性和综合性技术系统。该系统采用行业或部门统一的数据模型、标准的代码体系，可以实现从野外数据采集到室内数据综合整理、平剖面图件编绘、真三维可视化分析，以及国土资源和工程地质条件综合预测评价、科学管理与决策、地下工程（包括地下管线）和资源开发设计，乃至成果的保存、管理使用和出版印刷等的全程计算机辅助化。

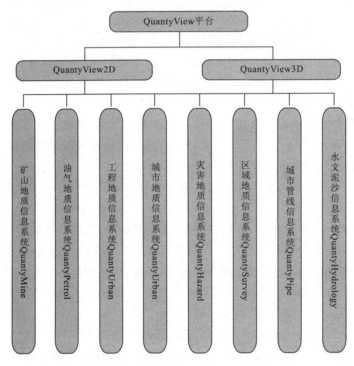

图 7-12　QuantyView 平台系统组成

基于 QuantyView 的地质三维可视化平台是一个以地质矿产点源信息系统理论框架为指导，致力于表达可视化、分析可视化、过程可视化、设计可视化、决策可视化的三维地质模型构建软件平台。该平台具有强劲的真三维图形数据和属性数据编辑模块；提供各种专业的可视化分析工具；可以分别利用钻孔、平硐、槽探、竖井、勘探剖面图和构造平面图等来生成三维数字地质体；所生成的三维地质体可以进行空间数据和属性数据的双重可视化查询和分析。以 QuantyView 地质三维可视化平台为基础的软件系列有广泛的用途，能实时、快速、动态地获取、管理和处理各种矿山开采、油气资源勘探、水利、水电、高速公路、铁路、隧道、桥梁、地铁、防空设施等地质勘查和设计施工信息，可用于资源评价、城乡建设、环境监测、地震区划、灾害防治和规划决策等领域。对于信息源所在处或基层勘查单位而言，它们是功能强劲的微型工作站；而对于国家的国土资源信息系统而言，它们是信息齐备的网络结点。

二、QuantyView 逻辑结构

勘查数据采集、勘查数据管理、勘查数据处理、勘查图件编绘和地矿资源预测评价五大功

能是一个完整的地质信息系统所必备的。根据结构-功能一致性准则,地质信息系统是一个基于"多S"结合与集成的综合性技术系统。QuantyView地质三维可视化平台逻辑结构可分为内、中、外三层(图7-13)。内层为数据管理层,由下部的主题式对象-关系数据库子系统与上部的数据仓库组成,其职能是实现数据组织、存储、检索、转换、分析、综合、融合、传输和交叉访问;外层是技术方法层,包括各种硬、软件平台和空间分析技术、可视化技术、CAD技术、人工智能技术;中层是功能应用层,由下而上分为勘查数据综合整理、勘查图件编绘和资源预测评价三个层次,其职能是实现系统的全部功能处理和决策支持。

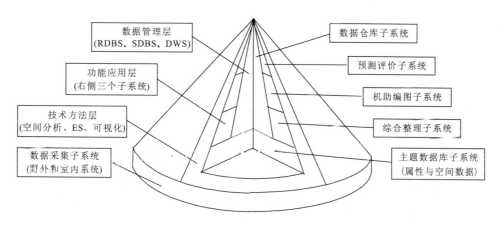

图7-13 以主题数据库为核心的QuantyView逻辑结构

数据采集子系统处于地矿点源信息系统的底层,是整个系统的基础,可实现野外与室内各种属性数据和空间数据的采集和入库。

主题式点源数据库子系统处于数据采集子系统之上,是整个地质信息系统的核心。该数据库子系统以数据管理为根本,各种功能处理软件都有共同的数据库基础——包含主题式点源属性数据库和主题式点源空间数据库,或者可实现属性数据与空间数据一体化存储的主题式点源对象-关系数据库。系统开发采用面向对象和专题关联的先进设计技术,实现数据模型与代码标准化,并且有强大的数据存储、管理和操作功能;具有信息齐备、功能齐备、安全高效、应用方便的特点,既能为各个功能应用层提供原始数据支持,也能为区域性和全国性地矿信息网络提供点源数据支持。

数据仓库(Data Warehouse,DW)子系统位于主题式点源数据库子系统的上方。其数据是面向各种应用主题进行组织的,能够在较高层次上完整、统一地刻画各个分析对象所涉及的数据及数据间的联系;能够从原有分散的数据库中抽取数据,并使数据一致化和综合化,进而形成可供资源分析、评价和决策专题应用的集成化数据。数据仓库还可以随时间变化不断增加新数据,删除旧数据以及重新形成综合数据。

地矿勘查的综合整理子系统处于点源数据库之上,又与数据仓库邻接,包括野外资料整理、专题资料汇总、日常数据处理、储量计算、多元统计分析和地质规律分析等次级子系统。这个子系统可以直接为地勘单位的日常生产管理和报告编写服务,也可以为地质规律、成矿规律及找矿勘探方法的研究服务。地质规律分析主要包括勘查区(研究区)的构造作用、岩浆作用、沉积作用、变质作用和成矿作用的规律分析,由于涉及参数多、关系复杂,通常采用人工专家系统和人工神经网络技术来实现。

地矿勘查图件机助编绘子系统处于本系统的第四层,包括地面地质、钻探、地球物理勘探、地球化学勘探和遥感等技术手段所形成的各种日常生产图件、解释图件和综合图件。地矿勘查和科研工作的成果大多以图件的方式来表达,这些图件的种类之多、数量之大、结构之复杂,也是一般地理信息系统所不能比拟的。完整的图件编绘子系统的设计和研究包括两大部分:图形的计算机辅助设计(CAD)和图件的计算机辅助出版(CAP)。

地矿资源预测评价子系统处于地质信息系统的最高层,包括矿产资源(数量、质量及赋存、分布状况)预测评价次级子系统,矿产资源(开发的地质、技术、经济、环境条件)综合评价次级子系统,以及水文地质、工程地质、环境地质、灾害地质等评价和预警次级子系统。该子系统的职能是为政府机构及勘查单位立项提供决策支持。预测评价可以采用静态的方式,通过经典数学、随机数学、模糊数学和灰色系统方式,以及人工专家系统和人工神经网络方式来实现;也可以采用动态的方式,通过地质成矿过程数学模拟(对于含油气盆地而言,有盆地模拟、油气成藏动力学模拟、油气勘探目标模拟等)和矿产资源勘查开发过程模拟的方法来实现。此外,还可以包括地矿资源勘查开发过程模拟——企业生产工艺过程、产品流通过程和企业发展过程模拟,即"企业过程"的模拟。

总之,QuantyView 地质三维可视化平台是一种信息齐备、功能完善的地质与矿产勘查(察)区点源信息系统,是一种在计算机硬、软件的支持下,高效率地对勘查数据进行收集、整理、存储、维护、检索、统计、分析、综合、显示、输出、发送和应用的综合性技术系统。

三、QuantyView 基本功能

QuantyView 地质三维可视化平台具有以下显著特点:①以强大的主题数据库为核心,技术方法与应用模型的层叠式复合,可以支持实现区域地质调查和地质矿产勘查数据处理全程计算机辅助化;②采用面向对象技术、数据仓库技术和网络技术,具有"多 S(DBS、GIS、RS、GPS、CADS 和 ES 等)"结合与集成特征,子系统间无缝连接,实现整体最优化设计,具有一系列功能强劲的应用模块和完善的二次开发工具;③采用行业或部门统一的数据模型、标准的代码体系、规范的图式图例、约定的处理方式和通用的软件接口,有较高的专业化特点;④匹配开发有三维动态模拟系统,实现对数字盆地、数字矿山、数字城市(地下部分)、数字煤田和水电工程等地质过程的真三维动态可视化模拟。主要功能点如下。

1. 专业的地质图件编绘处理

QuantyView 地质三维可视化平台是集地质图件、图形、图像、数据管理、空间分析、查询等功能于一体的,具有多"S"集成特征的地学信息处理基础软件(图 7-14)。它可以对多种地学影像进行分析处理,能进行矢量、栅格数据相互转换,多源数据的叠加显示和统一存储管理。其主要功能包括多源数据管理,地学图像处理,行业标准支持,空间信息与属性信息的一体矢量化输入,图形对象管理,内置数据库和后台数据库管理,投影变换,坐标系统转换,数据文件交换,空间拓扑关系自动与交互建立,空间分析,空间查询,专题图件编绘,符号制作管理,报表制作与图形图像的打印输出等。

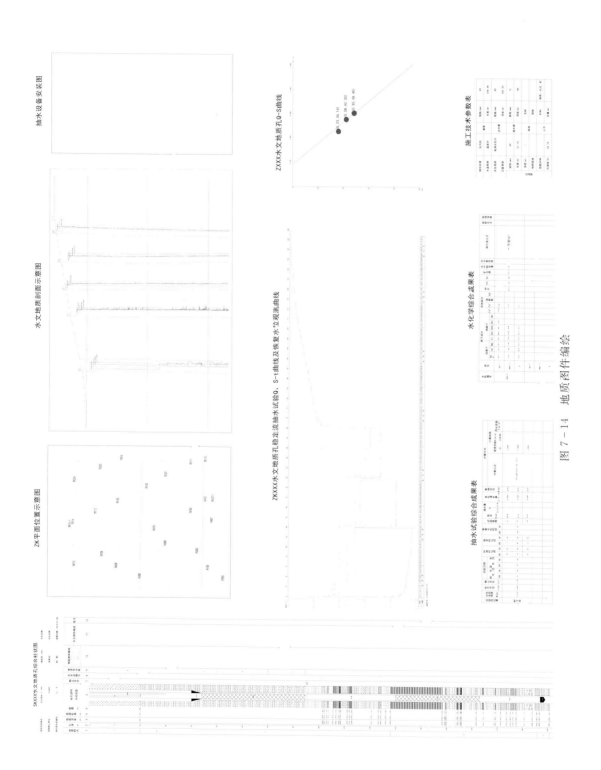

图 7-14 地质图件编绘

2. 支持断层等复杂地质结构的三维地质结构建模

QuantyView 三维地质建模功能非常强大,除了 DEM、地物等地表建模外,更突出的是能处理复杂构造地层格架的三维建模,包括正断层、逆断层的处理,断层的开启、闭合以及尖灭的表达,地层的不整合,单体结构不相似等。地质建模的难点就在于复杂地质现象的处理,QuantyView地质三维可视化平台的三维地质建模功能可有效地解决这个难题,支持复杂的地质体、地质结构、地质过程的三维可视化(图 7-15)。

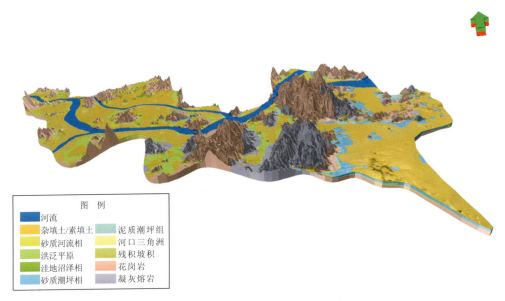

图 7-15 复杂地质体三维结构建模

3. 多细节层次的地质属性精细建模

QuantyView 地质三维可视化平台不仅提供各种方式的三维地质结构建模功能,还提供快捷的三维地质属性建模(如孔隙度、渗水率、品位等),能够多细节层次地展示非均质、非结构化的真实地质体,且支持各种复杂而专业的空间查询、量算、分析及应用(图 7-16)。

4. 逼真的三维可视化及交互编辑环境

QuantyView 地质三维可视化平台提供真三维的可视化及编辑环境(图 7-17)。在该环境里可以进行平移、旋转、各种视图显示、三维实体编辑等各种操作,具有生动逼真的三维可视化效果。支持路线漫游、定点漫游、键盘漫游等多种形式的可视化操作,支持三维地质体的虚拟现实展示。

5. 支持面向地质工作信息化的地质专业分析

QuantyView 地质三维可视化平台提供以地质体矢量剪切专利技术为核心基础的常用空间分析功能,易于扩展到专题的地质应用分析中。QuantyView 复杂地质体的矢量技术是高

第七章　地学三维可视化实现工具

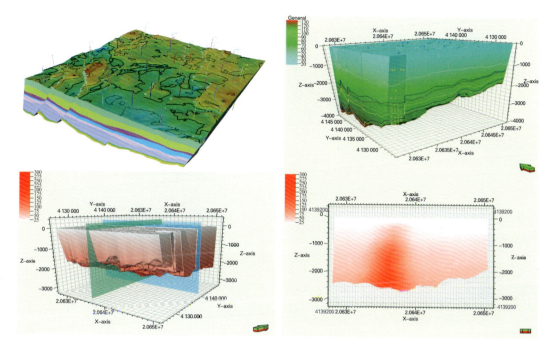

图 7-16　多细节层次的地质体属性建模

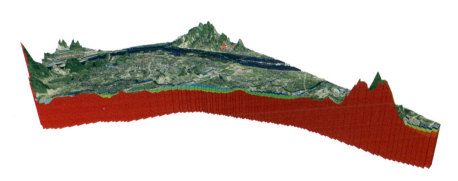

图 7-17　真三维可视化及交互编辑环境

效的地质三维空间分析的基础支撑功能,不仅能实现任意地质剖面剪切分析,也支持复杂洞室群的剪切分析(图 7-18)。

6. 支持三维地质网络化发展

QuantyView 地质三维可视化平台以提供三维控件的方式,支持 C/S 与 B/S 混合模式的网络化管理,实现远程对三维场景进行可视化浏览、查询和分析,以及远程信息发布等(图 7-19)。

空间度量

地形分析

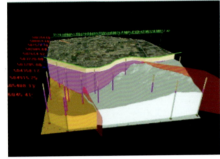
地质体分析

三维管线分析

图 7-18　地质空间分析

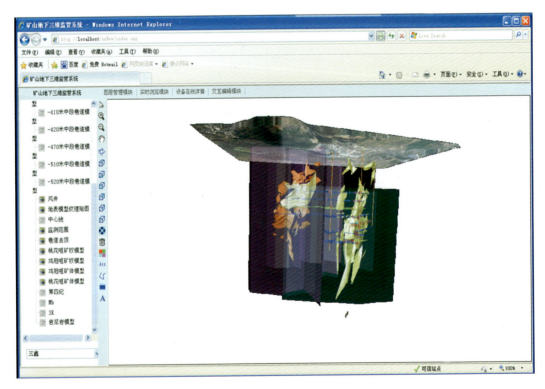

图 7-19　支持网络的地质三维可视化平台

四、QuantyView 二次开发

如图 7-20 所示,作为地质信息系统三维可视化软件平台,QuantyView3D 框架由九个相对独立又相互联系的模块组成。

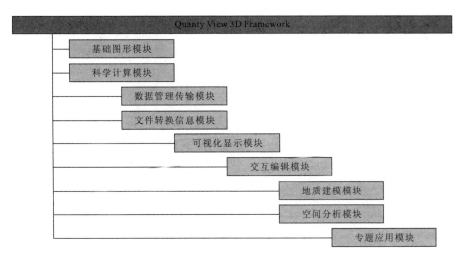

图 7-20　QuantyView3D 模块组成

(1)基本图形模块:是三维平台图形核心基础模块,实现基本图元以及图元组织和渲染等基本图形功能。

(2)科学计算模块:支持数据处理、空间分析、功能应用等基本的科学计算,主要是一些数学算法。它的数据结构以及开发尽量考虑跨平台、独立性。

(3)数据管理传输模块:利用点源数据库进行地质数据的存储、查询、调度等,C/S 及 B/S 模式的数据传输。

(4)文件转换信息模块:实现地质 3D 数据文件的标准化,以及与其他通用的同类软件之间的数据交换处理。

(5)可视化显示模块:为地质建模、交互编辑、空间分析、专题应用提供一个三维可视化的环境,要求快速、逼真、多形式。

(6)交互编辑模块:封装三维可视化平台的常用编辑功能,要求方便、快捷、人性化。

(7)地质建模模块:负责地表、地质体、地质工程建筑等的模型构建。

(8)空间分析模块:封装地质空间的常规分析方法。

(9)专题应用模块:总结地质信息化工作的项目成果,发展基于平台的专题应用产品。如矿山、地质调查、城市建设、地下管线、油气盆地、水文地质、工程地质、灾害地质等专题。

可以利用 Visual C++2010 开发工具,基于 QuantyView 提供的二次开发包(SDK)及其动态链接库,搭建专题应用软件,能够实现各专业的地学三维可视化系统。

在整体架构上,QuantyView3D 采用的是两线交叉模式,一方面从三维可视化环境角度分为"World – Project – Looker – Render"模式,另一方面从数据组织上分为"Project – Map –

Layer-3dObject"模式。其中,CGV3dWorld 类总管三维可视化环境;CGV3dProject 类负责三维数据对象的组织,它采用的是"Project-Map-Layer-Object"模式,即一个工程(Project)下有多个图幅(Map),一个图幅包含有多个图层(Layer),一个图层包含有多个图形对象(3dObject),图形对象主要是点(CGV3dPoint)、线(CGV3dPolyline)、面(CGV3dPolygon 与 CGV3dSurface)、体(CGV3dPolyhedron)等几种基本图元类,如图 7-21 所示。

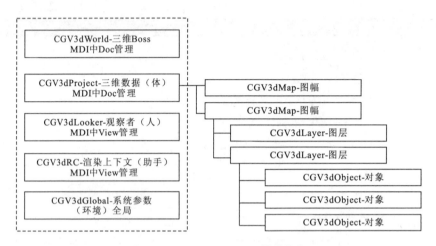

图 7-21　QuantyView3D 模块构架

QuantyView3D 的 SDK 包主要包括 build、include、lib、libd 四个文件夹,其中 build 文件夹主要是主框架或其他动态库的源码文件夹,include 是 QuantyView3D 平台二次开发用到的头文件,用户自定义的动态库的头文件也可统一放到该文件夹,lib 文件夹是 32 位 Release 版本的平台库,libd 文件夹是 32 位 Debug 版本的平台库。

一般的二次开发主要是程序员根据应用专题开发动态库或者应用程序 EXE,源码一般放在 build 文件夹中,导出库或者应用 EXE 一般放到 lib 或者 libd 中。下面以 32 位的 Debug 版的专题动态库和 EXE 的创建及配置为例,介绍 QuantyView3D 的二次开发基本过程。

1. 专题动态库创建及配置

以 MFC Extension Dll 为例,创建一个专题动态库,如"GV3dMine.dll",其工程名称为 GV3dMine,放在 build 下的 3DFrame 或者 ours 文件夹下。再设置好动态库属性页的一些配置参数,以下是一个参数设置示例。①"字符集"设置为"使用多字节字符集"(图 7-22)。②"输出路径"为"..\..\..\libd"(图 7-22)。③"中间文件路径"设置为"..\..\..\mid\x86d\\$(ProjectName)\"(图 7-22)。④"附加库目录"设置为"\$(OutDir)"(图 7-23)。⑤"附加依赖项"设为"mpr.lib;glut32.lib;GV3dModeling.lib;GV3dUser.lib;GV3dMath.lib;GV3dBase.lib;GV3dAlgorithms.lib;GV3dFileIO.lib;GV3dRes.lib;GV3dFrame.lib;Geoattribute.lib;geoado.lib;Image.lib;jpeg.lib;zlib.lib;j2k.lib;png.lib;jasper.lib;jbig.lib;spzip.lib;tiff.lib;MathLib.lib;ThirdlyLibrary.lib;AlgorithmsLib.lib;GdiPlus.lib;geobase.lib;MapProjections.lib;GeoObjBase.lib;GeoStruct.lib;GeoGeometry.lib;GeoBaseUI.lib"(图 7-24)。

第七章 地学三维可视化实现工具

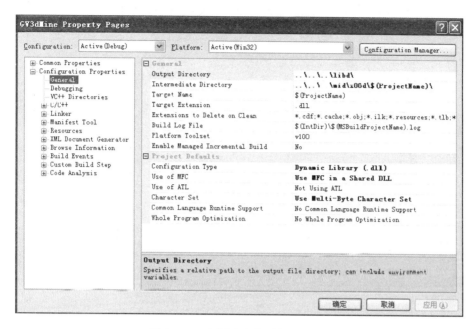

图 7-22 专题动态库属性配置(1)

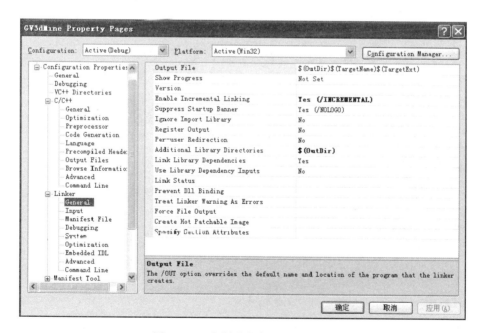

图 7-23 专题动态库属性配置(2)

在使用时,在头文件 stdafx.h 中或者实现文件的开头加上相应的包含文件即可,如图 7-25 所示。

至此,一个专题动态库已经创建完成了,下一步的工作就是基于 QuantyView3D 的 SDK

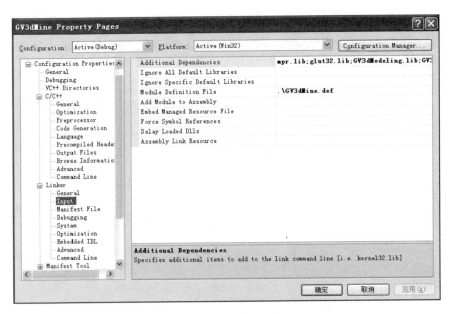

图 7-24　专题动态库属性配置（3）

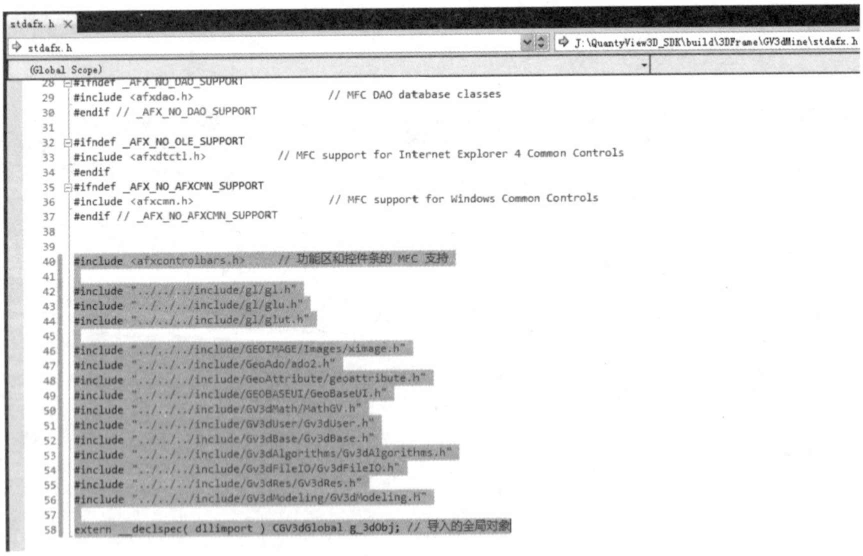

图 7-25　头文件的添加

开发包针对地质专题需求开发所属的功能接口了。

2. 专题 EXE 的创建及界面配置

以 MFC 应用程序 MDI 为例，创建一个专题 EXE，如"QuantySoft.exe"，其工程名称为 QuantySoft，放在 build 下的 3DFrame 或者 ours 文件夹下。再设置好应用程序属性页的一些配置参数，以下是一个参数设置示例。①"字符集"设置为"使用多字节字符集"（图 7-26）。②"输出路径"为"..\..\..\libd"（图 7-26）。③"中间文件路径"设置为"..\..\..\mid\x86d

第七章 地学三维可视化实现工具

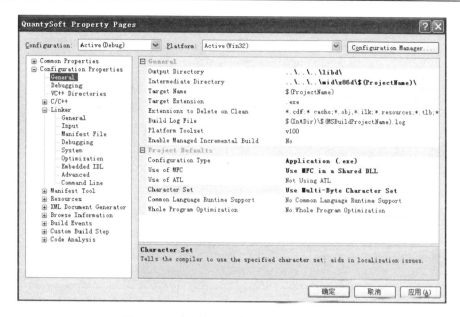

图 7-26 专题应用程序 EXE 属性配置(1)

\\$(ProjectName)\"(图 7-26)。④"附加库目录"设置为"\$(OutDir)"(图 7-27)。⑤"附加依赖项"设为"mpr. lib;glut32. lib;GV3dModeling. lib;GV3dUser. lib;GV3dMath. lib;GV3dBase. lib;GV3dAlgorithms. lib;GV3dFileIO. lib;GV3dRes. lib;GV3dFrame. lib;Geoattribute. lib;geoado. lib;Image. lib;jpeg. lib;zlib. lib;j2k. lib;png. lib;jasper. lib;jbig. lib;spzip. lib;tiff. lib;MathLib. lib;ThirdlyLibrary. lib;AlgorithmsLib. lib;GdiPlus. lib;geobase. lib;MapProjections. lib;GeoObjBase. lib;GeoStruct. lib;GeoGeometry. lib;GeoBaseUI. lib"(图 7-28)。

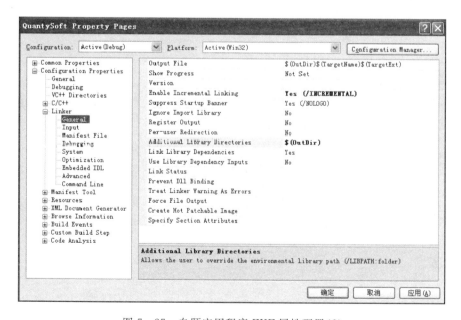

图 7-27 专题应用程序 EXE 属性配置(2)

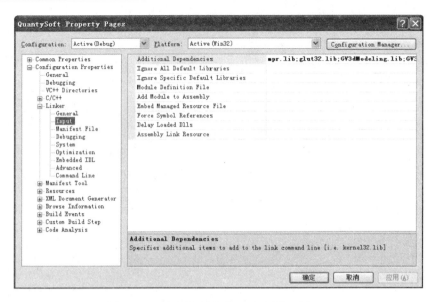

图 7-28 专题应用程序 EXE 属性配置(3)

在头文件 stdafx.h 中或者实现文件的开头加上相应的包含文件即可,如图 7-29 所示。

图 7-29 专题应用程序头文件的添加

至此,一个专题应用程序 EXE 已经创建完成了,下一步的工作就是基于 QuantyView3D 的 SDK 包针对地质专题需求开发所属的功能了。

思考题

1. 如何基于 QuantyView SDK 自己动手搭建一个专题软件框架,并能导入数据进行三维可视化展示?

第八章 地质过程的动态模拟

地质过程的动态模拟是近年来最为活跃的地质信息技术之一。这方面的内容难度较高，本书拟以在石油地质勘探领域中较为成熟的盆地模拟和油气成藏模拟为例，对在三维可视化环境下进行油气成藏过程的动态模拟的方法做一些简单介绍。

第一节 盆地模拟概述

广义的盆地模拟(Basin Modeling)是从盆地及石油地质演化的地球动力学机理出发，经由实体建模、功能建模到逻辑建模，再到物理建模并转化为相应的软件，然后在四维时空条件下由计算机定量地再现油气盆地的形成演化以及烃类的生成、运移和聚集过程。

从学科分类角度，可定名为"盆地数值模拟"；从软件工具角度，可定名为"盆地模拟系统"。这是当今世界石油地质科学领域内的一门新兴课题。

一、盆地模拟的任务和性质

石油地质家的任务是更快地以最少的资金投入找到更多更大的油气藏，并查明其数量、质量和赋存状态，为发展工业和经济提供能源保证。

石油和天然气深埋地下，又是流体，控制它们分布的自然条件很复杂。石油地质学所要回答的主要问题是：究竟是哪些条件控制油气资源的形成和分布？应该如何去寻找和评价油气藏？盆地模拟和油气成藏模拟的任务就是为回答这两个问题提供一个快速、高效、综合的研究手段，同时实现研究过程的定量化和信息化。

模拟的方法源自常规的石油地质研究，但又区别于常规方法，即完全的定量化、信息化。盆地模拟技术的兴起既是油气勘探、评价的需要，也是盆地分析自身由定性向定量发展的需要。在虚拟仿真已经成为与理论演绎、实验观察并列的科学研究形态的今天，三维动态模拟和仿真在地质空间决策支持认知过程的应用意义是不言而喻的。利用三维动画技术和虚拟现实(Virtual Reality)技术提供的具有沉浸感(Impressive)、动态、交互的环境和工具，来开展盆地地质演化过程和油气生、排、运、聚过程的模拟或仿真，既有理论意义，又有实践价值。

盆地模拟系统是以石油地质机理为基础，应用多学科知识而建立起来的大型综合软件，由地史、热史、生烃史、排烃史和运移聚集史等模型有机组成的统一体。这些模型涉及到石油地质领域的各个分支。

这种定量化的历史模拟或仿真能够直接揭示盆地油气规律本质，不仅可以从根本上改进与完善石油地质的研究方法，而且可以有效地促进石油地质朝着定量化、信息化和绘图自动化方向前进。所以,有些学者甚至称盆地模拟是石油地质的一场革命。

根据盆地模拟的对象和目标,广义的盆地模拟可分为盆地模拟和油气系统模拟。后者在国内通常称为油气成藏动力学模拟,简称成藏模拟。

盆地模拟的目标是再造盆地系统的构造史、沉积史、地热史、有机质成熟史和生烃史,实现盆地油气资源潜力的总体定量评价。油气系统模拟的目标是再造各级油气系统的油气生成史、排放史、运移史、聚集史和散失史,实现油气系统的油气资源潜力定量评价。前者是总体的概略模拟评价,后者是局部的详细模拟评价。二者之间既有联系又有区别。

二、盆地模拟及成藏模拟的内容

盆地模拟是油气系统模拟(油气成藏模拟)的基础。在这里,为了阐述方便,我们将盆地模拟与油气系统模拟合并在一起,统称为盆地模拟。其模拟对象从整个盆地到每一个基本油气生聚单元(即油气系统);所模拟的区域可以是盆地,也可以是坳陷、凹陷或次凹和区带等。

模拟内容包括:盆地和油气系统的沉积史、构造史、热流史、地温史、生烃史、排烃史和运聚史。盆地模拟系统输入的数据包括地质、地震、测井、地化甚至开发试验等资料。

一个完整的盆地模拟系统由如下五个模型有机组成。

——地史模型。
——地热史模型。
——生烃史模型。
——排烃史模型(油气初次运移)。
——运移聚集史模型(油气二次运移)。

1. 地史模型

地史模型的主要功能是重建含油气盆地的沉积史和构造史。该模型是盆地模拟的基础,其与真实情况的相似性、精准度和三维可视化特征直接影响后面四个模型。应考虑介质非均质非连续性、沉积间断、压实、欠压实(超压)、单层剥蚀、多层连续剥蚀、断层及古水深等地质现象,并实现其模型的体三维可视化。

采用的模拟方法是以体三维模型为基础的回剥技术(正常压实带)、超压技术(欠压实带)和回剥与超压相结合的技术(适用于正常压实带和欠压实带)。这三种技术都是建立在垂直沉降假设的基础上。若要超越这一假设,还应采用平衡剖面技术(适用于盆地的拉张或挤压)和平衡体技术(拉、压、剪)。

2. 地热史和生烃史模型

地热史模型的功能是重建油气盆地的热流史、地温史,特别是盆地古地热场演化史。该模型是盆地模拟的关键模型,因为古地热场史是烃类成熟度的最重要客观因素。目前常用的模拟方法有四种:地球热力学法、地球热力学与地球化学结合法、估计给定法和地壳热结构分析法。

生烃史模型的功能是重建含油气盆地的有机质成熟史和生烃量史。常用的模拟方法有四种:TTI-Ro法(适用于勘探程度较高地区)、化学动力学法(适用于勘探程度中等地区)、Easy-

Ro 法(适用于勘探程度较低地区)和 T-t-Ro 法。

3. 排烃史和运聚史模型

排烃史模型的功能是重建油气盆地的排烃史(又称油气初次运移史)。所采用的模拟方法有:①压实法求排油史(适用于孔隙度变化正常的情况);②压差法求排油史(适用于孔隙度变化异常的情况);③物质平衡法求排气史;④渗流力学法求排含烃流体史;⑤应力法求幕式排含烃流体史。

运移聚集史模型的功能是重建油气盆地的运移聚集史(又称油气二次运移史)。模拟方法主要有四种:①一维(z)三相(水、油、气)现今流体势法,适用于晚期油气成藏或中期油气成藏而晚期无剧烈构造运动的情况;②二维(x,y)三相(水、油、气)历史模拟简易法,实质是拟三维(x,y,z)模型,适用于各历史时期油气成藏的情况;③二维(x,z)三相(水、油、气)历史模拟差分法,由于模拟三相流体在垂直剖面上的运动,故模拟效果有限;④三维(x,y,z)三相(水、油、气)人工神经网络模拟。

油气初次运移主要发生在垂向上,故采用一维盆地模拟系统有一定的合理性。油气二次运移既发生在垂向上也发生在横向上,而且主要指向四面八方,故必须采用三维模拟系统(x,y,z 轴)。

显然,一维和二维系统只能用于描述上述前三个模型,三维系统才能描述油气二次运移模型。

当前流行的盆地模拟系统都是一维和二维系统。三维系统的研发和应用都比一维系统和二维系统复杂,但却能真正模拟油气的运移和聚集过程。

三、盆地模拟的发展简史

盆地模拟和油气系统模拟是当今世界石油地质领域内的一个大型综合性的研究课题。自 1978 年以来,德国、法国、美国、英国、日本以及中国等国家相继在计算机上建立了规模不等、复杂程度不等的盆地模拟系统,并投入应用。第一个十年,以一维模型为主,重点研究地史、热史和生烃模拟,处于试验性应用阶段;第二个十年,以二维模型为主,重点研究排烃史,运移聚集史,进入实际应用阶段;第三个十年,以三维模型的探索为主,重点研究三维地质建模及运移聚集史;目前,真三维地质模型的构建和运移聚集史仍未完全攻克,今后一段时间将仍以此为目标。

1. 国外发展历程与现状

1978 年,原西德尤利希核能研究有限公司石油与有机地化研究所建立了世界上第一个一维盆地模拟系统。其主要内容是:在欠压实带通过超压方程求流体速度,为后面的热流方程的对流项计算提供参数;通过关于热传导和热对流的热流方程求地温史;反复调整计算,使计算结果与实际资料符合,得到最终计算结果(包括埋藏史);两史(地史和热史)结合求 TTI(时间温度指数)和 Ro(镜质体反射率);在 Ro 的基础上,进行生烃量和排烃量的计算。一维模型不可能进行油气二次运移和聚集的模拟。

1984 年,法国石油研究院建立了一个较完整的二维盆地模拟系统。其主要内容是:输入经地质解释的测井资料和地震剖面,通过回剥技术求出埋藏史;输入地震折射数据和今热流实测值,通过地球动力学法求出热流史;输入岩性资料和岩石热导率,通过地球热力学法利烃类成熟法求出地温史和烃类成熟度史;输入烃源岩石油潜量和岩性资料,通过两相运移法求出流体压力史和油聚集史;输入烃类各组分数据,通过地球热力学法求出沿着通道运移的含溶解气的油量。

1981年,日本石油勘探有限公司勘探部建立了一个简化的二维盆地模拟系统。其主要内容是:在地质剖面上划分出许多小矩形单元;在每个单元上恢复原始厚度,并放入沉积物;对于每个单元,随着埋藏时间和深度的增加而计算压实量、生烃量和排烃量;采用浮力法研究二次运移,估算每个单元附近存在断层和地层圈闭的可能性。

1987年,该公司进一步建立了一维排烃模型,完善了1981年盆地模拟系统的排烃部分,不仅较好地算出排烃量,而且还可作为用尝试法重建盆地、研究重要参数的手段。该模型是当时所公开发表的排烃数值模拟成果中较好的模型之一。

1988年,日本石油勘探公司与美国南卡罗拉那大学合作,在原简化二维模型和一维排烃模型的基础上,建立了一个较完整的二维盆地模拟系统。从中引入和改进了德国尤利希公司的一维模型。该模型的主要模拟内容是:流体运动、传热(传导和对流)、烃类生成和运移。该系统的烃类生成和运移模型有一定的特色,例如考虑了独立的油相或气相运移、热膨胀力、毛细管力、胶结(或溶解)的裂缝以及断层等,但在系统的全面和实用性方面仍比不上法国石油研究院的二维盆地模拟系统。

1984年美国南卡罗拉那大学地质科学系(以下简称"美国南卡大学")提出了用镜质组反射率确定古热流的方法,打破了以前单纯使用地球热力学法的传统,被认为是"最精确、最好的方法"。1988年又提出了用其他几种地化资料确定古热流的方法,扩大了该法的应用范围。

1987年英国不列颠石油公司(简称"英国BP公司")提出了一个油气二次运移聚集的二维模型,宣称可以与将成为实用的二维模型媲美。其主要内容是:烃类划分为二相,即含饱和水的"石油液"和含饱和水的"石油气";"石油气"又含不同的组分;地下的相态作为运移的重要因素;水流力和浮力的合成作为运移的驱动力;渗流机理基于达西定律;运移损失与通道的孔隙体积有关。该模型是当时公开发表的论述油气二次运移与圈闭问题的较好模型。

20世纪90年代在国际商品软件市场上流通的主要有三家盆地模拟软件:德国有机地化研究所(IES)的 PetroMod;法国石油研究院(IFP)的 TEMISPACK;美国 Platte River 公司的 BasinMod。这些软件内容全面、技术先进、商品化程度高。由于多种原因,目前国外石油公司已不再研制大型软件,主要靠购买上述商品化软件。但也有个别大型石油公司仍集中少量人员研制软件。所研发的软件规模较小,内容不够全面,商品化程度较差,但有一定特色,在解决某些问题时往往有独到之处。

2. 国内发展现状

我国盆地模拟技术是在20世纪80年代初期跟随西方先进国家技术开始发展起来的,发展过程与西方大体相似。由于我国石油地质条件复杂,国内盆地模拟技术除吸收了国外先进方法外,还有不少创新成果。

国内有代表性的盆地模拟软件研制单位有:中国石油天然气集团公司石油勘探开发科学研究院;大庆石油管理局勘探开发研究院;胜利石油管理局计算中心;中国海洋石油总公司的

研究中心；中国石油化工集团公司的石油实验地质研究所；中国地质大学（武汉）地质信息科学与技术研究所（原国土资源信息系统研究所）。

"八五"期间，盆地模拟技术被确定为全国第二轮油气资源评价的一项必用定量评价技术。这对于完善技术方法，适应各种地质条件，实现软件商品化起了有力的推动作用。从软件成果看，我国盆地模拟内容全面，技术较为先进，有的总体上处于国际先进水平，有的局部处于国际先进水平，有的在商品化程度上已达到国际商品软件的要求。其中，生烃史较成熟，地史和热史次之，排放和运聚史较薄弱。盆地模拟在中国东部的拉张型盆地、碎屑岩盆地的应用是成功的；而在中国西部的挤压型盆地和碳酸盐岩盆地的应用还有待进一步改进和检验。

3. 国内外盆地模拟水平对比

就模拟的理论、方法和软件技术而论，国内与国外的盆地模拟各有千秋，总体水平大体相当。

1）地质模型

国内水平比国外稍强。国内先进软件较早考虑了沉积间断、沉积压实、欠压实（超压）、地层单层剥蚀、多层连续剥蚀、断层、构造脊、古水深、盆地类型（拉张或挤压）、三维构造-地层格架动态再造，油气在非均匀非连续介质中复杂的运聚等。

国外先进软件近几年才开始考虑断层、构造脊、盆地类型和三维构造-地层格架动态再造，但发展很快，已经可以实际应用。其余部分与国内基本相同。

2）数值方法

(1) 地史。国内对地质现象描述较多，国外较少。

(2) 热史。国内的地热模型种类较少，国外较多。

(3) 生烃史。国内对有机组分模型应用较少，国外较多。

(4) 排烃史。国内重视排烃描述模型，国外不很重视。

(5) 运聚史。国内考虑三相（油、气、水），部分采用人工神经网络方法，但总的运聚模型种类较少；国外只考虑两相（油、水或气、水），但总的模型种类较多。

总之，在数值方法上国内比国外略差，但有特色；有的已跳出确定性数值模拟的框框，开始采用人工神经网络方法和其他定性、定量相结合的系统方法。

3）软件水平

在核心模块的水平上，国内与国外大体相当，但国内的商品化程度不及国外，包装和界面较差。国内外有些软件环境是 Motif/Xlib，有的则是新一代可视化语言 VC++ 及 OpenInventor；国内有些软件综合地采用 GIS 技术、数据库技术和数据仓库技术，配置了强劲的数据输入、管理和分配功能，并且力求实现各层次之间、各子系统之间和各模块之间的数据动态传送，国外软件则仅有单纯的建模和仿真功能；国内外所有软件均实现了一维、二维模拟，部分软件实现三维动态模拟，但国外多数软件具有"人工干预界面"，国内则仅有部分软件具备了这一功能。

4）评价能力

国内软件已开发了将"模拟结果""其他地质资料"及"地质家经验"三者结合起来的操作平台，在综合评价方面优于国外软件，并且研发出了基于模拟结果的油气圈闭评价子系统，国外软件暂时还无此功能。

综上所述，无论从软件的内容完整性、技术先进性来看，还是从软件的优越性、实用有效性来看，国内先进的盆地模拟软件不亚于世界上其他盆地模拟软件产品。

4. 盆地模拟的主要发展规律

在内容上由单因素有机地化模拟发展为多因素综合模拟。在空间上由一维模型发展成二维模型，正朝着三维模型发展。在相态方面，由单相（流体）发展成二相（油、水或气、水）甚至三相（水、油、气），朝着组分方向发展。地史模拟由正演法（从古到今）发展成反演法（由今溯古），正朝着正反演相结合方向发展。热史模拟由单纯的地球热力学法发展成地球热力学与地球化学相结合的方法，进而考虑古地壳热结构法。运聚模拟由不考虑油气二次运聚，发展成考虑油气二次运移聚集，进而考虑在复杂的非均匀非连续介质中运聚；由简化模型发展成渗流力学模型，进而考虑复杂的非线性模型。在软件集成方面，从单纯"五史"分析发展成"五史"与盆地分析相结合的综合分析，从单一数值模拟发展到多种方法综合模拟。

5. 存在问题及今后的发展方向

目前，多数盆地模拟所存在的问题可归纳为：缺乏盆地分析的系统观念和工作基础；概念模型过于简化而与实际过程差别太大；数学模型单一且偏于确定性，难以描述复杂油气成藏的非线性过程；不适当地采用达西定律来描述油气运聚模型；对盆地地质作用系统及其各子系统的反馈控制机理重视不够，无法进行恰当描述；系统的数据管理和信息处理能力不足；系统的三维分析可视化和三维过程可视化功能不足。

今后的发展方向：在实体模型、概念模型、方法模型、软件模型和模拟模型的建造上继续沿着上述方向前进，力求描述油气生、排、运、聚等复杂的成藏过程；建立盆地模拟系统与地震资料解释系统、测井资料解释系统之间的良好接口，解决数据的传输与共享问题；增添人机联作的"人工干预界面"和图形编辑、空间分析功能，实现模拟计算与常规分析相结合；着重优化系统的三维可视化功能，使之真正实现"表达可视化、分析可视化、过程可视化和决策可视化"；将盆地模拟系统置于石油勘探数据银行（Data Bank）之上，并且使之具有强劲的数据管理能力和油气系统分析、区带评价和圈闭评价能力。

由于各种盆地模拟系统采用的数据结构和计算方法都不完全一样，下面几节就以中国地质大学（武汉）地质信息科学与技术研究所的油气成藏模拟系统 QuantyPetrol 为例来讲解各个模块的模拟。下文中所说的软件系统是指 QuantyPetrol。

第二节　地史模拟

地史模拟是重建沉积盆地的构造演化史和沉积充填史，其作用在于将现今的盆地构造和地层三维模型（包含地层、构造、岩性等信息）恢复到指定的地质年代。一方面可以确定盆地演化的力学机制，阐明盆地的形成机制和发育过程，定量建立盆地的充填过程；另一方面为后续的热史、生烃史、排烃史以及运移聚集史的模拟恢复提供一个赖以依存的、具有时空特性的数据平台。

目前，较为成熟的是一维的基于单井分析的沉积史模拟、二维的构造-地层格架的平衡剖面技术,其中平衡剖面技术包括几何平衡剖面法和物理平衡剖面法。基于三维体元模型的地史模拟技术还未完全达到实用的程度。

一、地史模拟的内容

地史模拟通常采用回剥反演法与超压法结合的技术方法体系,恢复各个地质时期的盆地构造三维模型。研究内容涉及断块构造的实体模型、概念模型和模拟模型。主要内容包括构造演化史再造、地层压实校正(全区的孔隙度-深度模拟、渗透率模拟和超压模型模拟等)、剥蚀厚度恢复、古水深校正以及古孔隙压力系统等。在这些研究内容中,构造演化史再造需要着重解决如何根据三维地质模型自动判断断裂活动期次,如何实现三维空间的盆地断块构造恢复,以及如何恢复多期次、多地层的剥蚀过程,建立构造-地层的物理平衡技术;地层压实校正需要着重解决如何在三维空间进行孔隙度-深度曲线的连续模拟,如何建立因断层发育致使地层变形的物理变形机制与几何模型并进行地层界面校正的问题。

二、地史模拟的关键技术

在构造演化模拟中,主要包括断块构造恢复、复杂构造变形校正、压实校正、剥蚀厚度恢复、构造-地层的物体平衡技术、超压方程等关键技术。

1. 断块构造恢复

断层的恢复首先需要选定一个不动盘(在正断层中通常选定下盘),确定研究区域的二维锁定线,并以此刻顶部层位为当前操作对象,进行断层扫描。若存在断层,则先计算这个三维断层在顶部界面处沿走向的不同断距 ΔZ_i(i 为下标,代表断层走向上的不同点号),并分别按相应的断距移动断层右盘,在断层倾向上的垂向滑动 ΔZ_i,使断层归位。断层两盘复位(恢复至断开前)过程存在两个方向的位移 $\Delta x, \Delta y$,其合成位移 ΔD 的方向垂直于断层走向。断层的移动并不是仅对顶层进行的,它会牵连与它相连的断块。此移动量 ΔD 也牵连该断块上所有相关层位。由于是平移,所以这里不涉及体积的损失,如图 8-1 所示。

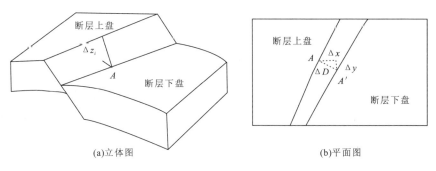

图 8-1 三维断层的恢复

(据毛小平,1999)

在用计算机自动进行体平衡时,断点的对应规则和二维面平衡法类似。在二维情况下,断层两盘的界面相互对应,断层的复位较为简单,不涉及断层走向及断面方向问题。在三维情况下,断层面两侧的地层与断层面有两条交线,对应点必须通过断层走向的法线所在的铅垂点,即在断层恢复时,断层右盘相对于左盘移动的方向是垂直于断面与水平面的交线方向,断层两盘的点 A 与点 A' 对应。由此,便可导出相应的断距计算方法。这是断层自动复位的一种简便处理方法,它对于正断层和逆断层是有效的。对于走滑断层,则需要人工干预给定断点对应关系,即在水平方向上的滑动距离和方向。

在断陷盆地中进行构造恢复,首先需要考虑断层及断块恢复。在常规的二维平衡剖面模拟技术中,通常采用地层线对应方法进行断距恢复,而在三维空间中由于构造变形,使得断层两盘的地层不但在垂向上发生错动,在断层走向上也存在一定的断距,需要考虑断层两盘地层面的对接关系,从而使得三维空间的断距恢复难度较大。由于在角点网格模型中,断层断距在断点上表现为上下两盘的对应节点的空间矢量,故在断距恢复时可采用移动空间矢量方式进行。断块构造恢复的工作流程如图8-2所示。

在角点网格模型中,断层表达在格网的各个侧面上,故断层描述与表达方式采用记录格网侧面连接的方式。通过描述断层在格网上的位置,可将整个模型分割为多个断块,每个断块由多条断层的多个断点包围,在断块构造恢复中,需要获取断块之间的拓扑结构和模型的主控断层走向以确定断裂方向,按照垂直于断层的方向进行断点追踪,实现断点的断距恢复,从而实现断块构造恢复。由于断层在各地层面上表现的起止位置不同,即断层所穿越地层数目不同,因此在断距恢复过程中需要充分考虑断层断裂深度变化问题,在断点追踪过程中以最深断裂地层为判断依据,实时调整断裂地层深度。

2. 构造变形校正技术

在盆地构造运动中,由于构造运动作用使得地层界面发生变形,通过研究其发生变形的机制,使地层界面恢复到变形前的状态,是进行构造演化史模拟的重要部分。在盆地断块构造中,最为常见的三类构造现象是褶皱、逆冲断层和拉张型正断层。按照褶皱的形变机理可分为弯曲褶皱、剪切褶皱和流动褶皱。一般情况下,在较浅的地壳表面多以弯曲褶皱为主,而随着温度和压力的增加,逐渐过渡为剪切褶皱和流动褶皱。

在平衡剖面模拟中,通常采用运动学与非运动学的方法进行地层界面校正恢复。其中,非运动学恢复主要有:弯滑去褶皱,采用褶皱中的钉线或者钉面对由弯滑机制生成的褶皱进行地层界面恢复;剪切机制,通过垂直或斜向剪切的方式去除地层形变,在顶面恢复后需要按照该剪切方向和大小恢复下伏地层界面。运动学恢复是在对断层进行恢复时,假设断层下盘不受断裂构造影响,而上盘因断裂构造运动发生一定的形变,在恢复过程中,设定下盘不动,在断面上移动断层上盘地层(图8-3)。主要恢复方法有:斜剪切,通过保持剪切矢量棒的长度(剪切矢量方向上断面与上标志层之间的距离)不变,从而保持形变前后上盘的体积不变,体现三维构造体平衡的思想。

断层平行流(主要针对逆断层)通过断层平行的流线对形变机制的控制进行恢复,使形变前后上盘的体积不变,并经变形校正后形成新的地层界面。同样,下伏地层面也需随之调整,以便表达在该地质时期的地质构造状况。

通常认为,顶部地层的形态是四种因素综合作用的结果,其函数关系如下:

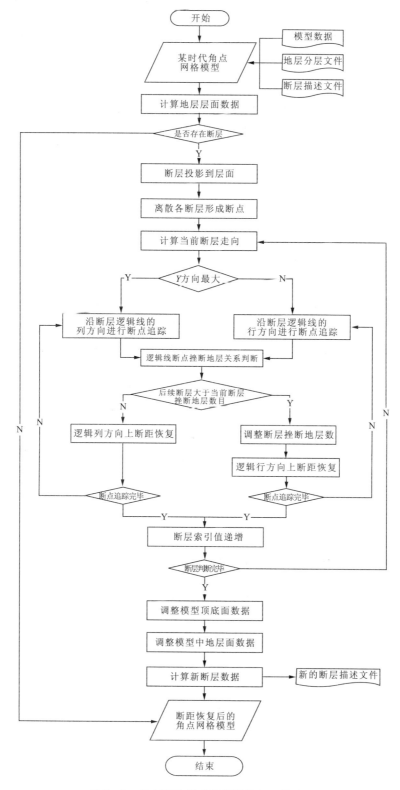

图8-2 角点网格模型中断距恢复工作流程

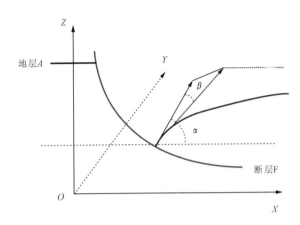

图 8-3 剪切机制造成地层变形示意图

$$F = S + A + D + N \tag{8-1}$$

式中,S 为顶部地层的沉积作用因素(Sediment Factor);A 为古水深影响(Ancient Depth of Seawater);D 为变形因素(Deform);N 为干扰因素(Noise),来自解释误差或实际地层。在平衡过程中考虑了因素 A 之后,又通过压实校正去掉沉积因素 S 的影响,便只剩下 D 和 N 的影响了。这时可以对顶部地层作平滑或趋势面分析来消除随机干扰,即得到所谓趋势变形 D,并认为它是构造挤压或拉张引起的挠曲。在对大尺度的构造进行复原时,由于变形引起的顶部地层的起伏相对比较平缓,可以通过对顶部地层的平滑处理来消除干扰。然后,将平滑后的顶部地层起伏作为此期构造运动的变形量 Deform,由曲面映射到平面上,并在一定程度上保留层长不变。将此映射关系作用于下伏各地层,便可保证体积近似不变。这种映射关系的传递在数量上与深度无关。

顶面地层由曲面映射为平面的算法采用两个步骤:先计算 X 方向的层长并扩展它至一平面,再计算 Y 方向的层长在 X 的映射位移基础之上,确定 Y 方向的映射离散关系。设变形前代表变形量的顶面地层的空间坐标为 $P = \{P_{ij}, i = 1, m; j = 1, n\}$,式中 m、n 分别为 X 和 Y 方向的点数,X 方向变换后为 P',加上 Y 方向的变换则映射至平面为 P'',有:

$$p'_{i,j} = \sum_{k=0}^{i} |p_{k,j} - p_{k-1,j}| \tag{8-2}$$

式中为沿 X 方向各分段向量长度(模)的累加,且:

$$p''_{i,j} = \sum_{k=0}^{j} |p'_{i,k} - p'_{i,k-1}| \tag{8-3}$$

$p'' = \{p''_{i,j}, i = 1, m, j = 1, n\}$ 便是顶面地层映射为平面的结果。

上述方法用于简单褶皱复原,其效果是十分显著的;而对复杂褶皱复原,只是一种近似方法。这种近似计算的优点,可以有效地抹去由于复杂构造变动引起的体积不平衡。因此是对三维构造-地层格架挠曲变形机制的一种近似模拟。

3. 去压实校正

随埋藏深度的增加,上覆岩层压力增大,温度升高以及成岩作用等因素的影响,孔隙度变化并不一定会按照一定的曲线模型变化,孔隙度-深度曲线模型只是一种统计结果,并不能够真正地反映沉积物的孔隙度变化。因此,将沉积物孔隙度变化分为三段,即正常压实阶段、成岩作用阶段和压缩阶段,并分别建立分段线性与非线性结合的孔隙度深度曲线,才有可能在回剥反演的压实校正中合理地表达孔隙度随埋藏深度的变化(图8-4)。

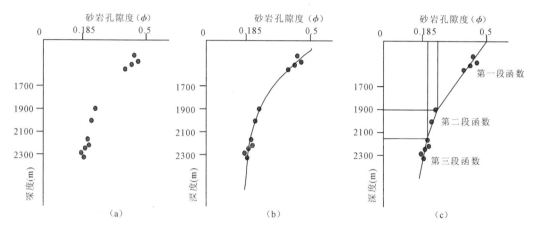

图8-4 单井中砂岩孔隙度-深度曲线拟合

在三维空间中进行压实校正,需要在压实过程中保证压实前后地层的骨架物质体积不变。在利用角点网格模型的I/J/K号获取任意单元格块体的体积与孔隙度参数时,由于单元格块体在三维空间中是按照角点网格模型纵向线方向排列的不规则六面体,如果单纯按照计算单元格骨架厚度方式进行压实校正,将会使单元格格网纵向上四条边与相邻格网纵向边调整位置不同,由此产生一定的拉开距离,形成断裂存在的假象。为了避免这一问题的出现,需要首先搜索出由断层分割的独立断块,形成多个在区间上相对独立的断块片段,然后在断块内的单元格纵向线方向进行压实校正,并采用迭代计算方式调整网格体积,保持压实校正前后骨架物质体积不变,同时记录断块内的每一单元格骨架体积及断块总骨架体积。

4. 剥蚀厚度恢复

剥蚀厚度的计算方法有许多种,其中最常用的是地层对比法、沉积速率法、测井曲线计算法、Ro突变计算法和地层密度差法。每一种剥蚀厚度计算方法都能够在一定的数据完整性条件下较为准确地恢复剥蚀厚度,形成剥蚀厚度散点图。在构造演化模拟中的剥蚀厚度恢复使地层恢复到被剥蚀前的状态,其中的难点是如何统一解决多期次、多套地层的剥蚀厚度恢复。

考虑到同一地质时期内可能出现多次剥蚀的情况,或者一期剥蚀中存在对多套地层剥蚀的情况,其解决方法为:以剥蚀期次为第一循环变量,以剥蚀地层为第二循环变量,以剥蚀期次为顺序进行剥蚀厚度恢复。设定剥蚀厚度恢复的流程,如图8-5所示。

在具体实施过程中,根据角点网格模型特性对剥蚀地层新增一层或多层格网,格网纵向上的高度表示剥蚀厚度,其岩性按照邻近格网层的岩性代码进行赋值,根据该格网所处深度,按照孔隙度-深度曲线进行插值计算并赋值,对于恢复剥蚀厚度后的下层所有格网不进行压实校正,其原因在于当地表抬升后,原地层的孔隙度不会因地层抬升而改变,只有当上覆地层厚度小于剥蚀厚度时,需要对所有格网的孔隙度数据进行重新计算。

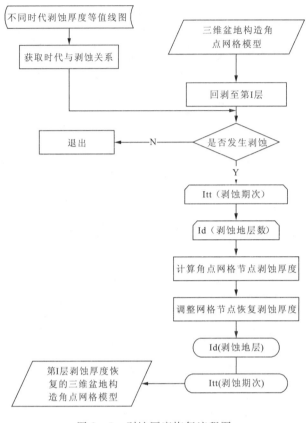

图 8-5 剥蚀厚度恢复流程图

在模拟中,按照剥蚀年代、剥蚀地层将剥蚀厚度数据通过插值处理,获得格网的剥蚀厚度图(图 8-6),再按照发生剥蚀的地质时期从古至今的先后次序并将剥蚀厚度图以 BLOB 形式存入数据库中。通过读取数据库中预存的剥蚀厚度数据计算角点网格模型中各点位处的剥蚀厚度进行剥蚀厚度恢复,并构建研究区域的剥蚀厚度图。

5. 构造-地层的物理平衡技术

经典的几何平衡剖面法的剖面平衡原则对于断裂系统单一的剖面比较适用,但对于断裂系统复杂的剖面适应性就差些。对于构造运动多期次、多阶段叠加的地区,使用计算机辅助进行平衡剖面计算时,需要进行复杂的人工干预,容易因人为失误而导致模拟失真。因此,难以重构整个盆地的大规模复杂构造形态。针对这些问题,毛小平等(1998)根据岩石变形机理和物质守恒原理,提出了以法线不变原则和变形匹配原则为基础的物理平衡剖面法,实现了复杂原始地质剖面的自动化恢复。

已有的三维体平衡技术属于拟(假)三维性质,这种拟(假)三维体平衡软件在构造简单的盆地或区域能起到很好的作用,但在发育多个断裂系统且由于复杂变形而体积不能简单平衡的盆地地区就显得无能为力了。真三维的构造-地层的物理平衡技术包含两个方面:①在断距恢复与构造变形校正过程中,不能改变地层体积,即体积不变,相当于平衡剖面中

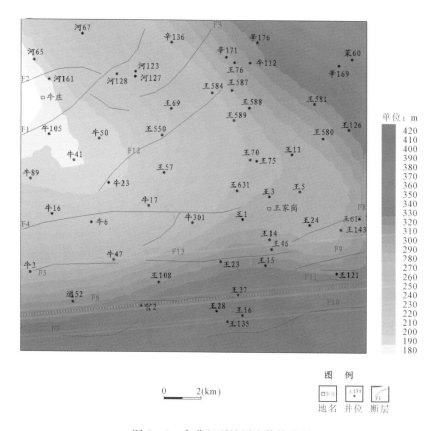

图 8-6 东营组剥蚀厚度等值线图

的面积不变原则；②压实校正过程中，保持骨架物质体积不变，相当于一维单井模拟中的骨架厚度不变。

采用真三维的构造-地层的物理平衡技术进行断距恢复，其中的矢量平移方式不改变地层面格网的面积和格网高度，并保持其体积不变。同样，采用这项技术进行构造变形校正，其中的平行断层方法和平行矢量棒方法也使地层单元体保持不变。

6. 动态过程的内插生成

动态显示和二维情况下的处理过程类似，是对构造-地层格架演化历史模拟结果的动态表达。在进行三维构造-地层格架的回剥反演中，每次处理的是一个具有一定厚度和时代间隔的层位，而不是连续的层位，其中间的动态过程需要进行内插生成。其要领是采用以深度变化为轴的方式进行内插，以便获取任一所需时刻的构造形态，然后再采用可视化技术将内插生成的瞬态三维构造-地层格架进行动态显示或输出。

图 8-7 是利用该软件对百色盆地构造-地层格架的动态模拟结果。

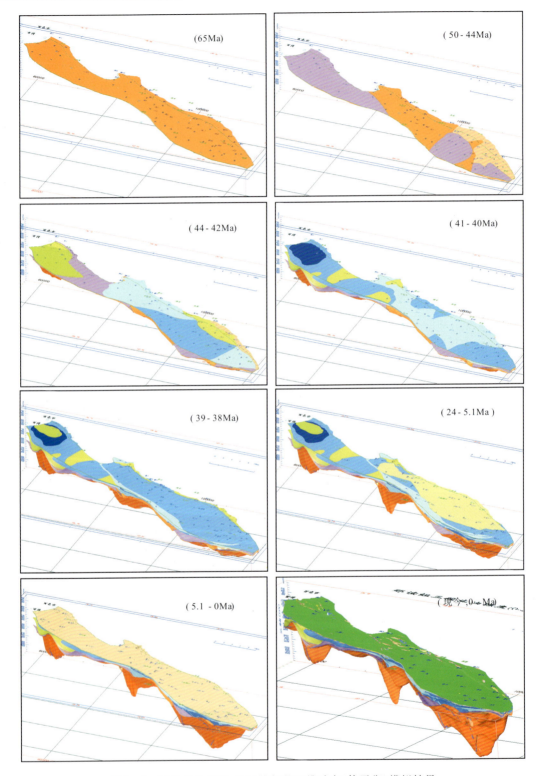

图 8-7 百色盆地构造-地层格架的三维动态(体平衡)模拟结果

第三节 盆地古地热场与有机质演化模拟

热力学条件是盆地有机质成熟和烃类生成的基本条件之一。要动态地描述有机质的成熟过程,首先要动态地描述盆地古地热场特征,因此,盆地古地热场模拟既是有机质成熟史模拟的基础,也是实现盆地整体模拟的基础。所谓盆地古地热场是指沉积盆地形成演化过程中内部各点的地热流状态连同沉积物所组成的空间整体(吴冲龙等,1997)。

一、热史模拟内容

盆地古地热场的影响因素众多且变化多端,建造合理模拟方法模型涉及古地温、古地温梯度、古热传递方式等复杂问题,更涉及盆地古地热场的动态变化及古地热源的多期次叠加问题(杨起等,1996)。为了描述这样的古地热场特征,需要从地下热流状态平衡与破坏的角度,将正常地热流与附加地热流分析结合起来,用正常地热场的概念来描述正常上地幔热流对地热场的贡献,而用附加地热场的概念来描述构造-岩浆热事件对地热场的贡献。地幔热流或称大地热流,来自上地幔软流圈,是沉积盆地各种地质作用的主要热源。与此相应,盆地古地热场也可以划分出正常地热场和附加地热场两种成分。

当前的盆地地热场模拟对象多限于由地幔热流引起的正常地热场,相关的模拟技术主要用于描述盆地正常地热场中的热传导问题,较少涉及热对流和热辐射等问题。特别是对诸如岩浆侵入、泥底辟和热流体上涌等热事件造成的附加地热场,未能很好地加以描述;对有机质演化的耦合模拟,以及利用有限单元法求解地热演化过程的可变边界动态自动剖面问题,目前也还没有见到满意的成果。

二、热史模拟方法与技术

盆地的热演化史模拟有三种可供选择的方法:①返揭法;②镜质体反射率反演法;③地球动力学正演法。前两种属于反演方法,后一种属于正演方法。

1. 镜质体反射率反演法

镜质体反射率 Ro 值是一种有效性较高、易于准确测定而又代价低廉的古温度计,目前已经广泛应用于煤级和岩层分散有机质成熟度的标定。

反演法是根据实测深度-Ro 散点数据,拟合出深度-Ro 曲线,然后利用 Ro-TTI 的关系曲线以及温度-TTI 的关系,最后计算出热流值和温度。

在常规状况下,某一深度的地层中镜质体反射率(Ro)的大小主要受镜质体所在地层的埋藏史和地温的影响,当地层的埋藏史确定之后,Ro 就唯一受地温的影响。如果仅考虑盆地内热传导这一最主要的传热方式,地温只取决于盆地热流密度及其沉积物的热导率;当已知沉积物热导率,则盆地热流密度即热流的变化唯一确定了盆地地温的变化。因此,可以根据古热流模型、古地温模型和 Ro 模型,利用实测的 Ro 数据反演求取盆地大地热流密度的变化;然后根据盆地热流密度的变化,求得盆地所经历的地温史。

2. 动态返揭法

返揭法的基本流程是:首先分析大地构造背景,估计地幔热流,再根据经验公式求出盆地底面埋藏深度,然后由返揭法计算盆地基底热流以及盆地内部温度。将返揭法应用于三维多尺度角点网格数据模型,计算出盆地内部各点在各个历史时期的温度并进行动态显示。

盆地正常地热场的演化,实际上就是正常地热流在盆地中的传递和再分配。Blackwell(1971)提出热结构一词来表征大陆区壳幔热流的构成,汪集暘(1986)进一步认为,热结构还应包括壳内不同层的热流构成,同时还必须考虑地壳深部温度等重要参数。模拟采用的计算公式(李星,2009)为:

$$T_i^{下} = T_i^{上} + q_i^{上} \cdot D_i/k_i - \frac{1}{2}A_i D_i^2/k_i \text{ 或 } T_i^{下} = T_i^{上} + q_i^{下} \cdot D_i/k_i + \frac{1}{2}A_i D_i^2/k_i \tag{8-4}$$

式中,$T_i^{下}$ 和 $T_i^{上}$ 分别为第 i 层下、上界面的温度;$q_i^{上}$ 为第 i 层上界面的热流值,表层取地表热流值;D_i 为第 i 层的厚度;k_i 为第 i 层的热导率;A_i 为第 i 层的放射性生热率。此公式所依据的基本原理是能量守恒定律。

利用这一原理可知,盆地基地热流 q_b 为:

$$q_b = q_m + A_{下} H_{下} + A_{中} H_{中} + A_{底} H_{底} \tag{8-5}$$

式中,$A_{下}$、$A_{中}$、$A_{底}$ 分别为下地壳、中地壳以及盆地变质基底的放射性生热率。$H_{下}$、$H_{中}$、$H_{底}$ 分别为下地壳、中地壳以及盆地变质基底的厚度。q_m 为地幔热流值。

借鉴松辽盆地 98 个莫霍面深度(H_M)资料,得到如下经验公式(吴冲龙等,1991):

$$H_M = \frac{55.19146 - H_b}{1.63092} \tag{8-6}$$

式中,H_M 为莫霍面埋藏深度;H_b 为盆地底面埋藏深度,相当于沉积盖层总厚度。利用这个经验公式,代入该盆地各处各阶段的沉积盖层总厚度(需经压实矫正和剥蚀量恢复),便可以估算出各演化阶段的莫霍面埋深,并恢复其空间形态。

综上可知:

$$\begin{aligned} q_b &= q_m + A_{下} H_{下} + A_{中} H_{中} + A_{底} H_{底} \\ &= q_m + A_{下}[H_M - (H_{中} + H_{底} + H_b)] + A_{中} H_{中} + A_{底} H_{底} \\ &= q_m + A_{下}(H_M - H_b) + (A_{中} - A_{下}) H_{中} + (A_{底} - A_{下}) H_{底} \end{aligned} \tag{8-7}$$

这样,通过盆地基地热流 q_b、盆地的物性参数及大地构造参数,利用一维稳态热传导方程,即可以确定盆地内各地层的热流及地下温度场。

3. 差分法

差分法是基于构造演化分析而建立的一种盆地地热场模拟方法。这是一种正演模拟方法,可以模拟正常地热场和异常地热场的演化。系统采用非等间距差分算法,以解决盆地地热场模拟中的多尺度问题;通过交替算法、道格拉斯(Douglas)算法解决大线性方程组求解问题,以实现大数据量、真三维、非均质、非稳态、多尺度盆地地热场动态模拟。

所依据的三维热传导方程为:

$$\frac{\partial}{\partial x}\left(k \frac{\partial u}{\partial x}\right) + \frac{\partial}{\partial y}\left(k \frac{\partial u}{\partial y}\right) + \frac{\partial}{\partial z}\left(k \frac{\partial u}{\partial z}\right) = c\rho \frac{\partial u}{\partial t} \tag{8-8}$$

采用 Douglas 差分格式,其中在 x、y、z 三个不同方向的计算公式如下。

1) x 方向

$$\frac{k_{i+1,j,k}\frac{u_{i+1,j,k}^{n+\frac{1}{3}}-u_{i,j,k}^{n+\frac{1}{3}}}{\Delta x_{i+1}}-k_{i,j,k}\frac{u_{i,j,k}^{n+\frac{1}{3}}-u_{i-1,j,k}^{n+\frac{1}{3}}}{\Delta x_i}}{2\frac{\Delta x_i+\Delta x_{i+1}}{2}}+\frac{k_{i+1,j,k}\frac{u_{i+1,j,k}^n-u_{i,j,k}^n}{\Delta x_{i+1}}-k_{i,j,k}\frac{u_{i,j,k}^n-u_{i-1,j,k}^n}{\Delta x_i}}{2\frac{\Delta x_i+\Delta x_{i+1}}{2}}+$$

$$\frac{k_{i,j+1,k}\frac{u_{i,j+1,k}^n-u_{i,j,k}^n}{\Delta y_{j+1}}-k_{i,j,k}\frac{u_{i,j,k}^n-u_{i,j-1,k}^n}{\Delta y_j}}{\frac{\Delta y_j+\Delta y_{j+1}}{2}}+\frac{k_{i,j,k+1}\frac{u_{i,j,k+1}^n-u_{i,j,k}^n}{\Delta z_{k+1}}-k_{i,j,k}\frac{u_{i,j,k}^n-u_{i,j,k-1}^n}{\Delta z_k}}{\frac{\Delta z_k+\Delta z_{k+1}}{2}}$$

$$=c_{i,j,k}\rho_{i,j,k}\frac{u_{i,j,k}^{n+\frac{1}{3}}-u_{i,j,k}^n}{\Delta t_n}$$

2) y 方向

$$\frac{k_{i,j+1,k}\frac{u_{i,j+1,k}^{n+\frac{2}{3}}-u_{i,j,k}^{n+\frac{2}{3}}}{\Delta y_{j+1}}-k_{i,j,k}\frac{u_{i,j,k}^{n+\frac{2}{3}}-u_{i,j-1,k}^{n+\frac{2}{3}}}{\Delta y_j}}{2\frac{\Delta y_{j+1}+\Delta y_j}{2}}+\frac{k_{i,j+1,k}\frac{u_{i,j+1,k}^n-u_{i,j,k}^n}{\Delta y_{j+1}}-k_{i,j,k}\frac{u_{i,j,k}^n-u_{i,j-1,k}^n}{\Delta y_j}}{2\frac{\Delta y_{j+1}+\Delta y_j}{2}}+$$

$$\frac{k_{i+1,j,k}\frac{u_{i+1,j,k}^n-u_{i,j,k}^n}{\Delta x_{i+1}}-k_{i,j,k}\frac{u_{i,j,k}^n-u_{i-1,j,k}^n}{\Delta x_i}}{\frac{\Delta x_i+\Delta x_{i+1}}{2}}+\frac{k_{i,j,k+1}\frac{u_{i,j,k+1}^n-u_{i,j,k}^n}{\Delta z_{k+1}}-k_{i,j,k}\frac{u_{i,j,k}^n-u_{i,j,k-1}^n}{\Delta z_k}}{\frac{\Delta z_k+\Delta z_{k+1}}{2}}$$

$$=c_{i,j,k}\rho_{i,j,k}\frac{u_{i,j,k}^{n+\frac{2}{3}}-u_{i,j}^{n+\frac{1}{3}}}{\Delta t_n}$$

3) z 方向

$$\frac{k_{i,j,k+1}\frac{u_{i,j,k+1}^{n+1}-u_{i,j,k}^{n+1}}{\Delta z_{k+1}}-k_{i,j,k}\frac{u_{i,j,k}^{n+1}-u_{i,j,k}^{n+1}}{\Delta z_k}}{2\frac{\Delta z_{k+1}+\Delta z_k}{2}}+\frac{k_{i,j+1,k}\frac{u_{i,j,k+1}^n-u_{i,j,k}^n}{\Delta z_{k+1}}-k_{i,j,k}\frac{u_{i,j,k}^n-u_{i,j,k-1}^n}{\Delta z_k}}{2\frac{\Delta z_k+\Delta z_{k+1}}{2}}+$$

$$\frac{k_{i+1,j,k}\frac{u_{i+1,j,k}^n-u_{i,j,k}^n}{\Delta x_{i+1}}-k_{i,j,k}\frac{u_{i,j,k}^n-u_{i-1,j,k}^n}{\Delta x_i}}{\frac{\Delta x_i+\Delta x_{i+1}}{2}}+\frac{k_{i,j+1,k}\frac{u_{i,j+1,k}^n-u_{i,j,k}^n}{\Delta y_{j+1}}-k_{i,j,k}\frac{u_{i,j,k}^n-u_{i,j-1,k}^n}{\Delta y_j}}{\frac{\Delta y_{j+1}+\Delta y_j}{2}}$$

$$=c_{i,j,k}\rho_{i,j,k}\frac{u_{i,j,k}^{n+1}-u_{i,j}^{n+\frac{2}{3}}}{\Delta t_n}$$

给定不同期的热流,解上述差分方程,可以获得不同时期的各层的热演化史。

三、镜质体反射率 Ro 动态模拟

镜质体反射率 Ro 值目前已经广泛应用于煤级和岩层分散有机质成熟度的标定。业已证明,Ro 值主要是经受的地温 T 及有效受热时间 t 的函数(Karweil,1956;Bostick,1978),即:

$$Ro = f(T,t) \tag{8-9}$$

这一函数关系符合 Arrhenius 定律。Huck 等(1955)曾因此而率先根据 Arrhenius 方程来表示煤级与温度(T)、时间(t)的关系,从而开创了定量评价煤化作用的方法。所以这个方法被引进到油气地质学领域,成为定量评价岩层分散有机质成熟度的有效手段。

表达岩层有机质演化程度(或称成熟度)的指标较多,但在盆地模拟中,重建有机质成熟度的常规方法大体有三种,即 TTI-Ro 法、化学动力学法和 Easy Ro 法。这里仅就 TTI-Ro 法和 Easy Ro 法作简单介绍。

1) TTI-Ro 法

TTI-Ro 法的计算过程是:根据地史模型所得的埋藏史以及热史模型所得的地温史,计算出时间温度指数(TTI)史;根据实测的 Ro 值以及最大埋深时的 TTI 值制作 Ro-TTI 回归曲线;根据 TTI 史以及 Ro-TTI 回归曲线,计算出任何时间任何地层的 Ro 值。

Ro 的变化除受热流作用程度(即温度)的控制外,还受热作用的时间长短的控制。这就是为什么要制作 Ro-TTI 回归曲线,并根据 TTI 求 Ro 史的原因所在。

根据模拟所得的单井各地层底界的地温史,通过以下公式求出该井各层底界的 TTI 史。

$$\text{TTI}(t) = \int_0^t 2^{[T(t)-105]/10} dt \tag{8-10}$$

式中,t 为埋藏时间(Ma),$T(t)$ 为古地温(℃)。

因为 TTI-Ro 法认为 Ro 值与 TTI 值存在对数线性关系(虽然值得进一步探讨),即:

$$Ro(t) = a\lg[\text{TTI}(t)] + b \tag{8-11}$$

所以由实测 Ro 值及最大埋深时的 TTI 值,可回归出 Ro-TTI 曲线,即求出 a、b 的值。从而利用公式(8-10)计算出的 TTI 史,再由公式(8-11)可以计算出 Ro 史。

由此可知,TTI-Ro 法综合考虑了受热温度和有效受热时间。方法原理和计算过程也比较简便。但对式(8-10)及其各参数的合理性没有做进一步说明,对 Ro 值与 TTI 值存在对数线性关系这一论断也没有充分论证。

2) Easy Ro 法

Easy Ro 法的计算过程是:根据地史模型所得的埋藏史以及热史模型所得的地温史,再借助一个化学动力学的简易公式计算出任意时刻、任何地质的 Ro 史。该方法是 Sweeney (1990)根据镜质组的组分随时间和温度变化的现象,使用了大量而广泛的样品,所提出的一种求 Ro 的简便方法。具体计算公式如下:

$$Ro(t) = \exp[-1.6 + 3.7F(t)] \tag{8-12}$$

式中,t 为埋藏时间(Ma);$F(t)$ 为化学反应程度,其取值范围是 $0\sim0.85$,计算公式为:

$$F(t) = \sum_{i=1}^{20} f_i \left\{ 1 - \exp\left(-\frac{[I_i(t) - I_i(t-\Delta t)] \cdot \Delta t}{T(t) - T(t-\Delta t)}\right) \right\} \tag{8-13}$$

这里 Δt 为时间间隔;$T(t-\Delta t)$、$T(t)$ 分别为时刻 $t-\Delta t$ 及时刻 t 的古地温(℃);f_i 为化学计量因子,见表 8-1;而 $I_i(t)$ 的计算公式为:

$$I_i(t) = A[T(t) + 273] \cdot \left\{ 1 - \frac{[a_i(t)]^2 + 2.33473a_i(t) + 0.250621}{[a_i(t)]^2 + 3.330657a_i(t) + 1.681534} \right\} \cdot \exp[-a_i(t)] \tag{8-14}$$

其中,$a_i(t) = \dfrac{E_i}{R[T(t)+273]}$;$A$ 为频率因子的预指数,其值为 1.0×10^{13} (1/s);R 为气体常数,其值为 1.986 (cal/mol·k);E_i 为活化能(kcal/mol),详见表 8-1。

表 8-1 在 Easy Ro 中使用的化学计量因子和活化能

i	化学计量因子 f_i	活化能 E_i (kcal/mol)	i	化学计量因子 f_i	活化能 E_i (kcal/mol)
1	0.03	34	11	0.06	54
2	0.03	36	12	0.06	56
3	0.04	38	13	0.06	58
4	0.04	42	14	0.05	62
5	0.05	42	15	0.05	60
6	0.05	44	16	0.04	64
7	0.06	46	17	0.03	60
8	0.04	48	18	0.02	68
9	0.04	50	19	0.02	70
10	0.07	52	20	0.01	72

这种方法是对 TTI-Ro 法的改进和对 ARR-TTI-Ro 法的简化,但计算过程仍然较为复杂。从应用的角度看,用于描述热过程单一的有机质成熟史可以收到好的效果;但用于描述有机质多热源多阶段叠加变质作用,将会遇到许多麻烦。这对于油气成藏动态模拟而言,显然是难以接受的。此外,该法的适用范围是 Ro 值处于 0.3%~4.5% 之间的有机质。

图 8-8、图 8-9 为渤海湾盆地东营凹陷地热场和有机质热演化的模拟结果。

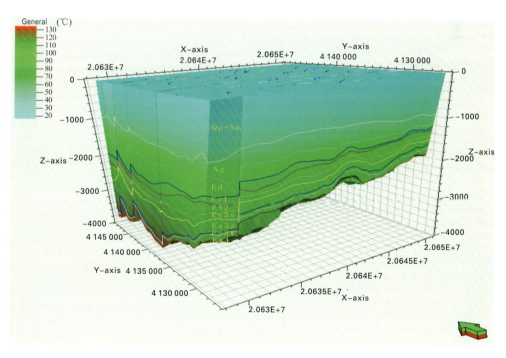

图 8-8 渤海湾盆地东营凹陷地热场三维模拟结果

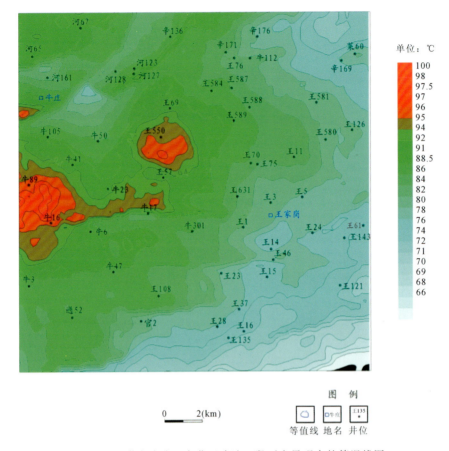

图 8-9　渤海湾盆地东营凹陷沙一段下底界现今的等温线图

第四节　油气生排烃模拟技术

生排烃史的模拟是在构造史、热演化史模拟的基础上,应用数值模拟技术,恢复研究区域的生排烃历史以深化含油气系统的研究。在生烃模拟过程中使用了 TTI-Ro 法、化学动力学和氢指数法三种方法,同时考虑了生烃过程中存在的生烃增压的计算。

TTI-Ro 生烃模拟是根据地史模型所得的埋藏史以及热史模型所得的古地温史,计算出各个地层的时间温度指数(TTI)史,利用现今实测的 Ro 值制作 TTI-Ro 回归曲线,并根据 TTI 史以及 TTI-Ro 回归曲线计算出 Ro 史,即烃类成熟度史。最后,利用各个烃源岩层的有机碳含量、干酪根数据、生油率、生气率等地化资料计算有机质演化过程各个时期的生烃史。通过 TTI-Ro 生烃模拟方法,可以完成有机质值的成熟度史(Ro 史)和生烃史的模拟。

化学动力学是以干酪根热演化动力学过程为基础,利用化学反应热动力学方法所建立的化学反应动力学模型来计算生烃量史的一种方法。具体内容是利用化学动力学参数(生烃潜量、活化能和频率因子)结合地温史和埋藏史,通过求解化学动力学方程组来计算各烃源层生烃潜量随时间的变化,得到反映生烃演化程度的降解率史,即成熟度史。最后,利用各个烃源岩层的有机碳含量、干酪根类型等地化资料计算得到各个时期的生烃量。

氢指数法是以氢指数(I_H)为基础对 TTI-Ro 法作合理改造,暂称之为 TTPCI-I_H 法,即考虑时间、温度、压力、催化剂指数综合模拟法,由此算出的生烃史更加符合盆地的实际情况。TTPCI-I_H 法根据各干酪根类型氢指数随深度的变化关系曲线,由埋藏史得到各期次烃源层的氢指数,进而可得到各期次的反应速率;再根据 Arrhenius 方程并结合地温拟合各期次的表观频率因子和表观活化能,得到各期次的 TTPCI 史,即成熟度史。然后用现今的 TTPCI 拟合现今氢指数,得到各干酪根类型氢指数与 TTPCI 的关系,从而恢复各期次氢指数史。最后,利用各烃源岩层的有机碳含量、干酪根类型等,计算出各时期的生烃量。

一、生排烃模拟研究内容

主要研究内容:①生烃模拟:研究 TTI-Ro 法、化学动力学和氢指数法三种生烃算法,建立基于体元模型的计算方法,实现多烃源层的烃类成熟度史和生烃量史的模拟;②排烃模拟:研究包含幕式排烃机制的压实排烃、多组分排烃算法,建立基于压力场和输导体系性质的排烃方向模型,实现适用于多种排烃机制的排烃量计算。

二、生烃模拟方法与技术

在生烃模拟过程中研究了 TTI-Ro 法、化学动力学和氢指数法三种方法以及生烃过程中的增压抑制作用。TTI-Ro 生烃模拟方法采用了较成熟的生烃模拟方法,由于国内在化学动力学实验方面起步较晚,主要采用通过成熟度史的模拟来获得油气的生烃史,因而该方法在国内的应用较广,而国外主要侧重于组分化学动力学生烃模拟。因为在复杂的地质过程中,氢指数的变化不受压力和催化剂条件的影响,是具有普适性的参数,因此氢指数模拟得到的模拟结果能够准确地反映盆地的生烃量史。

1. TTI-Ro 法生烃史模型

TTI-Ro 生烃模拟方法也称为烃产率曲线法,TTI-Ro 生烃模拟是根据地史模型所得的埋藏史以及热史模型所得的古地温史,计算出各个地层单元格的时间温度指数(TTI)史;根据现今实测的 Ro 值以及最大埋深时的 TTI 值,制作 TTI-Ro 回归曲线;根据 TTI 史以及 TTI-Ro 回归曲线,计算出 Ro 史,即烃类成熟度史。利用各个烃源岩层的有机碳含量、有机质类型,依据 Ro-烃产率关系曲线即可计算出各个时期的生烃数据。

镜质体反射率 Ro 与地热演化密切相关,并且具有显著的稳定性和不可逆性,采集方法简单而准确、价格低廉。由于在沉积岩的有机质中也普遍存在镜质体,所以该方法被引入到石油地质的研究中,作为有机质成熟度的鉴定标志。Ro 的变化除受热作用程度(即温度)的控制外,还受热作用时间长短的控制。

生烃量史是每个烃源层的生油强度史、生油量史、含油饱和度史、生气强度史、生气量史、含气饱和度史的总和(石广仁,1999)。生烃量与烃源岩的范围及烃源岩所含有机质的浓度有关,还与有机质的成熟度有关。各成熟阶段的生烃率由成熟度与生烃率的关系曲线决定。烃源岩中有机质含量处于不断变化之中,现今测得的暗色泥岩中残留有机质浓度是经过长期的降解而逐步形成的,因而需要通过当前研究区域的热降解资料获取 Ro 和有机碳恢复系数曲线,以便获得开始降解之前的原始有机碳的含量,同时需要降解资料获得 Ro 和生烃率之间的曲线,以便进行生烃史的模拟。

2. 化学动力学生烃史模型

化学动力学法是利用化学动力学参数(生烃潜量、活化能和频率因子),结合地温史和埋藏史,通过求解化学动力学方程组来计算各烃源层生烃潜量随时间的变化,从而反映生烃演化程度,得到降解率史,即成熟度史。最后,利用各个烃源岩层的有机碳含量、干酪根类型等地化资料计算得到各个时期的生烃量。

Tissot 认为,干酪根在温度和时间的作用下向烃类转化的过程可分为两个阶段,即干酪根(A)→降解的中间产物(B)→中间产物(C)。其中,中间产物被认为是液态烃(油),而最终产物就是天然气。这样,干酪根的热降解生油过程就可划分为成油、成气两大阶段。干酪根由六类不同键合的物质构成,六类键合的物质降解为石油,进一步降解为气是六个平行的一级反应。干酪根的降解过程:

$$\begin{cases} -\mathrm{d}X_i/\mathrm{d}t = K_{1i}X_i \\ \mathrm{d}u_j/\mathrm{d}t = K_{2j}Y \\ Y = \sum_{i=1}^{6} Y_i (i=1,2\cdots,6\cdots; j=1,2,\cdots,n) \\ \sum_{i=1}^{6} X_{i0} + \sum_{i=1}^{6} Y_{i0} + \sum_{j=1}^{n} u_{j0} = \sum_{i=1}^{6} X_i + \sum_{i=1}^{6} Y_i + \sum_{j=1}^{n} u_j \\ X_0 + Y_0 + U_0 = X + Y + U \end{cases} \quad (8-15)$$

其中反应速率 K_{1i} 和 K_{2i} 可由 Arrhenius 方程计算得到:

$$K_{1i} = A_{1i} \exp\left(-\frac{E_{1i}}{RT}\right) \quad (8-16)$$

$$K_{2j} = A_{2j} \exp\left(-\frac{E_{2j}}{RT}\right) \quad (8-17)$$

式(8-15)中第一个方程体现了干酪根降解随时间变化的函数关系,第二个方程用于求解由干酪根降解产物 Y(液态烃)生成气的数量(生气率),第三个方程表示液态烃总量,第四个方程为物质平衡方程,由该方程可以计算干酪根的产烃率(产油率+产气率)。

式(8-15)、式(8-16)和式(8-17)中,i 为第 i 类键合($i=1,2,\cdots,6$);j 为由 Y 生成气体的类别(若仅生成 CH_4,取 $j=1$);t 为时间,Ma;A_{1i}、A_{2i} 为频率因子,Ma^{-1};E_{1i}、E_{2i} 为活化能,kcal/mol;R 为气体常数,1.986cal/mol;T 为绝对温度,C+273;K_{1i} 为第 i 类键合物质裂解由 X_i 生成 Y_i 的反应速率,Ma^{-1};K_{2j} 为液态烃(Y)进一步裂解产生 C_j 的反应速率,Ma^{-1};X_{i0} 为时间为 0 时,干酪根第 i 类键合物质的初量,g/g(TOC);Y_{i0} 为时间为 0 时,干酪根中第 i 类键合物质产生的液态烃初量,取 0,g/g(TOC);u_{j0} 为时间为 0 时,j 型气的初量,取 0,g/g(TOC);X_i 为 t 时刻干酪根第 i 类键合物质数量,g/g(TOC);Y_i 为 t 时刻干酪根中第 i 类键合物质裂解产生液态烃数量,即生油量(生油率),g/g(TOC);u_j 为液态烃(Y)进一步裂解产生 j 型气 C_j 的数量(若仅生成甲烷,则 $j=1$),g/g(TOC)。

生烃量史的模拟计算:

生油量：$Oil = H \cdot S \cdot TOC \cdot \rho \cdot U_0$ （8-18）

生气量：$Gas = H \cdot S \cdot TOC \cdot \rho \cdot U_g$ （8-19）

式中，H 为烃源岩厚度，m；S 为烃源岩面积，m²；TOC 为烃源岩中有机碳含量，%；ρ 为烃源岩密度，t/m³；U_0 为单位生油量，g/g(TOC)；U_g 为单位生气量，g/g(TOC)。

3. 氢指数法生烃史模型

干酪根热降解规律：同类型干酪根的氢指数具有从地表向下由浅而深逐渐降低的特征，尤其是在进入生油门限之后，降低速率明显加快，当达到一定深度后在一个很小的数值上趋于稳定。

TTPCI-IH 法正是根据各干酪根类型氢指数随深度的变化关系曲线，由埋藏史得到各期次烃源层的氢指数，从而可以得到各期次的反应速率，再根据 Arrhenius 方程并结合地温史拟合各期次的表现频率因子和表现活化能，从而得到各期次的 TTPCI 史，即成熟度史。再用现今期次的 TTPCI 拟合现今氢指数，得到各干酪根类型氢指数与 TTPCI 的关系，从而恢复各期次氢指数史。最后，利用各个烃源岩层的有机碳含量、干酪根类型等地化资料计算得到各个时期的生烃量。

根据干酪根类型氢指数随深度的变化，由埋藏史得到氢指数史，进而拟合表现频率因子和表现活化能，得到各期次的成熟度史（TTPCI 史），再通过求得的氢指数与 TTPCI 的关系，恢复氢指数史，最后计算生烃量史。

各型干酪根的氢指数-深度变化曲线，如图 8-10 所示。

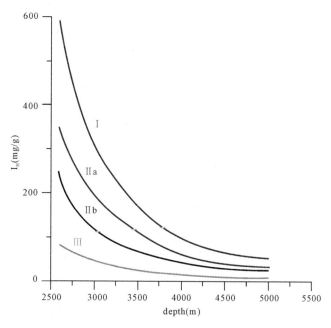

图 8-10 各干酪根类型氢指数-深度变化曲线

各类型干酪根热动力学参数的拟合：在生油门限以下，各类型干酪根的降解特点均可用化学动力学第一定律来描述：

$$K = (H_{i+1} - H_i)/H_i(t_{i+1} - t_i)$$ （8-20）

式中，K 为反应速率；H 为氢指数（IH，mg/g(TOC)）；i 为生油门限下某一点的标号；t 是沉降曲线上相应点的地层年代值（Ma）；H_i 和 H_{i+1} 分别为各反应段起点和终点的氢指数，可由各型干酪根的氢指数-深度变化曲线得到。

又据 Arrhenius 方程：

$$K = Ae^{-E/RT} \tag{8-21}$$

式中，A 为频率因子；E 为活化能；R 为气体常数；T 为每一反应区间的古温度，通过地热史模拟获取。

将式（8-20）求取的 K 代入式（8-21），并对式（8-21）取对数，即转换为线性形式：

$$\ln k = \ln A - E/RT \tag{8-22}$$

因此，可对同一反应阶段的每一反应区间的 $\ln K$ 与 $1/T$ 进行线性回归，得到 $\ln K$ 与 $1/T$ 关系的线性表达式，这时所获得的截距 a 相当于 $\ln A$，斜率 b 相当于 $-E/R$，于是可求出 A 和 E。按此法求得的 E 和 A 分别称为干酪根降解时的表现活化能和表现频率因子。

这些表现活化能和表现频率因子是某降解阶段平行反应着的若干类化学键的反应总能量及各种地质因素（时间、温度、压力、黏土矿物催化等）即 TTPC 综合作用的结果。因此，它们比单纯实验室求出的结果更接近盆地的实际情况。

由于各沉积盆地的地质条件差异很大，所以每一个沉积盆地都要拟合出自己的表现活化能（E）和表现频率因子（A）。用 TTPCI 代替原来的 TTI，通过将所求得的 E 和 A 值代入公式得到：

$$TTPCI = Ae^{-E/RT} \Delta t \tag{8-23}$$

TTPCI 和 I_H 的拟合曲线如图 8-11 所示。

各阶段生烃量：

$$Q = H * S * TOC * \rho (H_i - H_{i+1}) * 10^{-3} \tag{8-24}$$

式中，Q 为生油门限下两个期次的生烃量（t），为阶段生烃量；H 为烃源岩厚度（m）；S 为烃源岩面积（m^2）；TOC 为烃源岩中有机碳含量（%）；ρ 为烃源岩密度（t/m^3）；H_i 为生油门限下前一期次的氢指数[mg/g(TOC)]；H_{i+1} 为生油门限下下一期次的氢指数[mg/g(TOC)]。

4. 生烃过程中的增压抑制作用

干酪根热解成烃作用是烃源岩中异常高压的重要成因之一。由于生烃增压作用主要是伴随生、排烃作用而发生的，因此很难直接进行恢复和计算，通常借助数值模拟方法来描述。生烃增压作用包括两个方面，一是干酪根向烃类的转化导致地层压力增大；二是液态烃裂解成气态烃的增压作用。通过生烃作用的物理化学机理分析所建立生烃增压机制的数学模型表明生烃越多、干酪根与烃类流体的密度差越大、烃源岩越致密，则生烃增压强度就越大。天然气的生成比石油的生成具有更显著的增压效应。应用该数学模型可模拟研究烃源岩演化的生烃增压过程，并为再现由此导致的微裂缝幕式排烃的地质过程提供定量依据。

生烃而致超压的前提条件是厚层泥岩中含有大量有机质，并且有机质演化达到了大量生油气阶段，即高过成熟阶段。生烃作用形成的剩余压力大小决定于岩石孔隙体积的变化以及孔隙空间中的含烃流体和各种有机质体积的变化。当该压力增大到足以使源岩产生微裂缝时，孔隙流体通过微裂缝排出。排液后压力释放，受围压影响微裂缝又将闭合。这说明烃源岩生烃作用不但具有明显的增压效应，而且这种增压已构成微裂缝排烃的重要动力。值得一提

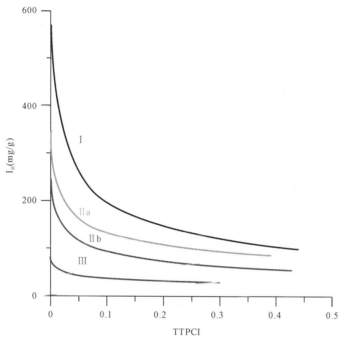

图 8-11　TTPCI 和 I_H 的拟合曲线

的是,生烃增压作用和微裂缝排烃作用都是发生在特定地史阶段的,而现今地层中的异常压力并不一定来源于生烃作用。因此生烃增压效应很难直接测量和计算,需要借助于数值模拟的方法来研究。

超压对生烃作用的抑制表明过高的沉降速率和异常高压阻止了液态烃裂解为气态烃。其原理可用下式来表达:

$$\frac{dX}{dt}=-kX, k=A\exp\left[\frac{-10^3}{R(T+273)}\right], A=10^3 \cdot e^{(-p/c)} \qquad (8-25)$$

式中,X 为生烃潜量,g/g(TOC);t 为时间,Ma;K 为反应速率,Ma^{-1};A 为频率因子,Ma^{-1};e 为活化能,kcal/mol;T 为温度,℃;R 为气体常数,1.986cal/(mol·K);p 为过剩压力,MPa;c 为常数系数。

显然,压力 P 增大,频率因子 A 减小,化学反应速率 K 减小,生烃过程减弱。反之增强。遗憾的是,这些研究成果并没有给出超压抑制生烃作用的定量表达式。在此情况下,为了避免超压的干扰并获得正确的模拟结果,可采用氢指数(TTRI 法)来代替 TTI 法。

生烃作用遵循三个原则。①质量守恒原则:在干酪根热解生烃的反应中源岩的总质量守恒,即已裂解的干酪根转化成同等质量的烃类与非烃类产物。②体积守恒原则:在排烃之前,所生成的产物全部充填在因干酪根热解而腾出的空间。③压力平衡原则:油、气、水共存于源岩孔隙中,具有统一的压力系统,即多相流体压力平衡。徐思煌等(1998)基于这三个原则,对生烃增压量(ΔP)的函数关系作了推导,所得的数学模型为:

$$\Delta P=\frac{M_g/P_g+M_o/P_o-M_k/P_k}{C_g \cdot M_g/\rho_g+C_o M_o/\rho_o+C_w \varphi} \qquad (8-26)$$

式中，M_g、M_o 分别为新生成的油、气质量；M_k 为热解的固态干酪根质量；P_g、P_o、P_k 分别为油、气、水的增压值；φ 为孔隙水的体积；ρ_o、ρ_g 分别为石油、天然气的密度；C_g、C_o、C_w 分别为地下天然气、石油和地层水的压缩系数。

三、排烃模拟方法与技术

排烃在受到烃源岩生烃作用、黏土脱水、微裂隙等内部因素控制的同时，也会有区域构造、岩相变化、断层等外部条件的影响。排烃的三维模拟过程中综合考虑内外因的影响，在基于角点网格建立的排烃模型上，通过压实排烃模型和多组分法排烃模型得到排烃量，然后通过流体势、岩性和断层判断油气的方向、流体势的比值分配油气的比例，使排烃量分配到相邻运载层。

流体势模拟主要利用构造、温度、超压数据计算出三相流体的流体势值，为油气的运移聚集模拟提供依据。改进的压实排烃模拟通过对构造、温度、压力及生烃量等数据的读取，计算出合理的排烃量。多组分排烃模拟是通过热力学方法描述孔隙流体的相态及其在烃源岩演化过程中的变化，采用组分模型描述孔隙流体的组成。

排烃过程的模型分为两个相互衔接的亚模型：机械压实排烃亚模型和幕式排烃亚模型，前者由正常的机械压实作用驱动，而后者由孔隙超压作用驱动。

本系统使用 SRK 状态方程和相平衡准则，实现孔隙流体不同组分在孔隙压力和温度下的闪蒸平衡，并利用闪蒸平衡计算的孔隙温度和压力状态下三相流体所占的体积，同时结合孔隙体积的大小来求取孔隙流体的排出量以及各个组分的排烃量。

1. 流体势模拟

流体势是指单位质量流体所具有机械能的总和，地层中某一点的流体势等于该点的压能与相对于某基准面的位能以及动能之和。它是控制流体运移和聚集的驱动力，它决定流体的流动方向，即从高势区向低势区流动，它反映了地下温度、重力、应力等因素对地下流体的综合作用，在流体势模拟过程中主要考虑压力、浮力、毛细管力这三种力的作用。流体势场与油气运移、聚集具有密切关系已被广大石油地质学家所认同，已成为定量研究油气运移及聚集成藏问题的理论基础和依据。

流体势的计算包括油势、气势和水势的计算，具体公式如下：

$$\Phi_w = gh + P_w/\rho_w$$
$$\Phi_g = gh + P_g/\rho_g$$
$$\Phi_o = gh + P_o/\rho_o \tag{8-27}$$

Φ_o、Φ_g、Φ_w 分别为油势、气势、水势；g 为重力加速度；h 为海拔高程；P_o、P_g、P_w 分别为油压、气压、水压；ρ_o、ρ_g、ρ_w 分别为油、气、水的密度。

2. 改进的压实排烃模型

烃源岩排烃作用可分为两个阶段。第一阶段为压实排烃阶段，此阶段油气排出及时，在短时间内即达到压力平衡（在整个孔隙系统中）。第二阶段为超压排烃阶段（或称微裂缝幕式排烃阶段），此阶段因烃源岩埋藏较深，孔隙度和渗透率很小，流体排出明显受阻，油气无法到达并越过烃源岩的边界，成为一个封闭或半封闭体系。由于流体增量增温引起压力差异长时间不能平衡而出现超压现象。当异常高压达到一定界限便引起烃源岩破裂而产生微裂缝,导致含烃流体沿着微裂缝突发性排出。随着含烃流体的排出,孔隙压力释放,微裂缝便又闭合了。如此反复,微裂缝不断开启和闭合,使烃类呈幕式不断排出烃源岩,直至生烃结束。

两个排烃阶段的划分以烃源岩出现超压为界,本系统以是否超过烃源岩的破裂压力为判断依据,若超压大于烃源岩的破裂压力,则视为可以发生幕式排烃。若研究区烃源岩在埋藏过程中并未出现超压,则只存在压实排烃阶段。

本方法是在普通的压实排烃方法基础上的一种优化改进,其优点在于计算排油量的同时还可以计算出排气量。实际模拟时需要做如下假设:①岩石骨架是不可压缩的,压实中流体的排出量(体积)等于压实期间孔隙中流体增量体积与压实后孔隙体积的减量之和(守恒律:排出量+存量=原存量+生成量);②烃源岩处于正常压实阶段,孔隙系统流体压力等于静水压力,亦即假定排烃无大阻碍,能"及时"排出,可以不考虑超压问题;③孔隙系统内的流体至多呈油、气、水三相存在,各相流体的排出体积与各相的可动部分的饱和度成正比。

3. 多组分法排烃模型

多组分法排烃模型是用热力学方法描述孔隙流体的相态及其在烃源岩演化过程中的变化,采用组分模型描述孔隙流体的组成。烃源岩的孔隙流体被分为多个组分,它们是甲烷、乙烷、丙烷、丁烷、戊烷、油、二氧化碳和水,或者可以分为多个混合组分。这些组分至多呈三个相态出现,即水相、油相和气相。因为重烃在水中的溶解度很小,同时为了简化排烃数学模型,系统中将以上各组分在水中含量以溶解度简单计算完成(在此假设,上述各组分中,只有甲烷和二氧化碳可以溶解于水,而水组分只存在于水相中)。在孔隙体系内不同相态的存在应符合流体的相态平衡特征。各组分在水中的溶解度可根据其溶解度确定,则系统中存在的主要相态平衡,为气态物质和油的相态平衡,为 SRK 状态方程和相平衡准则。

4. 排烃方向模型

排烃方向受多种因素的控制,其中最重要的是区域构造背景,即凹陷区与凸起区的相对位置及其发育历史;同时,还受储集层的岩性岩相变化、地层不整合、断层分布及其性质、水动力条件等因素的影响。因此,排烃方向的三维模拟是综合考虑以上各种条件得出的。

为了简化模型,在排烃方向模拟时假定石油主要以游离态从烃源岩中排出,而天然气以溶解态运移,并且油气水在正常压实产生的剩余压力、欠压实产生的异常高压、毛细管力和浮力等合力作用下,驱使油气水从烃源岩向运载层运移。同时,根据流体势等于该点的压能与相对于某基准面的位能以及动能之和,反映了地下温度、重力、应力等因素对地下流体综合作用的原理,设定流体势是排烃方向的主控因素,令流体从高势区向低势区方向运移。

把整个运移划分为烃源岩单元格到最临近运载层单元格的运移过程(如图 8-12 的①过程)和储集层单元格运移过程(如图 8-12 的②过程),划分的标准是最临近运载层单元格的空隙是否充满,如果没有充满,进行①过程,否则进行②过程,在②运移过程中需要综合考虑流体势、岩性和断层的影响。

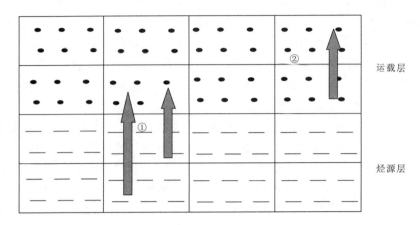

图 8-12 排烃方向简单模型示意图

第五节 运聚模拟

在陆相含油气盆地中,由于沉积体的岩性复杂多变,再加上断层、裂隙和不整合面发育,导致油气赖以运移和聚集的介质充满了非均质性;不仅如此,地层温度、压力和油气相态、流体势也是复杂多变的。这就造成油气运移方向、运移速率和运移量的变化充满了非线性特征,难以确定性求解。况且,在 1000m 深度以下的地质流体并非达西流体,基于达西定律的传统动力学方法也不可能实现油气运聚过程的定量描述和动态模拟。基于模糊数学和神经网络的人工智能模拟方法是解决这个问题的有效途径之一(吴冲龙等,2001)。

一、油气人工智能运聚模拟

针对不同试验区的实际状况,有关输导体系影响因素的评价参数有待完善,相关的知识库和评判准则也还需要调整和扩充;与地质体三维角点网格模型的耦合模拟方法有待探索;软件系统的各项功能有待进一步优化和完善。因此,人工智能运聚的主要研究内容包括:建立基于模糊人工神经网络的试验区油气运聚人工智能系统全局模型;完善判断油气运聚条件的知识库和推理准则;建立基于角点网格模型的试验区油气运移和聚集单元体模型,并探索模糊人工神经网络与地质体三维角点网格模型耦合模拟的途径及其实现方法;开发基于三维角点网格模型的油气运聚人工神经网络模拟软件;在完成前期三维构造模拟、生排烃史模拟的前提下,对试验区的油气运移方向、运移强度史进行三维动态模拟;输出模拟成果,并进行试验区油气运移、聚集模拟结果的分析与评价。

二、油气人工智能运聚模拟的方法与技术

开展上述各项研究并实现实验区的油气运聚人工神经网络模拟涉及多项技术,其中关键

技术有三项,即试验区油气运聚人工智能全局模型的建立、输导体系评价的人工神经网络模型的建立、油气运移和聚集的单元体模型的建立。油气运移和聚集的单元体模型的建立是使人工神经网络模拟由抽象的一维时空域进入四维时空域的一项创新性探索和尝试。

1. 油气运聚人工智能系统全局模型

采用人工神经网络系统(ANNS)是因为人工神经网络系统(ANNS)是由大量的简单元件(神经元)广泛相互连接而成的复杂系统,具有强大的知识学习、联想、自组织和自适应能力。由于采用大规模、并行分布式存储与处理机制,使知识的获取、存储与推理一体化可以克服专家系统存在的知识获取难、学习能力差和知识库管理难等缺点。不仅增加了系统模拟的灵活性和准确性,还能与其他模拟评价系统相匹配。

为了实现油气运聚的人工神经网络模拟,采用选择论的方式(吴冲龙等,1993)将动力学模拟与非动力学模拟结合起来,通过非动力学模拟——三维内插(田宜平等,2000)和体平衡模拟(毛小平等,1998,1999)来客观而动态地生成三维非均质的盆地(或凹陷)构造-地层体及其物性参数体;将传统动力学模拟与人工神经网络模拟结合起来,在三维构造-地层体的动态模拟基础进行单元剖分,使之转化为有限个均质体后,再利用传统动力学模拟方法对相态和驱动力求解,然后运用人工神经网络技术来解决单元体之间油气运移方向、运移速率和运移量等的非线性变化问题。油气运聚人工智能系统全局模型如图8-13所示。

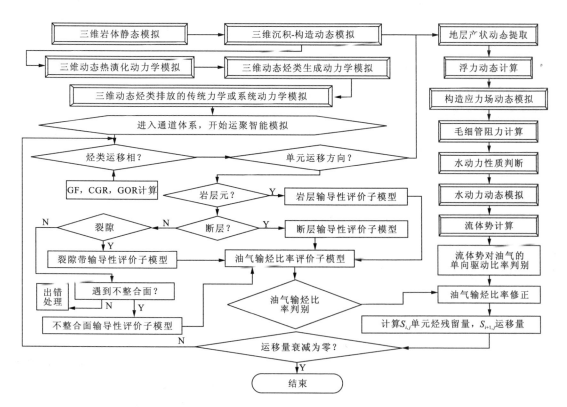

图8-13 烃类二次运移和聚集人工神经网络模拟系统全局模型
(双线框代表传统动力学模拟方式)

根据多年的研究和总结，人们关于油气运移和聚集的知识可以粗略地概括为以下几点。

(1) 盆地构造类型控制了盆地的沉积、构造和地热特征及其演化，从而对油气系统中烃类生成数量、运移方式和聚集条件起主导作用。

(2) 烃类运聚的"介质"包括通道体系、储集层、圈闭和盖层，起关键作用的是孔隙度与渗透性，不管是岩性岩相差异、断层性质差异还是通道特征差异，都可以大致归结为孔隙度与渗透性差异。

(3) 某一独立油气运移单元中所有的运移通道（包括断层、裂隙、孔隙、洞穴、不整合面以及热流体侵位和喷涌管道等）及相关的围岩组成一个通道体系，与烃源体相接的某些通道（如背斜脊）可能成为主干运移通道。

(4) 油气的"相态"包括游离油相、游离气相、气溶油相和油溶气相，在向上运移的过程中，低分子烃从石油中分离出去成为气相，高分子烃从天然气中分离出去成为液相，石油的密度增加而天然气的密度减少。

(5) 油气相态不仅影响二次运移的效率，而且制约运移速度和方向，在进入输导层之后，特别是在浅处，油气总是以游离相态存在和运移。

(6) 油气运移的动力是流体势，具体来说，二次运移的驱动力以浮力和剩余压力为主，其次是压实水动力和大气水动力；伸入烃源岩中的储集层依靠毛细管阻力可以像海绵一样吸纳油气，而构造应力在挤压盆地和构造反转期的拉张盆地中对流体势的贡献不能忽视。

(7) 温度的变化既制约着油气的相态，也影响着流体压力、浮力和毛细管阻力，还可以改变通道的某些特征，从而对流体势和油气运移的速度、方向、效率起作用。

(8) 油气聚集的最好场所是背斜圈闭，但在某些情况下断层圈闭、不整合面和岩性圈闭（砂体）也能富集大量油气，甚至超压带也可以对油气起封存作用，裂缝带的发育和开启（有效应力 $\sigma=0$）是自生自储型油气藏存在的重要条件。

(9) 存在封堵性好的区域性盖层是油气大规模聚集和长期保存的必备条件；扩散作用是气藏破坏的重要原因，气藏的存留是补充和扩散的动平衡结果。

(10) 油气在圈闭中的聚集通过渗滤作用或排替作用来实现，也可能通过渗滤和排替联合作用来实现；在运移通道上可能出现油气分异聚集现象，同时由于途中损耗和局部聚集，油气运移量将逐步减少，油气聚集量按圈闭出现的先后依次减少。

这是一些在石油地质界为多数人共识的带有公理性的知识。把这些知识与相关的动力、介质及油气相态的多种参数以及推理规则结合起来，就可以完善系统的知识库。

2. 输导体系评价的人工神经网络模型

油气运聚模拟所面对的是一个具有四维时空特征的油气系统，在新的试验区进行人工神经网络模拟，首先要完善相应的推理规则和知识库，以及输导体系评价的人工神经网络模型。

1) 油气运移方向和运移比率的推理规则和知识库

油气运聚人工神经网络的推理规则来自于专家的知识与经验，从大的方面讲，包括油气相态判别规则、流体势组成判别规则、水动力类型判别规则、构造应力反演的约束判别规则、毛细管阻力判别规则、断层力学性质判别规则、断层活动性判别规则、断层封堵性判别规则、裂隙带开启程度判别规则、断层和裂隙带活动期判别规则、模拟油气运移和聚集过程，评价油气资源潜力，必须遵从一系列严格的逻辑准则——符合接触类型和接触面积判别规则、油气运移方向判别规则、油气运移比率分配规则和运移量衰减判别规则等。

2)输导体系评价的人工神经网络模型

油气运移和聚集模拟所面对的是一个具有四维时空特征的油气系统,其中的输导体系构成了油气运移的活动空间,根据已建立的油气运移输导体系的概念模型,采用模糊数学方法对各输导体输导性的影响因素进行定量化,在此基础上,利用人工神经网络技术建立各输导体的评价模型。通道体系的输导性能评价,都可以归结为对介质特征的评价。目前已经认识了的通道体系的介质类型,大致有岩层、断层、裂隙带和不整合面四种。因此,基于人工神经网络的通道体系的输导性能评价模型,可划分为岩层、断层、裂隙带和不整合面四个子模型。

岩层(体)、断层、裂隙带和不整合面输导性的影响因素众多,但目前的评价标准不统一。本系统综合各方面的见解,采用模糊数学的隶属度分割方法建立了各影响因素的评价矩阵。对于断层、裂隙带和不整合面,其影响因素评价矩阵的元素按照有利度由"好、中等、差、很差"的形式组成。相应地对岩层、断层、裂隙带和不整合面的综合评价结果亦划分为四个等级;对于碎屑岩层(体),为了使之与习惯上的砂岩、砂泥混合岩和泥岩相适应,评价矩阵的元素由"好、中等、差"的形式组成。对其评价结果也相应地划分为三个等级。岩层、断层、裂隙带和不整合面等综合评价等级,表示输导性由好到差、储集性从差到好的变化。用户只要从专家知识库中获取岩层、断层、裂隙带和不整合面输导性评价的 BP 神经网络学习样本,采用 n(输入层)—$2n+1$(隐含层)—1(输出层)的神经网络拓扑结构进行学习训练,就可建立起 BP 神经元网络评价子模型。考虑到岩层(体)、断层、裂隙带和不整合面的输导性处于不同的水平上,为了便于在不同类型介质中进行比较,在建造方法模型和软件模型时,需要对它们的期望输出值进行矫正,使其具有相同的标准。

将从专家知识中获取的样本,经过对岩层(体)输导性评价指标及评价级别等指标定量化之后,采用 6(输入层)—13(隐含层)—1(输出层)神经网络拓扑结构,系统的误差设定为 0.0001,经过反复学习,即建立了岩层(体)评价人工神经网络评价模型。

3. 油气运移和聚集的单元体模型

采用三维网格化方法来剖分单元体,可使非均匀的复杂介质转化为有限个均质体。剖分的尺度准则是要求在横向上能反映岩性、岩相的变化及局部圈闭,在纵向上能反映各层系的构造及有关地质特征。每个单元体的输导性通过人工神经网络来判别,输入数据包括初始烃量、相态、介质参数和流体势等,可通过传统动力学模拟和三维数字地质体模拟来获取。

1)单元体的划分

目前基于角点模型,已将地层划分为多个单元体,每个单元体所需要的数据包括初始烃量、相态、介质类型、孔隙度和驱动力等,部分参数已通过前面的模拟得到,而一些参数则需要临时获取,如相态和流体势可以采用前述数学模型来求解和判定。

2)单元体输烃比率估算

每个单元体向其上、下、左、右、前、后各单元体输出的烃比率可以根据该单元体与相邻单元体的介质类型、孔隙度和驱动力的综合比较来进行半定量确定。下面以仅考虑向上浮力和毛管阻力驱动的简单情况为例加以说明。

下面是两条从水平的泥岩单元体向外排烃的判断规则(专家知识)的定性表述:

规则 1106

(1)若盆地处于持续沉降阶段,且

(2)单元体基本上由泥岩,且

(3)单元体的泥岩处于正常压实阶段晚期,且

(4)单元体的顶上是砂岩,且

(5)单元体的一侧是砂岩,且

(6)单元体的另三侧是泥岩。

则油气主要是向顶上的砂岩作垂向运移,部分向砂岩一侧横向运移。

单元体输导性能评价指标采用模糊数学的隶属度分割方法对单元体与周围各单元体输导性能评价指标定量化,同样能建立评价矩阵,当把从专家经验中获取的样本代入网络,将各单元体的输导性定量指标值作为网络输入,将向相邻各单元体的烃输出比率作为网络的输出,系统的误差设定为 0.0001,经过反复学习,即建立了单元体输烃比率评价的人工神经网络评价模型。

3)断层单元的烃运移模型

由于断层的作用,可能导致储集层和储集层、储集层和盖层、储集层和烃源岩或烃源岩和盖层等不同输导性能的地层对置。显然,无论断层单元是作为油气运移的有效通道单元,还是作为封堵单元,其对油气的运移和聚集都会产生重要影响。

如果断层单元作为油气运移的通道单元,油气在沿着断层单元向上运移的过程中,会向与其相连接的储集层单元分配烃量,如果存在多个储层单元,一般上部储层单元的烃类分配量较下部为少,但这种烃类的分配主要依据断层单元和储集层单元、储集层单元和储集层单元之间输导性的对比关系。其简单的模型表达如下。

假设与断层相连接的且接受断层烃分配量的储集层单元体的数量为 n,各单元体的输导性评价指数分别为 $i_1, i_2, \cdots, i_k, \cdots, i_n$,则第 k 个单元体接受的烃分配量为:

$$Q_k = Q \times \alpha_k \times (i_k / (\sum_{j=1}^{n} i_j)) \tag{8-28}$$

式中,Q 为断层烃分配总量;Q_k 为第 k 个单元体接受的烃分配量;α_k 为第 k 个单元体接受烃分配量的修正系数(根据运移距离确定)。

由于断层运移烃类的实际地质过程非常复杂,影响因素很多。在上面建立的简单模型基础上,综合各种地质因素能够很好地解决与断层单元体相连接的各单元体烃量分配问题,为模拟软件模型的建立和软件开发奠定基础。

思考题

1. 盆地模拟的任务和性质是什么?
2. 盆地模拟与油气成藏模拟的联系和区别是什么?盆地模拟的内容包括哪些?
3. 地史模拟的内容是什么?有哪几种方法?
4. 热史模拟的内容是什么?有哪几种方法?
5. 生排烃模拟的内容是什么?有哪几种方法?
6. 运聚模拟的内容是什么?有哪几种方法?

主要参考文献

边馥苓.地理信息系统原理和方法[M].北京:测绘出版社,1996.

蔡强,杨钦,李吉刚,等.三维PEBI网格生成的初步研究[J].计算机工程与应用,2004,22:97－99.

曹志月.时空数据模型的研究及其在时空地图可视化系统中的应用[D].北京:中国科学院地理科学与资源研究所博士学位论文,2001.

查文书.基于PEBI网格的油藏数值计算及其实现[D].合肥:中国科学技术大学博士论文,2010.

查文舒,李道伦,张龙军,等.PEBI网格划分方法研究[J].油气井测试,2013,22(1):23－27.

陈昌彦,张菊明,杜永廉,等.边坡工程地质信息的三维可视化及其在三峡船闸边坡工程中的应用[J].岩土工程学报,1998,20(4):1－6.

陈军,陈尚超,唐治锋.用非第一范式关系表达GIS时态属性数据[J].武汉测绘科技大学学报,1995,20(1):12－17.

陈军,蒋捷.多维动态GIS的空间数据建模、处理与分析[J].武汉测绘科技大学学报,2000,25(3):189－195.

陈军.多维动态地理空间框架数据的构建[J].地球信息科学,2002(1):7－12.

陈述彭.地图学的展望——地学的探索(第二卷)[M].北京:科学出版社,1988.

陈述彭.地学信息图谱探索研究[M].北京:商务印书馆,2001.

戴上平,黄革新.空间数据模型研究[J].武汉冶金科技大学学报(自然科学版),1999,22(1):78－80.

杜晓初.多重表达中空间拓扑关系等价性研究[D].武汉:武汉大学博士论文,2005.

方思行,陆颖.时态数据库的可视化方法与技术[J].计算机科学,1999,26(12):69－72.

费琪.成油体系分析与模拟(第2版)[M].北京:高等教育出版社,2001.

冯秉铨.现代科学技术中的信息科学[J].百科知识,1980(5):48.

高岗,柳广弟,王兆锋.生烃模拟结果的校正[J].新疆石油地质,2005,26(2):202－206.

高俊.地图的空间认知与认知地图学.见:中国地图学年鉴[M].北京:中国地图出版社,1991.

高俊.地图学四面体——数字化时代地图学诠释.见:总参测绘局编.军事地图制图与地理信息工程发展与展望论文集[C].北京:解放军出版社,2002.

高云琼,徐建刚,唐文武.同一结点上弧-弧拓扑关系生成的新算法[J].计算机应用研究,2002(4):58－59.

龚建华,林晖.虚拟地理环境——在线虚拟现实的地理学透视[M].北京:高等教育出版社,2000.

龚健雅,夏宗国.矢量与栅格集成的三维数据模型[J].武汉测绘科技大学学报,1997,22(1):7-15.

龚健雅.地理信息系统基础[M].北京:科学出版社,2001.

郭晶,刘广军,董绪荣.基于空间网格和Hilbert R-tree的二级R-tree空间索引[J].武汉大学学报,2005,30(12):1084-1088.

郭庆胜,杜晓初,闫卫阳.地理空间推理[M].北京:科学出版社,2006.

韩志军,汪新庆,吴冲龙.野外数据采集系统数据字典的研制[J].地球科学(中国地质大学学报),2000,24(5):539-541.

韩志军,吴冲龙,袁艳斌.地质矿产信息系统开发的标准化[J].中国标准化,1999(11):7-8.

何光玉.南海珠三坳陷含油气系统动力学研究[D].武汉:中国地质大学博士学位论文,1998.

何建邦.数字地面模型[M].北京:测绘出版社,1995.

何珍文,吴冲龙,刘刚,等.地质空间认知与多维动态建模结构研究[J].地质科技情报,2012,31(6):46-51.

何珍文.地质空间三维动态建模关键技术研究[D].武汉:华中科技大学博士学位论文,2008.

洪立波,刘岳,王英杰,等.北京市电子地图集[J].北京市测绘设计研究院,2001.

侯恩科.三维地学模拟的若干关键问题研究[D].北京:中国矿业大学博士论文,2002.

侯景儒,黄竞先.地质统计学的理论与方法[M].北京:地质出版社,1990.

侯景儒,尹镇南,李维明,等.实用地质统计学[M].北京:地质出版社,1998.

胡继武.信息科学与信息产业[M].广州:中山大学出版社,1995.

黄志澄.数据可视化技术及其应用展望[J].电子展望与决策,1999,6:3-9.

江斌.空间与空间认知:略谈空间信息理论的形成[J].地图,1998(3):6-9.

孔德慧.有界域三维数据场可视化研究[D].北京:北京航空航天大学博士论文,1996.

李德仁,关泽群.空间信息系统的集成与实现[M].武汉:武汉测绘科技大学出版社,2000.

李德仁,李清泉.论地球空间信息科学的形成[J].地球科学进展,1998,13(4):319-326.

李德仁,李清泉.三维GIS混合数据结构研究[J].测绘学报,1997,26(2):121-127.

李明超.大型水利水电工程地质信息三维建模与分析研究[D].天津:天津大学博士论文,2006.

李攀,王明君,傅旭杰,等.基于Open Inventor的三维地层可视化[J].物探化探计算技术,2008,30(4):345-348.

李清泉,李德仁.三维地理信息系统中的数据结构[J].武汉测绘科技大学学报,1996,2(2):128-133.

李清泉,李德仁.三维空间数据模型集成的概念框架研究[J].测绘学报,1998,27(4):325-330.

李庆杨,王能超,易大义.数值分析(第3版)[M].武汉:华中理工大学出版社,1986.

李术元.化学动力学在盆地模拟生烃评价中的应用[M].东营:石油大学出版社,2000.

李星,廖莎莎,周霞,等.基于返揭法的东营凹陷古地热场三维动态模拟[J].地质科技情报,2012,31(6):34-39.

李星,黄文娟,孙旭东,等.东营凹陷地层异常压力的成因机制与动态模拟[J].地质科技情报,2012,31(6):28-33.

李志刚.广义域散乱三维数据场的通用可视化技术研究[D].北京:北京航空航天大学博士论文,1997.

李志林,朱庆.数字高程模型[M].武汉:武汉测绘科技大学出版社,2000.

李仲学,李翠平,李春民,等.地矿工程三维可视化技术[M].北京:科学出版社,2007.

廖朵朵,张华军.OpenGL三维图形程序设计[M].北京:星球地图出版社,1996.

廖克.90年代地图学发展趋势及今后的展望[J].地理学报,1994(49):625-632.

廖克.迈进21世纪的中国地图学[J].地球信息科学,1999(2):46-51.

凌咏红,黄小微.油田三维地质建模技术及其软件实现[J].计算机工程,2009,5(1):237-239.

刘刚,翁正平,毛小平,等.基于三维数字地质模型的地质空间动态剪切分析技术[J].地质科技情报,2012,31(6):9-15.

刘刚,吴冲龙,何珍文,等.地上下一体化的三维空间数据库模型设计与应用[J].地球科学(中国地质大学学报),2011,36(2):367-374.

刘海滨.油气运移和聚集人工智能模拟系统的研制[R].武汉:中国地质大学博士后流动站出站报告,2000.

刘军旗,綦广,程温鸣,等.滑坡透明化研究与应用:以黄土坡滑坡为例[J].地质科技情报,2012,31(6):52-58.

刘军旗.水利水电工程地质三维信息系统研究与应用[D].武汉:中国地质大学(武汉)博士学位论文,2007.

刘少华,刘荣,程朋根,等.一种基于似三棱柱的三维地学空间建模及应用[J].工程勘察,2003(5):52-54.

刘岳,梁启章.专题地图制图自动化[M].北京:测绘出版社,1979.

刘岳.国家经济地图集的设计和制图可视化的方法技术[J].地理学报,1995,50(3):193-205.

柳庆武,吴冲龙,李绍虎.基于钻孔资料的三维数字地层格架自动生成技术研究[J].石油实验地质,2003,25(5):501-504.

鲁学军,承继成.地理认知理论内涵分析[J].地理学报,1998,53(2):132-140.

鲁学军,秦承志,张洪岩,等.空间认知模式及其应用[J].遥感学报,2005(3):1-9.

毛善君.煤矿地理信息系统数据模型的研究[J].测绘学报,1998,27(4):331-337.

毛小平,李绍虎,刘刚.复杂条件下的回剥反演方法——最大深度法[J].地球科学,1998,23(3):277-280.

毛小平,马利,张志庭,等.东营凹陷牛庄—王家岗区块输导层油气运移初值三维重建方法与应用[J].地质科技情报,2012,31(6):41-45.

毛小平,吴冲龙,袁艳斌.地质构造的物理平衡剖面法[J].地球科学,1998,3(2):167-

170.

毛小平,吴冲龙,袁艳斌. 三维构造模拟方法——体平衡技术研究[J]. 地球科学,1999,24(6):505—508.

潘懋,方裕,屈红刚. 三维地质建模若干基本问题探讨[J]. 地理与地理信息科学,2007,23(3):1—5.

庞雄奇,陈章明,陈发景. 含油气盆地地史、热史、生留排烃史数值模拟研究与烃源岩定量评价[M]. 北京:地质出版社,1993.

彭芳瑜,周云飞,周济. 基于插值与逼近的复杂曲面拟合[J]. 工程图学学报,2002,23(4):87—96.

齐安文,吴立新,李冰,等. 一种新的三维地学空间构模方法——类三棱柱法[J]. 煤炭学报,2002,27(2):158—163.

齐华,刘文熙. 建立结点弧-弧拓扑关系的 Qi 算法[J]. 测绘学报,1996,25(3):233—235.

屈红刚,潘懋,王勇,等. 基于含拓扑剖面的三维地质建模[J]. 北京大学学报(自然科学版),2006,42(6):717—723.

施法中. 计算机辅助几何设计与非均匀有理 B 样条(CAGD&NURBS)[M]. 北京:北京航空航天大学出版社,1994.

石广仁,张庆春. 烃源岩压实渗流排油模型[J]. 石油学报,2004,25(5):34—37.

石广仁. 含油气系统模拟方法[M]. 北京:石油工业出版社,1994.

石广仁. 油气盆地数值模拟方法[M]. 北京:石油工业出版社,1998.

史文中,吴立新,李清泉,等. 三维空间信息系统模型与算法[M]. 北京:电子工业出版社,2007.

宋晓宇,周新伟,王永会. 三维 GIS 中混合树空间索引结构的研究[J]. 沈阳建筑大学学报(自然科学版),2006,22(3):478—482.

孙家广. 计算机图形学[M]. 北京:清华大学出版社,1990,1998.

唐泽圣. 三维数据场可视化[M]. 北京:清华大学出版社,1999.

田宜平,刘海滨,刘刚,等. 盆地三维构造-地层格架的矢量剪切原理及方法[J]. 地球科学,2000,25(3):306—310.

田宜平,毛小平,张志庭,等. "玻璃油田"建设与油气勘探开发信息化[J]. 地质科技情报,2012,31(6):16—22.

田宜平,袁艳斌,李绍虎,等. 建立盆地三维构造-地层格架的插值方法[J]. 地球科学,2000,25(2):191—194.

田宜平. 盆地三维数字地层格架的建立与研究[D]. 武汉:中国地质大学(武汉)博士论文,2001.

王春,王占宏,李鹏,等. DEM 地形可视化自增强技术[J]. 地理信息世界,2009,2(1):38—45.

王更生,汪圣安. 认知心理学[M]. 北京:北京大学出版社,1991.

王家耀,陈毓芬. 理论地图学[M]. 北京:解放军出版社,2000.

王建华. 空间信息可视化[M]. 北京:测绘出版社,2002.

王鹏杰,李威,王聪. DirectX 游戏编程[M]. 北京:机械工业出版社,2010.

王全科.基于认知的多维动态地图可视化研究[D].中国科学院地理研究所博士学位论文,1999.

王士同.人工智能教程[M].北京:电子工业出版社,2006.

王伟元.烃类运聚评价专家系统及其应用.载于《油气运移研究论文集》,张厚福主编[C].北京:石油大学出版社,1993.

王英杰,袁勘省,余卓渊.多维动态地学信息可视化[M].北京:科学出版社,2003.

危拥军,江南.地图的信息传输功能及扩展[J].测绘技术装备,2000,2(4):21-23.

翁正平,何珍文,毛小平,等.三维可视化动态地质建模系统研发与应用[J].地质科技情报,2012,31(6):59-66.

翁正平,吴冲龙,毛小平.基于平面图的盆地三维构造——地层格架建模技术[J].地球科学(中国地质大学学报),2002,26(增刊):135-138.

吴冲龙,何珍文,翁正平,等.地质数据三维可视化的属性、分类和关键技术[J].地质通报,2011,30(5):642-649.

吴冲龙,李星,刘刚,等.盆地地热场模拟的若干问题探讨[J].石油实验地质,1999,21(1):1-7.

吴冲龙,李星.多热源叠加的岩层有机质成熟度动态模拟方法[J].石油与天然气地质,2001,22(2):187-189.

吴冲龙,刘刚,田宜平,等.论地质信息科学[J].地质科技情报,2005,24(3):1-8.

吴冲龙,刘海滨,毛小平,等.油气运移和聚集的人工神经网络模拟[J].石油实验地质,2001,23(2):203-212.

吴冲龙,毛小平,田宜平,等.盆地三维数字构造-地层格架模拟技术[J].地质科技情报,2006,25(4):1-8.

吴冲龙,田宜平,张夏林,等.地质信息技术基础[M].北京:清华大学出版社,2008.

吴冲龙,王燮培,毛小平,等.三维油气成藏动力学建模与软件开发[J].石油实验地质,2001,23(3):301-311.

吴冲龙,翁正平,刘刚,等.论中国"玻璃国土"建设[J].地质科技情报,2012,31(6):1-8.

吴冲龙,张洪年,周江羽.盆地模拟的系统观和方法论[J].地球科学(中国地质大学学报),1993,18(6):741-747.

吴冲龙,张夏林,翁正平.基于实体与块体混合模型的三维矿体可视化建模技术[J].煤炭学报,2012,37(4):553-558.

吴冲龙.地质矿产点源信息系统的开发与应用[J].地球科学(中国地质大学学报),1998,23(2):194-198.

吴冲龙.煤变质作用热动力学分析的原理与方法[J].煤炭学报,1997,22(3):225-229.

吴春发,李星.地质模拟中数据插值方法的应用[J].地球信息科学,2004,6(2):50-52.

吴立新,史文中,Christopher G M.3D GIS与3D GMS中的空间构模技术[J].地理与地理信息科学,2003,19(1):5-11.

吴立新,史文中.论三维地学空间构模[J].地理与地理信息科学,2005,21(1):1-4.

武强,徐华.三维地质建模与可视化方法研究[J].中国科学(D辑:地球科学),2004,34(1):54-60.

武强,徐华.虚拟地质建模与可视化[M].北京:科学出版社,2011.

徐能雄,武雄,汪小刚,等.基于三维地质建模的复杂构造岩体六面体网格剖分方法[J].岩土工程学报,2006,28(8):957-961.

徐青.地形三维可视化技术[M].北京:测绘出版社,2008.

徐永安.约束Delaunay三角化的关键问题研究与算法实现及应用[D].杭州:浙江大学博士论文,1999.

杨柏林.OpenGL编程精粹[M].北京:机械工业出版社,2010.

杨东来,张永波,王新存,等.地质体三维建模方法与技术指南[M].北京:地质出版社,2007.

杨起,吴冲龙,汤达祯,等.中国煤变质作用[J].地球科学(中国地质大学学报),1996,21(3):311-319.

曾建超.虚拟现实的技术和应用[M].北京:清华大学出版社,1996.

曾新平.地质体三维可视化建模系统GeoModel的总体设计与实现技术[D].北京:中国地质大学(北京)博士论文,2005.

张卫海,陈中红,查明,等.东营凹陷烃源岩排油机理[J].石油学报,2006,27(5):46-50.

张夏林,蔡红云,翁正平,等."玻璃国土"建设中的矿山高精度三维地质建模方法[J].地质科技情报,2012,31(6):23-27.

张夏林,吴冲龙,翁正平,等.数字矿山软件(QuantyMine)若干关键技术的研发和应用[J].地球科学(中国地质大学学报),2010,35(2):302-310.

张祖勋.时态GIS的概念、功能和应用[J].测绘通报,1995(2):12-14.

赵建军,王启付.边界一致的Delaunay四面体网格稳定算法[J].机械工程学报,2004,40(6):100-106.

赵军喜,陈毓芬.认知地图及其在地图制图中的应用[J].地图,1998(2):11-13.

赵鹏大,李紫金,胡旺亮.矿床统计预测[M].北京:地质出版社,1983.

钟登华,李明超,王刚,等.复杂地质体NURBS辅助建模及可视化分析[J].计算机辅助设计与图形学学报,2005,17(2):284-290.

钟义信.信息的科学[M].北京:光明日报出版社,1988.

朱长青,史文中.空间分析建模与原理[M].北京:科学出版社,2006.

朱大培.三维地质建模与曲面带权限定Delaunay四面体剖分的研究[D].北京:北京航空航天大学博士论文,2002.

朱庆,龚俊.一种改进的真三维R树空间索引方法[J].武汉大学学报(信息科学版),2006,31(4):340-343.

朱庆.三维动态交互式可视化模型——地理信息系统中的三维表示与分析[J].武汉测绘科技大学学报,1998,23(2):124-127.

Alan M. Lemon, Norman L. Jones. Building solid models from boreholes and user-defined cross-sections[J]. Computer & Geosciences,2003(29):540-555.

Alan M. MacEachren. Constructing knowledge from multivariate spatiotemporal data: integrating geographical visualization with knowledge discovery in database methods[J]. International Journal of Geographical Information Science,1999,13(4):311-334.

Apprato D, Gout Ch, Komatitsch D. A new method for ck-surface approximation from a set of curves with application to ship track data in the Marianas Trench[J]. Mathematical Geology, 2002, 34(7): 831—843.

Beckmann N, Kriegel H P, Schneider R, et al. The R-tree: an efficient and robust access method for points and rectangles[C]. In: Proceedings ACM SIGMOD International Conference on Management of Data, 1990.

Bentley J L, Faust G M, Preparata F P. Approximation algorithms for convex hulls[J]. Comm ACM, 1982(25): 64—68.

Chiaruttini C, Roberto V, Buso M. Spatial and temporal reasoning techniques in geological modeling[J]. Physics and Chemistry of the Earth, 1998, 23(3): 261—266.

Chopra P, Meyer J. TetFusion. An algorithm for rapid tetrahedral simplification[J]. In IEEE Visualization, 2003: 133—140.

Cignoni P, Costanza D, Montani C, et al. Simplification of tetrahedral meshes with accurate error evaluation[J]. In IEEE Visualization, 2000: 85—92.

Cignoni P, De Floriani L, Magillo P, et al. Selective refinement queries for volume visualization of unstructured tetrahedral meshes[J]. IEEE Transactions on Visualization and Computer Graphics, 2004, 10(1): 29—45.

Connie Blok. Visualization of relationships between spatial patterns in time by cartographic animation[J]. Cartography and Geographic Information Science, 1999, 26(2): 139—151.

D. Marr, L. Vaina. Representation and recognition of the movements of shapes[J]. Proceedings of the Royal Society of London B Biological Sciences, 1982, 214(1197): 501—524.

De Kemp E A, Sprague K B. Interpretive tools for 3d structural geological modelling Part I: Bezier-based curves, ribbons and grip frames[J]. GeoInformatica, 2003, 7(1): 55—71.

DiBiase D W. Scientific visualization in the earth sciences[J]. Earth and Mineral Sciences, 1990(19): 202—212, 265—266.

DiBiase D, MacEachren A, Krygier J, et al. Animation and the role of map design in scientific visualization[J]. Cartography and Geographical Information Systems, 1992, 19(4).

Duchaineau M, Wolinsky D E, Sigeti M C, et al. Roaming terrain(Real-time optimally adapting meshes)[J]. Proceeding of IEEE Visualization'97, 1997.

Eppler M J, Burkard R A. Knowledge visualization: towards a new discipline and its fields of application[C]. ICA-Working Paper #2/2004, University of Lugano, Lugano.

Fisher T R, Wales R Q. 3D solid modeling of sandstone reservoirs using NURBS: a case study of Noonen Ranch field, Denver basin, Colorado[J]. Geobyte, 1990, 5(1): 39—41.

Fisher T R, Wales R Q. Three dimensional solid modeling of geo-objects using non-uniform rational B-splines(NURBS). In: Turner, A. K. (Ed.), Three-dimensional modeling with geoscientific information systems[M]. Dordrecht: Kluwer Academic Publishers,

1992.

Freundschuh S M, Egenhofer M J. Human conceptions of spaces: implications for geographic information systems[J]. Transactions in GIS, 1997, 2(4): 361-375.

Garland M, Heckbert P S. Simplifying surfaces with color and texture using quadric error metrics[C]. In IEEE Visualization 98 Conference Proceedings, 1998: 263-269.

Garland M, Heckbert P S. Surface simplification using quadric error metrics. In Proceedings of SIGGRAPH 97[J]. ACM SIGGRAPH, 1997: 209-216.

Garland M. Multiresolution modeling. Survey & future opportunities[R]. In State of the Art Report. Eurographics, 1999: 111-131.

Garland M. Quadric-based polygonal surface simplification[D]. Ph. D. thesis, Carnegie Mellon University, CS Dept. Tech. Rept. CMU-CS-99-105, 1999.

Gelder A V, Verma V, Wilhelms J. Volume decimation of irregular tetrahedral grids[J]. In Computer Graphics International, 1999: 222-231.

Guttman A. R-trees: A dynamic index structure for spatial searching[J]. In: Proc. ACM SIGMOD, Massachusetts, 1984: 47-57.

Hang Si. A quality tetrahedral mesh generator and three-dimensional delaunay triangulator. http://tetgen.berlios.de/.

Hasebrook J. Multimedia psychology[Z]. Heidelberg, 1995.

Hazelton N W J. Temporal aspects of maps and mapping: some implications[J]. Surveying and Land Information Systems, 1997: 57(1).

He Zhenwen, Kraak M J, Huisman O, et al. Parallel indexing technique for spatio-temporal data[J]. ISPRS Journal of Photogrammetry and Remote Sensing, 2013(78): 116-128.

Heinemann Z E, Brand C W. Gridding techniques in reservoir simulation[J]. Proceedings First and Second International Forum on Reservoir Simulation, Alpbach, Austria, 1988: 12-16, 339-426.

Herbert M J, Jones C B. Contour correspondence for serial section reconstruction: complex scenarios in palaeontology[J]. Computers & Geosciences, 2001(4): 427-440.

Hoppe H, DeRose T, Duchamp T, et al. Mesh optimization[J]. In SIGGRAPH '93 Proc, 1993: 19-26.

Hoppe H. New quadric metric for simplifying meshes with appearance attributes[J]. IEEE Visualization '99, 1999: 59-66.

Hoppe H. Progressive meshes. In Proceedings of SIGGRAPH 96[J]. ACM SIGGRAPH, 1996: 99-108.

Houlding S W. 3D computer modeling of geology and mine geometry[J]. Mining Magazine, 1987(3): 226-231.

Houlding S W. 3D geosciences modeling-computer techniques for geological characterization[M]. New York: Springer-Verlag, 1994.

Houlding S W. Computer modeling limitations and new directions—part 1[J]. CIM Bulletin, 1991, 84(952): 75-78.

Houlding S W. Computer modeling limitations and new directions—part 2[J]. CIM Bulletin,1991,84(953):75—78.

Houlding S W. Practical geostatistics, modeling and spatial analysis[M]. New York: Springer-Verlag,2000.

Isenburg M,Lindstrom P. Streaming meshes[J]. In IEEE Visualization,2005(8):231-238.

Kai Xu,Kong Chunfang,Li Jiangfeng,et al. Geo-environmental suitability evaluation of land for urban construction based on a back-propagation neural network and GIS: a case study of Hangzhou[J]. Physical Geography,2012,33(5):457—472.

Kamel I,Faloutsos C. Hilbert R-tree:an improved r-tree using fractals[C]. In: Bocca J B, eds. Proceedings of the 20th International Conference on Very Large DataBases, San Francisco: Morgan Kaufmann Publishers Inc,1995:500—509.

Kamel I,Faloutsos C. On packing R-trees[C]. In: Proceeding of the 2nd Conference on Information and Knowledge Management(CIKM),Washington DC. ,1993:490—499.

Kolacny A. Cartographic information—a fundamental concept and term in modem cartography[J]. Cartographic Journal, 1968,6(1):47—49.

Kraak M J. Computer-assisted cartographical 3d imaging techniques[M]. Delft University Press,Delft,1988.

Kraak M J. Dealing with time[J]. Cartography and Geographic Information Science, 1999,26(2):83—84.

Kraak M J. GIS-cartography: visual decision support for spatio-temporal data handling[J]. INT. J. Geographical Information Systems,1995,9(6):637—645.

L. De Floriani, L. Kobbelt, E. Puppo. A survey on data structures for level-of-detail models[D]. Department of Computer Science,University of Genova,Genova,Italy,2005.

Les Piegl,Wayne Tiller. The NURBS book. Springer,second edition,1997.

LI Xin, Tian Yiping. Three dimensional mesh model watermarking algorithm[J]. Applied Mechanics and Materials,2012(198):1481—1486.

Li Xing,Wu Chonglong,Cai Suihua,et al. Dynamic simulation and 2d multiple scales and multiple sources within basin geothermal field[J]. International Journal Oil, Gas and Coal Technology,2013,6(1/2):103—119.

Lindstrom P,Turk G. Fast and memory efficient polygonal simplification[J]. In Proceedings of IEEE Visualization,98,1998:279 - 286.

Liu Gang,Tang Bingyin,Wu Chonglong,et al. 3d simulation of hydrocarbon-expulsion history:a method and its application[J]. International Journal Oil,Gas and Coal Technology, 2013,6(1/2):133—157.

Liu Zhifeng, Wu Chonglong, Wei Zhenhua. Research on 3d numerical simulation of petroleum pool-forming based on system dynamics[J]. International Journal Oil, Gas and Coal Technology,2013,6(1/2):158—174.

Luebke D,Reddy M,Cohen J D,et al. Level of detail for 3d graphics[M]. Morgan Kaufmann,2002.

M. Kornacker, C. Mohan, J. M. Hellerstein. Concurrency and recovery in generalized search trees[C]. In Proceedings ACM SIGMOD International Conference,1997:62—72.

MacEachren A M,Garner J H. A pattern identification approach to cartographic visualization[J]. Cartographica,1990:27(2).

MacEachren A M,Taylor D R F. Visualization in modern cartography[M]. London: Pergamon Press,1994.

MacEachren A. Time as a cartographic variable, visualization in GIS[M]. John Wiley & Sons Ltd,1994.

Mallet J L. Discrete smooth interpolation in geometric modeling[J]. Computer Aided Design,1992(24):199—219.

Mallet J L. Discrete smooth interpolation[J]. ACM Transactions on Graphics,1989,8(2):212—144.

Mao Xiaoping, Huang Yanhu, Wu Chonglong. Application of volume element model in 3d seismic forward simulation[J]. ACTA GEOPHYSICA SINICA (Chinese Journal of GEOPHYSICS),1998,41(4):573—583.

Mao Xiaoping. Quantitative simulation and analysis of hydrocarbon pool – forming processes in Tahe oilfield, Tarim basin[J]. International Journal Oil, Gas and Coal Technology,2013,6(1/2):191—206.

Marschallinger R. CAD – based 3d modeling in geosciences: application of the NURBS concept[C]. In: Proc. Int. Assoc. Mathem. Geol. meeting. Prague,1995.

Meyres D, Skinner S, Sloan K. Surfaces from contours[J]. ACM Transactions On Graphics,1992,11(3):228—258.

Michael G, Yuan Z. Quadric – based simplification in any dimension[J]. ACM Transactions on Graphics,2005,24(2):209—239.

Michael P. Peterson. Spatial visualization through cartographic animation: theory and practice[C]. Proceedings of Geogrophic Information/land Information Systems,1994,99:250—258.

Minor Mirjam, Koppen Sandro. Design of geologic structure models with case based reasoning[J]. Lecture Notes in Computer Science (including subseries lecture notes in artificial intelligence and lecture notes in bioinformatics),2005,3698(9):79—91.

Muller H, Klingert A. Surface interpolation from cross sections[M]. Focus on Scientific Visualization. Springer – Verlag,1993.

Notley K R, Wilson E B. Three dimensional mine drawings by computer graphics[J]. CIM Bulletin,1975(2):60—64.

P W Huang, P L Lin, H Y Lin. Optimizing storage utilization in R – tree dynamic index structure for spatial database[J]. The Journal of Systems and Software,2001(55):291—299.

Palagi C L, Aziz K. Use of voronoi grid in reservoir simulation[J]. SPE Advanced Technology Series,1994,2(02):69—77.

Perrin M. Geological consistency: an opportunity for safe surface assembly and quick model exploration[J]. 3D Modeling of Natural Objects, A Challenge for the 2000's,1998,3(6): 4—5.

Perrin Michael, Zhu Beiting, Rainaud Jean-Francois, et al. Knowledge-driven applications for geological modeling[J]. Journal of Petroleum Science and Engineering,2005,47(1—2): 89—104.

Perrodon A. Petroleum systems models and applications[J]. Journal of Petroleum Gelolgy,1992,15(3):319—326.

Pinker S. Language learnability and language development, 2nd Edition[M]. Harvard University Press, 1996.

Ren Jiansi, Wu Chonglong, Mu Xing, et al. Quantitative evaluation methods of traps based on hydrocarbon pool-forming process simulation[J]. International Journal Oil, Gas and Coal Technology,2013,6(1/2):175—190.

Rouby D, Xiao H, Suppe J. 3D restoration of complexly folded and faulted surfaces using multiple unfolding mechanisms[J]. AAPG Bulletin,2000,84(6): 805—829.

Ruppert J, Seidel R. On the difficulty of triangulating three-dimensional nonconvex polyhedra[J]. Discrete & Computational Geometry,1997(7): 227—253.

Schroeder, William J. A topology modifying progressive decimation algorithm[J]. In Proceedings of IEEE Visualization,1997,97: 205—212.

Shepard R N. The mental image[J]. American Psychologist,1978,33:125—137.

Sprague K B, De Kemp E A. Interpretive tools for 3d structural geological modelling Part II: surface design from sparse spatial data[J]. GeoInformatica,2005,9(1): 5—32.

Stuart K. Card, Jock D. Mackinlay, Ben Shneiderman. Readings in information visualization: using vision to think[M]. Morgan Kaufmann Publishers Inc. San Francisco, CA, USA. 1999

Sweeney J J, Burnham A K. Evaluation of a simple reflectance model of vitrinte based on chemical kinetics[J]. APPG Bulletin,1990,74(10):1559—1570.

T. Delmarcelle, L. Hesselink. Visualizing second-order tensor fields with hyperstreamlines[J]. IEEE CG&A,1993,13(4): 25—33.

Taylor D R F. Cartography for knowledge, action and development: retrospective and prospective[J]. The Cartographic Journal,1994(31):52—55.

Tian Shanjun, Liu Gang, Weng Zhengping, et al. Isosurface generation algorithm based on spatial discrete points with attribute[J]. Journal of Convergence Information Technology,2012,7(4):86—96.

Tian Yiping, Zhang Peng, Mao Xiaoping. A method of calculating hydrocarbon generation history-hydrogen index method(TTPCI-I_H method)[J]. International Journal Oil, Gas and Coal Technology,2013,6(1/2):120—132.

Tipper J C. The study of geological objects in three dimensions by the computerized reconstruction of serial sections[J]. Geology,1976,84(4): 476—484.

Trotts I J, Hamann B, Joy K I. Simplification of tetrahedral meshes with error bounds[J]. IEEE Transactions on Visualization and Computer Graphics,1999,5(3): 224—237.

Usama Fayyad, Gregory Piatetsky Shapiro, Padhraic Symth. From data mining to knowledge discovery in databases[M]. American Association for Artificial Intelligence Menlo Park, CA, USA, 1996.

Worboys M F. A model for spatio—temporal information. In:proceedings of 5th International Symposium on Spatial Data Handling,Charleston,South Carolina,USA[J]. IGU Commission on GIS,1992:602—611.

Wu Chonglong,Mao Xiaoping,Song Guoqi,et al. Three-dimensional oil and gas pool-forming dynamic simulation system:principle, method and applications[J]. International Journal Oil,Gas and Coal Technology,2013,6(1/2):4—30.

Wu Chonglong,Mao Xiaoping,Tian Yiping,et al. Petroleum pool-forming 3d dynamic modeling technology and method[J]. Proceedings of IAMG'05: GIS and Spatial Analysis, 2005,2:1129—1134.

Wu Chonglong,Yang Qi,Zhu Zuoduo,et al. Thermodynamic analasis and simulation of coal metamorphism in Fushun Basin,China[J]. International Journal of Coal Geology,2000, 44:149—168.

Yukler M A,C Cornford, D H Welte. One-dimensional model to simulate geologic,hydrodynamic and thermodynamic development of a sedimentary basin:geol[J]. Rundschau, 1978(67):960—979.

Zhang Zhiting,Wu Chonglong,Mao Xiaoping,et al. Method and technique of 3d dynamic structural evolution modelling of fault basin[J]. International Journal Oil, Gas and Coal Technology,2013,6(1/2):40—62.